J. CARLOS G. CANDELA

LA IMPOSTURA CLIMÁTICA

EL ESCEPTICISMO DE LA CIENCIA Y EL ESTADO DEL MUNDO

I.S.B.N.: 9798338760864

A mis padres, que tanto permanecen en mis recuerdos y a mis hijos Iván y Carlos Javier.

ÍNDICE

	INTRODUCCIÓN..9
I.	EL EQUILIBRIO DE LA NATURALEZA................................. 15
II.	EL DESEQUILIBRIO DE LA NATURALEZA............................ 19
III.	LA ACCIÓN EQUILIBRADORA. EL ECOLOGISMO..................... 21
IV.	DESASTRES NATURALES Y EVENTOS CLIMÁTICOS.................. 29
V.	EVENTOS CAUSANTES DE MODIFICACIONES EN EL CLIMA.......... 37
VI.	ESCEPTICISMO SOBRE EL OBJETIVO NÚM. 13 AGENDA 2030 55
	El efecto invernadero en otros planetas del sistema solar................... 65
	Posibles escenarios de un aumento de temperaturas....................... 82
VII.	EL GRAFICO DEL PALO HOCKEY... 89
VIII.	SOSTENIBILIDAD EN LA QUE SE ENCUENTRA EL MUNDO.............. 93
	La pobreza... 93
	Población mundial.. 97
	Esperanza de vida... 101
	Enfermedades.. 102
	Educación... 102
	Desigualdad.. 104
	Crecimiento económico, PIB per cápita y deuda pública.................... 105
	Indice de desarrollo humano (IDH)... 109
	Alimentos... 110
	Recursos minerales...113
	El agua, su uso y contaminación.. 116
	Corrupción 118
	Indice del estado de derecho...121
	Combustibles, fósiles y energía..122
	Masa forestal..135
	Incendios forestales..138
	Desastres naturales.. 140
	Contaminación del aire.. .141
	Basura...146
	Fauna y flora, algunos casos notables...147
	Tecnología..149
	Plásticos...150
	Plaguicidas y pesticidas... 152
IX.	ESCÉPTICOS DEL CAMBIO CLIMÁTICO ANTROPOGÉNICO............ 155
X.	LA ONU: UNA ORGANIZACIÓN SIMBÓLICA Y DISFUNCIONAL 199
XI.	OBJETIVOS DE DESARROLLO SOSTENIBLE O AGENDA 2030...........211
XII.	LA UNIÓN EUROPEA Y EL CAMBIO CLIMÁTICO............................233

XIII.	ACTIVISMO, EVENTOS Y POLÍTICA CLIMÁTICA............................	237
XIV.	ACTIVISMO ECOLÓGICO ANTINUCLEAR EN ESPAÑA AÑOS 70.......	279
XV.	RELACIÓN ENTRE EL CAMBIO CLIMÁTICO Y LA ECONOMÍA..........	283
	Costes y beneficios de adaptación al cambio climático.......................	294
	Análisis coste-beneficio del proyecto climático..................................	304
	Instrumentos en la lucha contra el cambio climático...........................	308
	La Economía circular...	317
	Teoría económica estado estacionario y decrecentismo	321
	Primitivismo o resalvajismo...	341
	Colapsismo...	343
	El sector primario afectado por la agenda 2030...........................	345
XVI.	BIBLIOGRAFÍA..	350

INTRODUCCIÓN

El cambio que puede estar experimentando el clima, se dice que plantea serios peligros para el planeta y para el ser humano, aunque seguramente el peligro lo tenemos en algo de lo que oímos hablar muy poco: el "climatismo". Muchos problemas de diversa índole a los que se enfrenta el mundo hoy en día, se explican tomando como referencia el cambio en el clima. El cambio climático se vende como un reto político supremo de nuestro tiempo, dependiendo todo de este único objetivo, cuando lo que realmente esta ocurriendo es un crisis ambiental, sobre todo por la contaminación y el aumento de los residuos. El climatismo se ha afianzado en los últimos años, volviéndose omnipresente en los medios de comunicación, siendo cada vez más difícil disentir de este, sin ser descartado como un negacionista. Se esta reduciendo la existencia, al destino de la temperatura global, indisolublemente unida a la concentración atmosférica de dióxido de carbono, sin embargo se pierden de vista problemas tan variados como la libertad, la pobreza, la pérdida de biodiversidad, la corrupción, diversas enfermedades o la desigualdad.
No debemos vivir como si el clima determinara por sí solo nuestro presente y nuestro futuro y máxime pensando que no se ha demostrado inequívocamente que los cambios producidos sean

por la actividad humana de los países industrializados, porque en otros países en vías de desarrollo, o incluso países como India o China, el escenario es más optimista que pesimista. Los problemas se solucionan porque la gente trabaja en ellos y esto solamente puede hacerse con los datos y la tecnología adecuados, más allá de campañas sistemáticas de terror que confunden a la población.

El ecologismo y la preocupación por el medio ambiente se pusieron de moda, desde hace varias décadas, estando extendida la opinión de que los seres humanos consumistas e irresponsables, son un peligro para la naturaleza e incluso para sí mismos. Destaca en concreto el dogma de fe, histérico y catastrofista, acerca del presunto cambio climático que puede producir una gran subida de temperaturas, provocado por el incremento por el ser humano, de gases de efecto invernadero. Según muchos políticos y fanáticos activistas, a quienes parece no importar el rigor intelectual, se trata del mayor problema al que se enfrenta la humanidad. Se trata de una demagogia trufada de propaganda de presuntas amenazas que fomentan el miedo de los ciudadanos, facilitan la aplicación de intervenciones estatales coactivas, y que solo distraen a los ciudadanos de los auténticos problemas de la humanidad. En contra de la actual creencia popular que casi nadie se atreve a criticar, la temperatura global no parece estar aumentando de forma apreciable como consecuencia de las emisiones del dichoso dióxido de carbono que emiten los combustibles fósiles (petróleo, carbón y gas natural).

No hay evidencia científica firme de que vayan a subir significativamente las temperaturas como consecuencia de la actividad humana, y de todos modos las consecuencias de un calentamiento moderado serían básicamente positivas, como se verá más adelante. Se puede decir que la base científica de un crecimiento continuo de la temperatura es demasiado débil como para tomar medidas políticas coactivas drásticas, enormemente costosas y de dudosos beneficios.

El racionamiento energético, mediante la asignación política de los recursos y los impuestos sobre la energía (mediante la confiscación y redistribución de la riqueza), causarían graves perjuicios económicos y un empobrecimiento generalizado, especialmente a los más pobres y a los países menos desarrollados con: menos uso de energía, menos transporte, menos actividad industrial, menos calefacción, menos aire acondicionado.

Pero los ciudadanos siguen recibiendo indicaciones de que la evidencia científica es definitiva, indiscutible, concluyente e indudable, cuando en realidad los expertos científicos muestran fuertes desacuerdos y un sano escepticismo acerca de la evidencia, tanto teórica como observacional.

El presunto consenso científico sobre el cambio climático es falso, y aunque hubiera más de un 50% (a lo largo de la historia con la verdad en su mano, se han dado minorías, incluso individuos aislados), el conocimiento científico no depende de votaciones democráticas u opiniones mayoritarias y una buena parte de la comunidad científica se opone a la actuación precipitada e ignorante de los burócratas internacionales para combatir un problema discutible por no hablar de un jeroglífico.

Los mismos presuntos expertos, obsesionados con la toma de conciencia de la sociedad, hace años hablaban de los riesgos de un enfriamiento global inminente, que acarrearía disminución de la productividad agrícola, hambrunas, muerte,.., son los mismos que hablaban en su momento de proteger a las aves rapaces, muriendo estas ahora a consecuencia de las turbinas eólicas, esos monstruos tan antiestéticos y molestos como ineficaces.

La ciencia es frecuentemente distorsionada para promover agendas políticas, centralizadas en la Torre de Babel de Naciones Unidas con su agenda 2030. Los informes gubernamentales sobre este tema son documentos políticos que presentan las opiniones de científicos del clima combinados con científicos no expertos en física atmosférica, expertos en política, burócratas, periodistas, especialistas en relaciones públicas, y representantes de países con poco nivel científico. Los informes del Panel Intergubernamental sobre el cambio climático de las Naciones Unidas (IPCC), fueron incluso manipulados de forma clandestina para distorsionar los testimonios de los asesores científicos, de modo que la versión oficial fuera conforme a los intereses de los políticos.

El movimiento ecologista, después de varias décadas se ha ido politizando, apropiándose de este, la izquierda política, habiendo desembocado, en las primeras décadas del siglo XXI, por diversos intereses políticos y económicos, en una especie de sincretismo político y religioso en pos de salvar al planeta, aunque no al ser humano.

Muchas personas están a favor de actuaciones políticas sobre el presunto problema del cambio climático: algunas pueden estar sinceramente preocupadas pero mal informadas, y la mayoría simplemente acepta de forma acrítica lo que aparece en los medios de comunicación. Quienes realmente promueven las actuaciones políticas pertenecen a distintos grupos: los propios políticos que persiguen popularidad y votos; los burócratas oportunistas que con la creación de problemas buscan avances profesionales, dinero, privilegios y poder; los ecologistas cuyos ingresos dependen de asustar a la gente, y los ejecutivos y abogados de grupos de presión que consiguen grandes salarios; los socialistas que buscan un gobierno mundial centralizado de burócratas y ven en el control de la energía un paso adelante para eliminar las soberanías locales; los ideólogos fanáticos irracionales que consideran al ser humano como inherentemente malvado y destructivo y que pretenden equiparar los derechos humanos con los de animales y plantas.

Muchos periodistas muestran su ignorancia científica, su poco rigor y su superficialidad: repiten clichés, se limitan a transmitir pasivamente los comunicados oficiales, y llegan a identificarse con los intereses de políticos y burócratas (no vayan a ofenderse), en contra de la libertad individual. Se recurre incluso al dramatismo, a las exageraciones apocalípticas, al sensacionalismo efectista; no se comprueba lo que se cree cierto, y se niega lo que va en contra de las creencias aunque esté cuidadosamente demostrado y se ignora o descalifica a quien va en contra de las versiones comúnmente aceptadas.

La cobertura alarmista vende, porque arrastra mucha audiencia y suele generar una mayor atención pero también hace que el debate sea demasiado encendido y menos sereno y los políticos participan activamente en este juego, al unisono. Las élites de Naciones Unidas y la Union europea, buscan tener más recursos bajo su control y lo mismo ocurre con las ONG y los activistas ecologistas, sin embargo, no deberíamos cultivar este tipo de debates, es necesario leer los informes, tomar decisiones y buscar siempre el equilibrio entre el coste y el beneficio.

Los institutos científicos oficiales, dependientes de los subsidios recibidos de sus respectivos gobiernos, son curiosamente los que apoyan las tesis que interesan a los políticos, porque requiere valor para un científico oponerse a las versiones oficiales y arriesgar las becas o subsidios que pueda recibir, no siendo independientes.

Se producen muchos mensajes pesimistas que nos mandan entidades como el Instituto Worldwatch, el Fondo Mundial para la Naturaleza (WWF), Greenpeace o National Geographic. Se manejan los datos de forma incorrecta para transmitir un mensaje negativo, que crea el terror colectivo. A ello ayudan los medios de comunicación pues lo catastrófico se demanda más que lo estable. Como dice el ambientalista Björn Lomborg, hay muchas acciones que tendrían mayor impacto sobre el bienestar, a las que deberíamos dedicar atención y dinero en lugar del sobrecoste que ha soportado la sociedad europea en subvenciones y precios de la energía más altos que no es conmensurable con el beneficio que obtiene. Entre ellas, una mejora de los sistemas educativos, la atención a la mujer en el parto y a los recién nacidos, o la lucha contra la tuberculosis, que todavía mata más de 1,4 millones de personas al año.

Se produce una tendencia a menospreciar grandes riesgos y sobre valorar otros menores, situación que refuerzan los medios de comunicación al acercarse a los problemas de forma dramática.

Este peligroso cóctel hace que tengamos una percepción irreal de los riesgos y esto es lo que ocurre con la ecología en términos generales, por la que se destinan grandes cantidades de recursos para paliar problemas con los que podemos convivir, al mismo tiempo que se descuidan tragedias que necesitan ser abordadas urgentemente.

I. EL EQUILIBRIO EN LA NATURALEZA

La amplia variedad de seres vivos sobre la tierra y sus formas naturales, resultado de miles de millones de años de evolución según procesos en la naturaleza y también de la influencia del ser humano, se conoce como biodiversidad. Esta se puede medir en varios niveles: Diversidad genética, que hace referencia a los componentes del código genético de cada organismo, permitiendo la combinación de múltiples formas de vida entre individuos dentro de una población y entre poblaciones de una misma especie, y cuyas mutuas interacciones con el resto del entorno fundamentan el sustento de la vida sobre el mundo; diversidad de especies o diversidad taxonómica, que incluye la variedad de especies o taxones (géneros, familias, etc.), diferentes presentes en un hábitat o región y diversidad de ecosistemas o comunidades de seres vivos que comparten un medio físico, resultado de la complejidad de medios, especies y relaciones entre especies, modelos de organización, procesos ecológicos y evolutivos, ciclos biogeoquímicos,.. La biodiversidad no se distribuye uniformemente en la Tierra, siendo mayor en los trópicos como resultado del clima cálido y la alta productividad en la región cercana al ecuador. El ser humano también pertenece a la biodiversidad, por lo que se podría establecer un cuarto nivel en esta, que se podría llamar diversidad cultural. El equilibrio ecológico se refiere a la estabilidad biológica de los seres vivos y el medio ambiente, cuyo estado permite el sustento de la vida y el desarrollo armónico de la naturaleza. El equilibrio o balance natural se produce cuando no hay conflictos entre los diferentes elementos que conforman e intervienen en el entorno biológico, favoreciendo el avance ecológico y su prosperidad. La importancia de mantener el equilibrio ecológico radica en asegurar la estabilidad de las especies de fauna y flora. Si no existe un balance armónico entre los diversos seres vivos de un entorno biológico, el desarrollo próspero de la biodiversidad puede ser afectado en gran medida, y los cambios que se producen en dicho medio ambiente pueden ser de carácter irreversible, o peor aún, la diversidad biológica puede desaparecer por completo.

Como características del equilibrio ecológico:

> El equilibrio ecológico es vital para la vida y para la salud del del planeta.
> El equilibrio ecológico puede ser alterado con cierta facilidad, con lo cual, es importante tomar conciencia y razonar ante las acciones que suponen un perjuicio para los entornos natura les.
> Los cambios en la estabilidad ecológica pueden deberse a fenómenos naturales y también al ser humano, si bien sería necesario confirmar si dichos fenómenos naturales no son producidos indirectamente por alguna acción humana.
> La energía que dispone un entorno natural, está determinada por los organismos productores (autótrofos), que son aque-

llos capaces de transformar la materia orgánica, como por ejemplo, las plantas.
- El ser humano puede influir en el equilibrio ecológico, tanto de forma negativa, como positiva, para mantener un ecosistema apto para la vida.
- Los diversos elementos naturales del planeta influyen en mayor o menor medida en el equilibrio o desequilibrio de la naturaleza.
- La cadena alimentaria está relacionada directamente con el equilibrio ecológico y una alteración en algún punto de la cadena, puede producir un desequilibrio importante en la comunidad biológica.

II. EL DESEQUILIBRIO DE LA NATURALEZA

El desequilibrio de la naturaleza o desequilibrio ecológico alude a la inestabilidad biológica, que se produce por la perturbación de los elementos que constituyen, participan y mantienen la estabilidad del medio ambiente o como un estado observable en comunidades ecológicas, o en los ecosistemas que las albergan, en el cual la composición y abundancia de especies se hace inestable. Son varias las causas de desequilibrios en el medio ambiente: cambios en el uso del suelo, cambios en el clima, contaminación, sobreexplotación de recursos naturales, especies invasoras,.. ; si bien ciertas causas contribuyen a acrecentar otras. Por ejemplo la actividad ganadera que explota el ganado vacuno emite metano, y al ser este un gas de efecto invernadero, que retiene el calor, hace que suban la temperaturas. Pero lo triste es quedarse ahí, sacrificando ganado y prohibiendo la carne, cuando se sabe que se pueden tomar medidas diversas, desde biológicas hasta químicas para mitigar este impacto e ir amortizando el ganado (capital), conforme la tecnología va avanzando.
Amenazas o causas de desequilibrio son:

La sobreexplotación económica irracional de los bienes naturales, capaz de provocar cambios relevantes en ríos, lagos y bosques. Esta explotación ha promovido la destrucción de los recursos naturales a gran escala, eliminando especies animales y vegetales en cantidades nunca vistas. La biodiversidad es alcanzada, y un importante material genético, capaz de contener la cura de numerosas enfermedades, se pierde.

Las emisiones de gases de efecto invernadero.

El agujero en la capa de ozono que deteriora el campo magnético terrestre, causado por los CFC (Clorofluorocarbonatos) que aumenta cada año, principalmente a partir de la Antártida, extendiéndose por el extremo meridional de América del Sur.

Residuos, tanto domésticos como industriales, constituyen un problema cada vez más grave, principalmente en razón de partículas y componentes no reciclables.

El agotamiento de las reservas de agua dulce, que, afortunadamente, aún no ha alcanzado proporciones catastróficas. Si no se hace nada en un futuro cercano; este puede ser uno de los más graves problemas que la humanidad se enfrentará.

El aumento de la pobreza a consecuencia de la superpoblación. La población mundial crece 80 millones de habitantes cada año; y el 90% de este crecimiento se produce en los países pobres, contribuyendo a promover el crecimiento desordenado de las ciudades y exigir una producción cada vez mayor de alimentos.

Un aspecto, frecuentemente olvidado, de vital importancia, es la gestión del territorio, es decir para tener poblaciones sanas es necesario que se promueva no solo la ausencia de agentes externos desequilibrantes, sino unas poblaciones y ecosistemas bien conectados entre sí.

La amenaza directa o indirecta de fenómenos terrestres y astronómicos: Terremotos, volcanes, rayos cósmicos, asteroides, cometas, variabilidad solar,..

III. LA ACCIÓN EQUILIBRADORA. EL ECOLOGISMO

El ecologismo se desarrolla bajo diversos enfoques o ámbitos que atienden distintas preocupaciones relacionadas con el medio ambiente:
- Movimiento conservacionista, que busca proteger la estética tradicional de las áreas naturales, el uso para consumo (caza, pesca,.) .Movimiento medioambiental, que incluye todos los espacios terrestres.
- Movimiento de salud medioambiental, que se refiere a reformas urbanas, como el abastecimiento de agua limpia, un manejo más eficiente, mediante alcantarillado de la eliminación de las aguas residuales, y la reducción de condiciones de vida sanitariamente inhumanas, la nutrición, la medicina preventiva o el envejecimiento sano.
- Tecnogaianismo, movimiento cuya postura es el apoyo activo a la investigación, desarrollo y uso de las nuevas tecnologías para ayudar a restaurar el medio ambiente de la Tierra y que el desarrollo no tiene porque ir en detrimento del medio ambiente.

- Movimiento de justicia medioambiental (racismo medioambiental), que pretende acabar con el hecho de que las comunidades minoritarias y aquellos con pocos ingresos vivan situados cerca de autopistas, vertederos y fábricas, donde están expuestos a una mayor contaminación y peligro medioambiental buscando un enlace social y ecológico para los problemas medioambientales.
- Movimiento ecosocialista (sandía), que integra las ideas del socialismo y el ecologismo (desde 1980), inspirado por el famoso libro de Marx que postula que nadie es propietario de la tierra, solo existe usufructo y podemos usarla y transmitirla mejorada a las futuras generaciones. Tanto el ecosocialismo, al igual que el decrecentismo, deben seguir explicando el contenido efectivo de su aspiración política, no solo con la etiqueta es suficiente.

Se habla además de un "movimiento", al que se le llama "ecofascismo", que no se sabe exactamente lo que es, lo que si es cierto es que une la raíz "eco" (de oikos, casa en griego), con el nombre de un régimen nacido en Italia, el fascismo, ideología que mezcla socialismo y nacionalismo.

El término fascista se ha utilizado en los últimos años como arma de propaganda política contra todas aquellas ideas y esquemas de pensamiento, sean mejores o peores y de la naturaleza que sean, que pasen la frontera marcada por el ideario de lo políticamente correcto en la actualidad. El término ha sido criticado, tanto por el lado de la izquierda, como por el de la derecha por ser utilizado, no para definir, puesto que esos regímenes pertenecen al pasado, sino para difamar y por no haber existido ninguna organización política que se haya declarado públicamente como organizada sobre una base "ecofascista". No hay duda de que gracias al movimiento ecologista, la mentalidad y las ciencias del medioambiente han mejorado en los últimos años y las preocupaciones medioambientales se han ampliado (aunque hay que decir que de forma controvertida en algunos casos), incluyendo conceptos como la sostenibilidad, el agujero en la capa de ozono, el cambio climático, la lluvia ácida, la contaminación genética,..

La Ecología, realmente es una ciencia nueva que es considerada como una rama importante de la Biología, que empezó a destacar durante la segunda mitad del siglo XX, aunque el pensamiento ecológico se deriva de corrientes filosóficas, particularmente de la ética y la política, remontándose su historia a la civilización griega, en la que uno de los primeros ecólogos cuyos escritos sobreviven, pudo haber sido Aristóteles.

Desde finales del siglo XIX, algunos pensadores y activistas se preocuparon por la degradación del medio ambiente causada por la industrialización y la urbanización, siendo uno de los más destacados el naturalista estadounidense John Muir, quien en 1892 fundó el Sierra Club, una organización dedicada a la conservación de la naturaleza. Un precursor también importante fue el alemán Ernst Haeckel, quien acuñó el término "ecología" en 1866 para referirse al estudio de las relaciones entre los organismos y su entorno. Pero es en el siglo XX cuando realmente surge el movimiento ecologista, entre los años sesenta y setenta en Occidente, a partir de la denuncia social del dominio de la naturaleza con fines de desarrollo, teniendo tres raíces principales: Conservación y regeneración de los recursos naturales, preservación de la vida silvestre, y el movimiento para reducir la contaminación y mejorar la vida urbana.

El presidente de los Estados Unidos, T. Roosevelt, fue el primer político en tratar el tema de la conservación ambiental en la agenda política de los Estados Unidos, aunque centrándose más en las condiciones de vida saludables que en cuestiones ecológicas o de equilibrio. Este se interesó por la naturaleza a muy temprana edad, llevando su pasión por la naturaleza a sus decisiones políticas, al sentir que era necesario preservar los recursos de la nación y su medio ambiente. En 1902 creó el Servicio Federal de Reclamación, que recuperaba tierras para la agricultura y creó la Oficina de Silvicultura para administrar y mantener las zonas forestales de la nación. En 1906 se decretó una ley para la preservación de hasta 18 monumentos nacionales históricos y prehistóricos y otros objetos de interés histórico y científico que se encontraban en tierras controladas por el gobierno de los Estados Unidos, además de 51 Reservas Federales de Aves, cuatro Reservas Nacionales de Caza, ciento cincuenta Bosques Nacionales y cinco Parques Nacionales, protegiéndose en total más de 800.000 Km², más de una vez y media la superficie de España.

En 1941, el ecólogo y silvicultor estadounidense, Aldo Leopold, publicó la obra: "A sand County Almanac" (Almanaque del Condado Árido), que junto con la obra "La primavera silenciosa" de Rachel Carson, son los libros más influyentes en el conservacionismo americano. En esta obra se narra en primera persona sus vivencias en una granja cuyos recursos habían sido explotados por su anterior dueño. Propuso la idea de "pensar como la montaña", donde explica que el ser humano debe reconocer y no interferir en el equilibrio de la naturaleza. Esta idea inspiró años más tarde al filósofo noruego, Arne Naess, que creó el movimiento de la ecología profunda en 1972, planteando dos ideas principales: la primera es que hay que pasar del antropocentrismo centrado en el ser humano al ecocentrismo, en el que se considera que todo ser vivo tiene un valor inherente, independientemente de su utilidad; en segundo lugar, que los seres humanos son parte de la naturaleza y no superiores y apartados de ella, y por tanto deben proteger toda la vida del planeta como protegerían a su familia o a sí mismos. Aunque Naess se basó en las ideas y valores de épocas anteriores del ecologismo, su pensamiento en una ecología profunda, tuvo una influencia significativa en el movimiento ecologista en general, haciendo hincapié en las dimensiones filosóficas y éticas. A lo largo del camino, la ecología profunda también se ganó su cuota de críticos, pero sus premisas fundamentales siguen siendo relevantes y provocan la reflexión hoy en día en esta época de una supuesta doble crisis de biodiversidad y climática.

Durante los años 50, 60 y 70, ocurrieron varios eventos que avivaron la conciencia medioambiental del daño al entorno causado por el hombre. En 1954, los 23 miembros de la tripulación del buque pesquero Daigo Fukuryu Maru fueron expuestos a la radiactividad producida por una prueba de la bomba de hidrógeno en el atolón Bikini. También uno de los eventos más significativos fue el desastre de Minamata en Japón en 1956, que se produjo por un escape de mercurio en la bahía de ese mismo nombre, provocando la muerte de cientos de personas y causando deformidades graves en los recién nacidos. Estos eventos llevaron a muchos ciudadanos a tomar conciencia de la necesidad de proteger el medio ambiente y promover políticas sostenibles.

El movimiento ecologista moderno se expresó de forma más apasionada en la cúspide de la era industrial, cuando se publicaron: en 1962, el trabajo de Rachel Carson "Silent Spring" (Primavera Silenciosa), que dio el primer toque de atención científica sobre la muerte del planeta debido a la actividad humana y en 1968, "The Population Bomb" (La Bomba Demográfica) de Paul R. Ehrlich, aumentando la inquietud e interés sobre el medio ambiente. También tuvieron impacto en el pensamiento ecológico, lo sucedido en 1969, cuando se realizaban labores de exploración petrolífera en el Canal de Santa Barbara al sur de California, se quebró el fondo marino, vertiéndose 4.000 litros por hora de petroleo al mar, así como la protesta del biólogo, fundador del movimiento ambientalista, Barry Commoner en los años 50 contra los ensayos nucleares.

En Estados Unidos, durante la década de 1970 se aprobaron leyes como el Clean Water Act, Clean Air Act, Endangered Species Act y National Environmental Policy Act (Decreto Ley de Agua Limpia, Decreto Ley de Aire Limpio, Decreto Ley de Especies en Peligro de Extinción y Decreto Ley de Política Medioambiental Nacional, respectivamente), leyes que han sido los cimientos para los estándares medioambientales.

El movimiento ecologista inicial se centraba fuertemente en la reducción de la contaminación y en la protección de las reservas de recursos naturales tales como el agua y el aire. Posteriormente el gran desarrollo económico, hizo que se destinaran considerables esfuerzos para preservar territorios únicos y hábitats de vida silvestre, para proteger las especies en peligro de extinción antes de que desapareciesen.

La fundación Greenpeace (ONG ambientalista internacional), durante la guerra fría (1947-1991), fue de las más influyentes, realizando campañas en todo el mundo por temas como la agricultura ecológica, los bosques, el cambio climático, en contra del consumismo, por la democracia y el contrapoder, el desarme, la paz y el cuidado de los océanos. Esta organización que surgió en 1971 en Vancouver (Canadá), tiene su sede en Ámsterdam y cuenta con oficinas en 55 países. Ha sido conocida por sus campañas activistas y su compromiso con la defensa del medio ambiente, centrándose en la defensa de los océanos, la lucha contra la caza de ballenas y la energía nuclear, habiendo recibido, tanto críticas como reconocimientos internacionales. Desde principios de la década de 1970, los activistas climáticos han pedido una acción política más efectiva con respecto al cambio climático y otros problemas ambientales. En esta década se fundaron los primeros partidos verdes en Australia y Alemania, que conseguirían representación política, y saldrían a la luz las primeras leyes ecologistas. En 1970, el Día de la Tierra (22 de Abril), fue el primer movimiento ambiental promovido por el senador Gaylor Nelson a gran escala, que reivindicaba la protección de toda la vida en la tierra. La organización "Friends of the Earth" (Amigos de la Tierra), con oficinas en 74 países también fue fundada en 1969 por un grupo de activistas antinucleares liderado por R. Orville Anderson.

Las décadas de 1960 y 1970 marcaron un punto de inflexión en la historia del Movimiento Ecologista, ya que durante este período, la contaminación, la degradación ambiental y los desastres ecológicos empezaron a tener un impacto directo en la salud humana y la calidad de vida.

La ONU ya empezaba a tomar nota de los acontecimientos y en 1972, esta organizó la Conferencia sobre el Medio Humano, en la que se adoptaron medidas para la administración del medioambiente y los recursos naturales, que se reflejaron en la Declaración de Estocolmo, en ese mismo año, creándose además el Programa de las Naciones Unidas para el Medio Ambiente (PNUMA). También en 1972 se reunió el club de Roma, que se había creado en 1968, emitiendo el famoso informe "Los limites del crecimiento", del que se hablara más adelante.

Por recomendación de la mencionada Conferencia, en 1975 se llevó a cabo el Seminario Internacional de Educación Ambiental, tras el que se escribió la Carta de Belgrado, documento que estableció los objetivos y los principios de la educación ambiental, así como la concienciación y las enseñanzas para luchar contra el cambio climático.

El principal instrumento internacional para la lucha contra el cambio climático se creó en 1992, en la Cumbre de la Tierra en Rio de Janeiro que tuvo una participación casi universal. Este instrumento: CMNUCC (Convención Marco de las Naciones Unidas contra el Cambio Climático), cuyo órgano supremo son las Conferences of the parties (COP, que por sus siglas en inglés se traduce como Conferencia de las partes). Este encuentro anual, que comenzó en Berlín, en 1995, ha permitido adoptar varios acuerdos clave para el ecologismo, como el Protocolo de Kioto de 1997 y el Acuerdo de París de 2015, sobre la Agenda 2030.

IV. DESASTRES NATURALES Y EVENTOS CLIMÁTICOS

Sin ánimo de exhaustividad y con el fin de exponer una serie de ejemplos de cambios en el clima de origen natural (no antropogénicos o sin causa en el ser humano), producidos por diferentes eventos naturales desde los tiempos más remotos, podemos citar algunos de estos eventos:
La glaciación Andino-Sahariana se produjo durante el Paleozoico, entre 450 y 420 millones de años, durante el Ordovícico Tardío y el Silúrico, desplazándose el centro de la glaciación desde el norte de África hasta el suroeste de Sudamérica.
El máximo térmico del Paleoceno-Eoceno, llamado también máximo térmico del Eoceno Inicial, o máximo térmico del Paleoceno Superior, fue un brusco cambio climático que marcó el fin de este último periodo y el inicio del Eoceno, hace 55,8 millones de años, siendo uno de los períodos de cambio climático más significativos de la era Cenozoica, que alteró la circulación oceánica y la atmosférica, provocando la extinción de multitud de especies, causando grandes cambios en los mamíferos terrestres que marcaron la aparición de los actuales.
En apenas 20.000 años, la temperatura media terrestre aumen-

tó en 6 °C con el correspondiente aumento del nivel del mar, así como un calentamiento de los océanos. A pesar de que el calentamiento pudo desencadenarse por multitud de causas, se cree que las principales fueron la intensa actividad volcánica y la liberación del metano que se encontraba almacenado en los sedimentos oceánicos.

El evento "Azolla" fue un enfriamiento global que tuvo lugar hace 48,5 millones de años, a mediados del período Eoceno, a causa del crecimiento descontrolado de un helecho flotante de agua dulce, llamado Azolla, que cubrió la superficie del océano Ártico durante 800.000 años.

Además de otras glaciaciones, en el Cuaternario, se producen la glaciación de Riss (200.000 años) y la glaciación de Würm (80.000 años).

El evento cálido "óptimo del Holoceno" comenzó en 6.000 a.C. y duró hasta el 2.500 a.C. consistió de un incremento de 4 °C. Fue seguido por un enfriamiento gradual que duró hasta el 900 d.C., momento en que volvieron a aumentar las temperaturas hasta el 1.300 d.C. (Período cálido medieval), surgiendo un nuevo enfriamiento que duró hasta aproximadamente el año 1850.

Hace 300.000 años que existimos con forma homínida, según ultimas dataciones, aunque quizás sea más tiempo, y es evidente que en la antigüedad se dieron múltiples eventos que provocaron la desaparición de muchos seres humanos, así como de otros seres vivos.

Se descubren casos de civilizaciones perdidas, como la Maya, isla de Pascua, la Olmeca, Göbekli Tepe, Gunung Padang,... Es muy posible que esto tenga su razón de ser en una serie de eventos acaecidos en la tierra desde hace millones de años, como: asteroides, meteoritos, llamaradas solares, inundaciones, glaciaciones, épocas de drástico aumento de temperaturas con origen diverso, terremotos, inversión de polos, grandes huracanes, supererupciones volcánicas, entre otro posibles eventos.

La extinción de los neandertales entre el paleolítico medio y superior, hace unos 42.000 años, probablemente fue ocasionada por una inversión de polos terrestres. Según recientes estudios, la inversión magnética ocasionó debilitamiento del campo magnético de la Tierra, desatando como consecuencia tormentas solares abruptas, que terminaron con un cambio drástico en el clima en aquella época. La radiación en ausencia de filtro, desencadenó una serie de reacciones de ionización o liberación de electrones en la atmósfera, que destruyeron la capa de ozono y finalmente el cambio climático en todo el planeta. Este fenómeno al que los científicos llaman Evento Adams, también pudo ser el responsable de la aparición repentina del arte rupestre en cuevas. Hay que señalar que este desastre no fue un evento repentino como el que provocó la extinción de los dinosaurios, sino que se produjo paulatinamente. De esta manera se puede explicar que los neandertales al estar expuestos al sol, pudieron haber buscado refugio en las cuevas. Además, los investigadores sugieren que el tinte ocre con el que fueron pintadas miles de obras rupestres pudo haberse realizado con materiales que utilizaron como protector solar (Cooper, A. et al.).

Si en 10.000 a.C. había unos 3 millones de seres humanos, es decir tuvieron que pasar 290.000 años (partiendo de la premisa de 300.000 años de existencia del hombre), para haber 3 millones. En 5.000 a.C., 5.000 años después habían alrededor de 10 millones, por lo que el aumento en 5.000 años fue de aproximadamente de 7 millones.

En 1950 había 2.500 millones y en el año 2000 había 6.000 millones. En el siglo XX en solo 50 años aumentó la población en 3.500 millones, y este aumento, no solo se produce porque partíamos de una cantidad importante o por los avances en medicina, sino también porque el mundo atravesó una etapa de gran progreso en general. Por tanto pasaron 290.000 años para haber 3 millones, mientras que en el siglo XX, desde 1950 hasta el año

2000, es decir en 50 años el aumento fue de 3.500 millones de seres humanos. Quizás la población ha seguido una función de dientes de sierra en el pasado remoto, de aumento y reducción, independientemente de guerras, hambrunas, enfermedades y de una progresión matemática menor por las cantidades desde las que se calcula el incremento, lo que avala la hipótesis de sucesivos eventos climáticos de origen natural.

La erupción del supervolcán Toba, que ocurrió hace unos 74.000 años según datación con argón, al final del Pleistoceno en el actual lago Toba en Sumatra (Indonesia), es una de las erupciones explosivas más grandes conocidas en la historia de la Tierra. Este evento causó un severo invierno volcánico global de seis a diez años y contribuyó a un episodio de enfriamiento de 1.000 años de duración, lo que llevó a un cuello de botella por reducción drástica del fondo genético de la población por haberse constituido una barrera geográfica. El fondo genético inicial puede ser alterado a consecuencia de la separación o las emigraciones en cada generación subsecuente y quizás la extinción de civilizaciones.

El cruce de los Alpes por parte de Aníbal para invadir la Italia romana en el invierno del año 218 a.C., fue posible gracias a las cálidas temperaturas que prevalecieron en Europa durante el Período Cálido Romano (250 a.C.- 400 d.C.).

La tribu prehispánica del Perú, Mochica afrontó un desorden climático global el Niño, llamado "Meganiño", entre los años 550 y 650 d.C., casi cien años de lluvias intensas que generaron la destrucción de infraestructuras, pero también muchos cambios en su organización, hasta su desaparición (aun quedan importantes restos), de esta civilización, que fue sustituida por otra cultura.

En el año 774 o 775 d.C., hubo un gran aumento en el carbono 14 en la atmósfera de la Tierra que se codificó en anillos de árboles en todo el mundo, por lo que que se produjo un evento más de 10 veces más poderoso que el evento Carrington. Incluso se ha analizado el hielo (Raimund Muscheler), de hace 9.000 años, evidenciándose que hubo una tormenta aún más poderosa que el evento de 774 a 775, que fue un evento Miyake.

El colapso de la civilización Maya a consecuencia de una gran sequía que duró 200 años, desde el 800 hasta el 1000 d.C., como lo avala el estudio de sedimentos en los lagos del Yucatán.

La Expansión vikinga (793-1100 d.C.), por razones comerciales (aunque se discuten diversas razones), se remonta a una explosión demográfica escandinava y el desarrollo de la navegación y las exploraciones en la mayor parte del Atlántico Norte, el norte de África y hasta Oriente Medio. Esto fue posible gracias al Período Cálido Medieval (750-1300 d.C.), periodo en el que se produjo un renacimiento cultural.

Sequía europea extrema y ola de calor (1540), respaldada por más de 300 crónicas de la época que duró 11 meses en Europa, y que en 2016 científicos concluyeron que en el verano de ese año, la temperatura media estaba por encima de la media de la que hubo en el periodo 1966-2015.

Alrededor de 1460, una serie fenómenos asociados a El Niño y La Niña provocaron hambrunas y pestes que seguramente influyeron en una profunda crisis del Imperio inca.

La explosión del supervolcán Huaynaputina en Perú hacia 1600 que muy probablemente condujo a la mayor hambruna de Rusia (1601-1603 d.C.); fue causada por un dramático evento de enfriamiento global provocado por cobertura de oxido de azufre y ácido sulfúrico.

Ola de calor de julio de 1743 en China alcanzando Pekín los 44,4 °C el 25 de julio, más que cualquier registro moderno.

Ola de calor en Europa (julio 1757), el verano más caluroso desde 1540 y hasta 2003.

La captura de la flota holandesa en el mar congelado en Helder, cerca de Ámsterdam a consecuencia de una edad de hielo en

1795 por parte de la caballería del ejercito revolucionario francés.

El resultado de la batalla de Waterloo que condujo a la derrota final de Napoleón (18 de Junio de 1815), en un verano frío y húmedo causado por la explosión del volcán Tambora en Indonesia (10 de abril de 1815) erupción provocó anomalías climáticas globales, incluso un fenómeno que provoco que al año siguiente, 1816 se le conociera como el «año sin verano» debido a los efectos de la erupción sobre el clima de Europa y América del Norte. Se perdieron cosechas y el ganado murió en gran parte del hemisferio norte, lo que condujo a la peor hambruna del siglo XIX.

El cambio climático debido a la explosión del volcán Krakatoa en Indonesia en 1883 con acontecimientos sísmicos y climáticos, propicio el desarrollo de las ciencias atmosféricas y geológicas modernas .

El evento Carrington fue la tormenta geomagnética más intensa de la historia, alcanzando su punto máximo entre el 1 y el 2 de septiembre de 1859 durante el ciclo solar décimo, creando potentes exhibiciones aurorales, causando chispas e incluso incendios en múltiples estaciones de telégrafo. Lo más probable es que la tormenta geomagnética fuera el resultado de una eyección de masa coronal del sol que chocó con la magnetosfera de la Tierra. La tormenta se asoció a una llamarada solar muy brillante, que fue observada y registrada de forma independiente por los astrónomos británicos Richard Christopher Carrington y Richard Hodgson, siendo los primeros registros de una erupción solar. Una tormenta solar de esta magnitud que ocurriera hoy causaría interrupciones graves en las redes eléctricas y las telecomunicaciones produciéndose apagones y daños debido a cortes prolongados en la red eléctrica, destruiría la red de cables de internet submarinos y sus centros repetidores por la falta de protección, e inutilizaría las conexiones de internet a nivel global, causando daños irreparables en los ficheros de datos y errores en los chips de los satélites, y podría devolvernos a la Edad Media.

En la actualidad todas las infraestructuras críticas de la sociedad, desde la sanidad, la banca, distribución de agua potable o la logística, dependen de la electricidad y la red de internet y contando además, con la densidad poblacional existente en las grandes ciudades, un evento de este tipo seria devastador y habría desastres a nivel de salud pública, servicios públicos, en la cadena de distribución de alimentos, en la industria farmacéutica, inutilización de hospitales, sistemas de pago,...Una vez producido el impacto en la más importante de todas la infraestructuras, la red eléctrica.

Se han llegado a captar imágenes por el observatorio de dinámicas solares de la NASA en Marzo de 2023, de columnas de plasma o llamaradas a 230.000 ºC (temperatura mucho mayor que en la superficie solar), en el polo norte del sol hasta una altura de 120.000 km.

Los científicos piensan que cada pocos cientos de años tendremos un evento de nivel Carrington; el último fue en julio de 2012, pero afortunadamente ocurrió en el lado opuesto a la Tierra. Pero cada mil años vamos a tener un evento que podría ser 10 o 20 veces más fuerte que aquel evento Carrington, es decir, no es una cuestión de si va a suceder, sino cuándo sucederá.

De los cuantiosos eventos acaecidos en la antigüedad, han perdurado hasta la actualidad, solo monumentos de piedra y otros restos erosionados de antiguas civilizaciones.

Las arenas del tiempo han eliminado la mayoría de materiales, que se han convertido en polvo. No obstante existen restos, algunos de ellos increíbles como son construcciones imposibles hoy día que atestiguan la existencia de civilizaciones perdidas, indicios que nos dicen que nos hemos enfrentado a extinciones, y no sabemos desde hace 200.000 años o incluso más atrás en el tiempo, cuantas civilizaciones han existido, ya que los restos podrían estar enterrados a uno o más kilómetros de profundidad. Además, eventos como la deriva continental propuesta inicialmente por el científico alemán A. Wegener (1920), confirmada con evidencia geológica, proponía que los continentes se habían desplazado gradualmente a lo largo de cientos de millones de años.

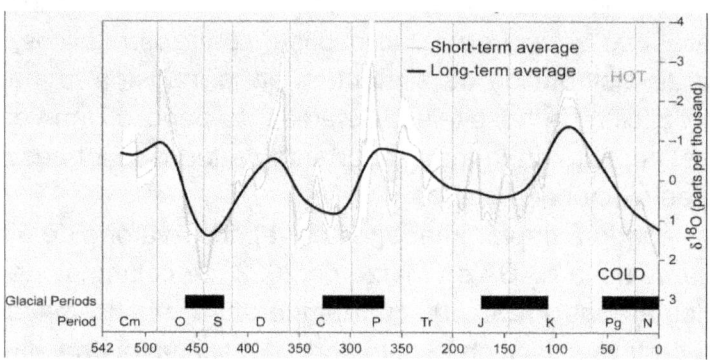

Cambios en el clima global a lo largo de los últimos 542 millones de años (ultima de las cuatro grandes etapas o eones, conocida como Fanerozoico, desde los primeros seres vivos hasta la actualidad). Estos datos se compilaron utilizando las proporciones de isótopos estables encontrados en los núcleos de hielo y los esqueletos de carbonato de los organismos fósiles. Período: Cm = Cámbrico, O = Ordovícico, S = Silúrico, D = Devónico, C = Carbonífero, P = Pérmico, Tr = Triásico, J = Jurásico, K = Cretácico, Pg = Paleógeno, N = Neógeno. Fuente: Wikimedia Commons. Dragons flight. CC BY-SA 3. Phanerozoic Climate Change.png. Changed to B&W.

V. EVENTOS CAUSANTES DE MODIFICACIONES EN EL CLIMA

Los fenómenos naturales, han sido subestimados como influyentes en los cambios en el clima, habiendo desempeñado un papel importante en el cambio climático reciente. Todos los estudios existentes se centran en el aumento del dióxido de carbono, en la atmósfera, causado por las actividades realizadas por el hombre, como el principal impulsor del aumento de la temperatura global. Sin embargo, como señalan numerosísimos autores, se debería dar más importancia al papel que desempeñan los factores naturales en el cambio climático. A pesar de que el dióxido de carbono ha aumentado significativamente desde 1998, la temperatura global no mostró ningún aumento notable; sin embargo, diversos modelos han sugerido un aumento significativo. La variabilidad del clima es verdaderamente compleja, ya que existen multitud de variables influyentes, que en muchos casos se influyen entre ellas. Estamos hablando de los ciclos solares, la radiación por la explosión de estrellas, emisiones de vapor de agua y de dióxido de carbono, el calor interno del planeta, la trayectoria e inclinación de la tierra, los agujeros de ozono, los agujeros negros primordiales o las corrientes oceánicas.

VARIABILIDAD SOLAR

La variabilidad de la radiación solar es un factor clave que influye en el clima terrestre, y en cualquier caso, nuestra estrella, influye, de una u otra manera, directa o indirectamente, a través de otros fenómenos, en la temperatura de nuestro planeta.
La actividad solar se debe al comportamiento inestable del campo magnético, producido por la rotación del Sol, por la que se libera gran cantidad de energía. La actividad magnética desarrollada a consecuencia de esa inestabilidad, esta sujeta a ciclos (ciclos de Schwabe), que comienza con la aparición de manchas solares, que van aumentando, hasta su desaparición con una duración casi periódica de 11 años (aunque puede durar de 8 hasta 14 años), periodo en el cual el Sol invierte sus polos. La actividad del Sol se mide por el número y tamaño de las manchas observadas en su superficie.
Durante el período de un ciclo solar, aumentan los niveles de radiación solar, al aumentar el número y tamaño de las manchas solares (algunas con diámetro superior a la Tierra), se producen bucles en forma de arco, que son enormes chorros de gas ionizado que salen de la fotosfera (parte superficial de la atmósfera del sol), siguiendo líneas magnéticas. También en las manchas, se producen erupciones (clasificadas según la cantidad de rayos X que contengan) y violentas explosiones que emiten intensas radiaciones y plasma, a temperaturas de varios millones de grados centígrados, arrojando electrones, protones y núcleos de helio ionizados, a velocidades de hasta un 70 % de la velocidad de la luz. Las erupciones pueden desembocar en eyecciones o expulsiones de material solar desde la corona o capa más exterior de la atmósfera solar, conocidas como tormentas geomagnéticas (viento estelar), que se producen constantemente, sobre todo al final de un ciclo, pudiendo ser tan potentes que escapen de la gravedad del Sol, afectando peligrosamente a la Tierra. La radia-

ción cubre todo el espectro electromagnético incluyendo ondas de radio, microondas, rayos X, rayos gamma y ultravioleta.

Actualmente, nos encontramos en el ciclo solar numero 25 (desde 1755 que comenzaron a contarse), que comenzó a finales de 2019, aunque en 2018 se avistaron las primeras manchas solares, registrándose un mayor numero de manchas que en el anterior (numero 24), teniendo lugar las primeras erupciones en 2020. En 2021 se produjo una primera eyección de masa coronal y en 2022 y 2023, hubo múltiples erupciones algunas muy potentes. Se hicieron previsiones, y todo apuntaba a que el máximo solar se produciría pronto, en 2025, pero según previsiones se adelanta y seguramente se produce en 2024.

El aumento de la actividad solar en los últimos años determina que los vientos solares sean más intensos, y cargados de partículas, desviando la radiación cósmica galáctica que llega a la Tierra, determinando tanto la reducción de nubes (que nos protegen de la radiación solar) como la generación de mayores niveles de dióxido de carbono en la atmósfera terrestre, sin relación alguna con las emisiones de la industria o los automóviles. El efecto de las nubes no puede ser exactamente simulado por los científicos a fin de predecir patrones climáticos futuros y sus efectos en el aumento de las temperaturas.

En los 15 años anteriores a 2013, cuando la actividad humana produjo 461 mil millones de toneladas de dióxido de carbono, no hubo ascenso de temperaturas; de hecho, la Tierra se enfrió a pesar del aumento masivo de las emisiones de dióxido de carbono. No obstante, los traficantes de miedo afirman que una duplicación del dióxido de carbono atmosférico producirá un calentamiento global catastrófico, y a pesar de que a la actividad solar se le reste importancia, tiene una influencia mucho mayor sobre el cambio climático que cualquier acción realizada por el hombre, de hecho, el origen del calor esta en el Sol.

En 2007, el físico solar ruso, Habibullo Abdussamatov, director del Observatorio de Pulkovo en Rusia, señaló que la radiación solar ya había comenzado a disminuir y que un lento descenso de las temperaturas comenzaría en 2050-2060, que duraría unos cincuenta años y que el calentamiento que hemos estado presenciando ha sido causado por el aumento de la radiación solar, no por las emisiones de dióxido de carbono.

En palabras de este físico: "No es ningún secreto que el aumento de la radiación solar calienta los océanos de la Tierra, lo que a su vez desencadena la emisión de grandes cantidades de dióxido de carbono, a la atmósfera.

Por lo tanto, la opinión común de que la actividad industrial del hombre es un factor decisivo en el calentamiento global ha surgido de una interpretación errónea de las relaciones de causa y efecto". "La atribución de propiedades de efecto invernadero a la atmósfera de la Tierra no está científicamente fundamentada. Los gases de efecto invernadero calentados, que se vuelven más ligeros como resultado de la expansión, ascienden a la atmósfera solo para ceder el calor absorbido".

En 2009, Abdussamatov escribió un articulo asegurando que en los últimos 7.500 años se produjeron 18 mínimos de temperatura similares al mínimo de Maunder (mínimo histórico de actividad solar), que sin falta siguen al calentamiento natural de la Tierra. En consecuencia, mientras que en los períodos de máximos de manchas solares, y por tanto de actividad solar, hubo períodos de calentamiento global, tales cambios en el clima de la Tierra sólo podían ser causados por cambios duraderos y significativos en el Sol, porque no había absolutamente ningún efecto industrial sobre la naturaleza en aquellos tiempos.

El ingeniero espacial Willie Soon y la doctora en astrofísica Sally Baliunas, en 2003, investigaron la correlación entre la variabilidad solar y las temperaturas de la atmósfera terrestre, concluyendo que cuando aumentan la manchas solares, la radiación solar aumenta, disminuyendo cuando hay menos manchas. Estos científicos atribuyeron el Periodo cálido medieval, a tal aumento en la producción solar, mientras que disminuciones en la producción de manchas solares condujeron a la Pequeña Edad de Hielo, un período de enfriamiento del que la tierra se ha estado recuperando desde 1890.

La actividad solar puede ser extrema, de hecho muchos artículos e informes demoledores se han emitido desde instituciones como la Academia Nacional de las Ciencias de los EE.UU y el Pentágono; diversos estudios científicos y hasta películas y series de televisión, han especulado sobre las consecuencias de un evento "Carrington".

Los escépticos del cambio climático, a menudo afirman que la influencia de la actividad solar (y de hecho así es), en el calentamiento global es del mismo orden de magnitud o mayor que la influencia antropogénica. Desde luego, habría que estudiar la parte en la que intervienen una y otra en las temperaturas (además de otras posibles causas o factores, como son el súper el Niño en 2015-16, el más intenso en 100 años o la explosión del volcán submarino Hunga Tonga en 2022, en la Polinesia, entre otras), porque si de entrada se dice que la parte natural no existe, el problema se vuelve irresoluble.

LA INFLUENCIA DE LOS RAYOS CÓSMICOS

Si bien esta teoría fue especulada por C. Wilson en 1899, además de otros estudios, el argumento de que los rayos cósmicos podrían causar el calentamiento del planeta es un argumento común entre los escépticos del cambio climático. El físico del Centro espacial nacional danés, H. Svensmark, considera probable una correlación significativa entre los rayos cósmicos galácticos (de fuera del sistema solar) y la formación de nubes, que a su vez influiría en el clima de la Tierra refrescándolo. También según el astrofísico J. Shaviv, profesor de física de la Universidad de Jerusalén, se puede observar una tendencia fundamentalmente ascendente de radiación a lo largo de toda la historia climática, que está modulada por la influencia del Sol. El galardonado escritor científico, Nigel Calder y Svensmark han compartido la idea de que durante el ultimo siglo, la Tierra se ha vuelto más cálida. En la obra "The Chilling Stars", de la que son coautores estos últimos autores, se desarrolla una nueva teoría tan brillante como controvertida que ha provocado nuevas posibles causas del cambio climático. La interacción de las nubes, el Sol y los rayos cósmicos (partículas subatómicas resultantes de la explosión de estrellas de neutrones o de supernovas), parece tener más efecto en el clima que el dióxido de carbono producido por el hombre. Esta conclusión se deriva de la investigación de Svensmark en el Centro Espacial Nacional Danés, que ha demostrado recientemente que los rayos cósmicos, cuando llegan a la Tierra impactan con las abundantes moléculas de nitrógeno y oxigeno, produciendo reacciones y generando carbono 14 (usado para datar objetos orgánicos antiguos), afectando a la formación de los núcleos de condensación de las nubes por su capacidad ionizante, generando nubes bajas y haciendo bajar la temperatura. El Sol durante su ciclo va aumentando su radiación conforme van creciendo las manchas solares neutralizando estos rayos cósmicos al interceptarlos con su campo magnético; pero debido a una acción inusualmente vigorosa de la influencia del Sol, que puede estar correlacionada con el movimiento en el eje de la tierra, aumentando al doble su campo magnético en los últimos 100 años los rayos cósmicos hicieron más escasos, siendo este el principal impulsor del calentamiento de aproximadamente 0,6° C del que tanto se habla. Los mencionados autores afirman que menos rayos cósmicos hacen que se formen menos nubes y por lo tanto el clima se vuelve más caliente dado que las ligeras gotas de agua que forman las nubes se acumulan o condensan cuando las partículas cósmicas forman iones en el agua. Incluso los arboles mediante la segregación de sustancias que ayudan a la condensación, provocan lluvias que modifican el clima. Menos rayos cósmicos significa menos nubes y un mundo más cálido aunque la influencia exacta de los rayos cósmicos en las nubes y el clima aún se está investigando es un área fascinante de estudio que podría proporcionar más comprensión sobre nuestro entorno atmosférico.

ACTIVIDAD VOLCÁNICA

Los volcanes afectan a la temperatura, pudiendo decirse que es su misión. Entre los gases emitidos por los volcanes, además de vapor de agua, en un 60%, que influye y mucho en la temperatura, emiten entre 10% y un 40% de dióxido de carbono, lo que nos haría pensar en una elevación de la temperatura, pero estas emisiones se compensan con la emisión de dióxido de azufre (SO_2), pudiendo emitir hasta un 10% de esta sustancia. Aunque la erupción del volcán de La Palma no tuvo la magnitud suficiente como para emitir grandes cantidades de dióxido de azufre, fueron 85 días de erupción, con una media de 9.000 toneladas diarias de dióxido de azufre, superando las 760.000 toneladas. Por hacer una comparación, durante el año 2019 la industria española emitió 165.000 toneladas de esta sustancia, por lo que Greta Thunberg debería lanzarle un discurso, muy emotivo y con gran indignación, a este volcán.
El dióxido de azufre, en contacto con el agua genera ácido sulfuroso o sulfúrico y al aumentar los niveles de vapor de agua, aumentan las precipitaciones y la presencia de estos ácidos va a hacer que la lluvia sea ácida. Además los aerosoles de sulfato (partículas diminutas de ácido sulfúrico mezcladas en la atmósfera), una vez llegan a la estratosfera, van a reflejar la luz del Sol, que su vez provoca un enfriamiento del aire de la atmósfera que

va a conllevar una disminución de la temperatura a nivel global. Aunque estos cambios no se producen en periodos largos de tiempo, influyen en las temperaturas promedio y en las anomalías promedio (desviaciones respecto a las temperaturas promedio). Además de los mencionados gases, aunque en menor cantidad, los volcanes también emiten compuestos con flúor, con cloro, monóxido de carbono y otros gases que afectan a la capa de ozono en la estratosfera (de 15 a 50 Km de altitud donde se concentra el 90% del ozono, absorbiendo el 99% de la radiación ultravioleta de alta frecuencia), o pueden afectar y aumentar el efecto invernadero, pero de estos efectos de los volcanes, no se nos dice nada en las noticias, cuando se habla del cambio climático. Algunos ejemplos: A la explosión del volcán del Monte Tambora en 1815, la más violenta de la historia, le siguió el "verano frio", y durante un periodo de 5 años bajó la temperatura a nivel mundial 2,5° C; la erupción del volcán Krakatoa en 1883, en la que fueron tan importantes las emisiones de dióxido de azufre que disminuyó la temperatura en todo el mundo; la erupción del monte Pinatubo (Filipinas), en 1991 que dio lugar a una bajada de temperatura de 0,5°C durante 5 años y fue debida a que las emisiones de dióxido de azufre, fueron muy elevadas o la explosión del Monte St. Helens en Estados Unidos en 1980. Por lo tanto los volcanes hay que tenerlos en cuenta cuando hablemos del cambio climático, pero normalmente no se dice nada de fenómenos naturales en este apocalipsis climático que nos quieren vender. Además las erupciones volcánicas cambian la reflectividad de la atmósfera y reducen la radiación solar que llega a la superficie de la Tierra. Si la actividad volcánica es suficientemente intensa, se puede acumular gran cantidad de cenizas y gases contaminantes en la atmósfera, que pueden permanecer en suspensión por largos periodos de tiempo, atenuando la radiación solar que llega a la superficie, produciendo las correspondientes alteraciones en el comportamiento del clima, enfriándose este.

Pero también se puede producir el efecto contrario y hay sospechas de que el pico reciente de temperaturas se deba en parte a la mayor explosión en 30 años de un volcán, en este caso submarino, a pocos metros de la superficie, en la Polinesia, el volcán Hunga Tonga, en 2022, que al lanzar 50 millones de toneladas de vapor de agua a la estratosfera, que es la parte más sensible de la atmósfera al efecto invernadero, provocó un calentamiento. A estos volcanes submarinos se les presta muy poca atención y se sabe muy poco acerca de ellos, teniendo una actividad similar a los terrestres, calentando los océanos, modificando las corrientes o cargando de agua la estratosfera como el anteriormente mencionado, y por tanto la temperatura seguramente con efectos de unos 5 años. No existe un inventario de volcanes submarinos, pero al parecer pueden haber más de 3.000 activos y varios miles inactivos.

DISMINUCIÓN DEL OZONO ATMOSFÉRICO

La capa de ozono es una barrera protectora en la estratosfera que bloquea la mayoría de los rayos ultravioleta del Sol; sin esta protección la vida en la tierra sería muy difícil.
Cuando la capa de ozono se deteriora aumenta la temperatura de la tierra debido a la mayor cantidad de radiación solar que llega a la superficie, este incremento de temperatura intensifica la evaporación de agua, uno de los principales procesos del ciclo del agua, situación que puede llevar a sequías en algunas zonas y al aumento de la frecuencia e intensidad de las lluvias en otras. En 1995 la doctora en astrofísica Sally Baliunas, con multitud de trabajos y premios atestiguó ante el Comité de Ciencia de la Cámara de Representantes de Estados Unidos que los clorofluorocarburos (CFC), no eran responsables en la disminución del ozono en la Antártida. Un artículo escrito por esta científica, junto con el ingeniero espacial Willie Soon en 2000, promovió la idea

de que la disminución natural del ozono en la atmósfera más que las emisiones de dióxido de carbono, podría explicar el calentamiento de la atmósfera.

IMPACTO DE LOS AGUJEROS NEGROS PRIMORDIALES

Los agujeros negros, concretamente los primordiales (PBH por sus siglas en inglés Primordial Black Holes), los más antiguos y extraños del universo, se formaron al inicio de la expansión del universo, no por el colapso gravitatorio estelar (supernovas), sino por la extrema densidad del universo, debida a las altas temperaturas después del Big Bang. Solo el 5% del Universo está formado de materia bariónica (electrones, protones, átomos, moléculas...), el 95% restante es un misterio, que aun no ha resuelto la ciencia. De este último porcentaje, un 25% es la enigmática materia oscura, que no interacciona por medio del espectro electromagnético con el resto del Universo (no emite ningún tipo de radiación), sino por medio de ondas gravitatorias. Actualmente los más firmes candidatos a materia oscura son precisamente estos agujeros negros, que con multitud de tamaños, es posible que estén alterando la órbita de la tierra y la de otros planetas. A 1.600 años luz el más próximo (pero es muy posible que haya muchos más en la galaxia), a nuestro planeta según un nuevo estudio publicado en la base de datos on line científica, "arXiv", se pone de manifiesto que estos influyen sobre nuestro entorno cósmico al menos una vez cada década, moviendo planetas y satélites naturales a su paso. Con masas estimadas de hasta 100.000 soles, uno de estos agujeros que se acercase a un planeta, según cálculos realizados, este comenzaría a balancearse ligeramente en torno a su trayectoria alterando su órbita, y por supuesto modificando su clima. El estudio sigue en revisión y según los investigadores se requieren simulaciones más precisas para determinar si esto puede ser una realidad, como tantos otros estudios, incluido, desde luego el calentamiento de origen humano.

LOS CICLOS DE MILANKOVITCH

Si bien hubo algunas teorías astronómicas similares durante el siglo XIX cómo la de J. Adhemar, sin embargo la verificación de estas teorías es compleja debido a la ausencia de datos fósiles relevantes, y también por el desconocimiento de parte de la historia de la Tierra. A principios del siglo XX el astrónomo y geofísico serbio Milutin Milankovitch estableció una teoría que demostraba que determinados movimientos de la tierra van acompañados de cambios cíclicos en la radiación solar que llega a la superficie terrestre y que ello influye considerablemente en los cambios en el clima. Los ciclos de Milankovitch son una serie de alteraciones periódicas en las propiedades orbitales de la tierra que han desempeñado un papel importante en los cambios climáticos durante cientos de miles de años. En esencia estos ciclos regulan a largo plazo la cantidad de radiación solar que nuestro planeta recibe contribuyendo así a las transiciones entre periodos glaciales e interglaciares o cálidos. Aunque no son la única causa de los cambios climáticos producidos en la Tierra, sin embargo aportan datos cruciales al rompecabezas del clima global ofreciendo pistas sobre cómo podría evolucionar nuestro planeta frente a las actuales tendencias climáticas.
Tres factores fundamentales componen el ciclo de Milankovitch:
1) Excentricidad: Cuando la órbita alrededor del Sol es más elíptica, y por tanto menos circular, se produce una mayor d variación en la cantidad de radiación solar que la tierra recibe durante sus estaciones. Investigaciones recientes han demostrado que la duración de 100.000 años de la glaciación cuaternaria, coincide con el periodo de 100.000 años de duración de este ciclo de excentricidad.

2) Inclinación axial: Cuando la inclinación del eje de la Tierra es mayor, los veranos son más cálidos y los inviernos más fríos. Durante un periodo de 41.000 años, el angulo de inclinación oscila entre 22,1 y 24,5 grados. Actualmente se puede estar produciendo una leve inclinación debido al derretimiento de los polos y los usos intensivos de aguas subterráneas.

3) Precesión: Se refiere a la dirección a donde apunta el eje de la Tierra. Cada 26.000 años el eje da una vuelta completa, modificándose gradualmente la orientación de la Tierra respecto al Sol y alterando las estaciones, durante ese periodo.

Recientemente se descubrió otro ciclo no estudiado por Milankovitch, llamado "Precesión apsidal" o desplazamiento de la orbita de la Tierra alrededor del Sol, como resultado de la interacción con Júpiter y Saturno, por el achatamiento del sol y por los efectos de la relatividad general.

Estos tres factores afectan a la forma en que el Sol ilumina a la Tierra, causando cambios climáticos en las estaciones, al afectar a la temperatura del agua en los océanos y a la cubierta de hielo polar. Cuando los veranos en el hemisferio norte son más cálidos debido a una mayor inclinación del eje, el hielo polar se derrite a mayor ritmo, afectando a su vez a las corrientes oceánicas y cambiando los patrones climáticos a nivel global o de todo el planeta.

Estos largos ciclos desempeñan un papel crucial en la configuración del clima de la Tierra y su comprensión es esencial para abordar el desafió del cambio climático porque inciden en los niveles del mar, la intensidad de las precipitaciones, los vientos, la circulación oceánica y la distribución y disponibilidad del agua dulce.

TECTÓNICA DE PLACAS

Los continentes están continuamente reubicándose con movimientos muy lentos acercándose o alejándose respecto al ecuador, los polos o en otra dirección, como predijo A. Wegener en 1920, provocando lentos cambios en el clima. Impulsadas por el calor del interior del planeta, las vastas placas rocosas que forman la corteza, se mueven apenas unos pocos centímetros al año, sin embargo a lo largo del tiempo, han tenido una profunda influencia en el clima de la Tierra. Los continentes actuales formaron parte de un enorme supercontinente conocido como Pangea, que comenzó a separarse hace unos 175 millones de años. En esa época el planeta era mucho más cálido que en la actualidad pero la fragmentación de Pangea condujo a cambios masivos en la distribución geográfica y cambios en la circulación, desencadenándose un cambio radical en el clima. Por ejemplo, hace unos 35 millones de años la placa que transporta a la actual India, comenzó a empujar por debajo de la placa de Asia para crear la cordillera del Himalaya, afectando a los patrones de viento a nivel global y originando la temporada de los monzones en el sur de Asia y Océano Índico. En verano, el viento se desplaza desde las zonas frías a las cálidas, modificando el clima y originando lluvias torrenciales.

CORRIENTES OCEÁNICAS

Las corrientes oceánicas son los movimientos del agua del océano debido a la gravedad, la rotación de la Tierra (efecto Coriolis), la densidad del agua, el calentamiento solar y el viento. El agua puede moverse horizontalmente (corrientes que pueden ser superficiales o de aguas profundas) o verticalmente, en sentido descendente o ascendente. Las corrientes oceánicas son las encargadas de trasladar el calor desde el ecuador hacia los polos. Como tales, mantienen el orden y el equilibrio natural del clima, siendo responsables de las variaciones de la biodiversidad . Pueden provocar lluvias como la corriente cálida llamada "Deriva del Atlántico Norte" que provoca lluvias en Europa; desertización provocada por corrientes frías sin humedad, dando lugar a zonas desérticas como la Patagonia o el Kalahari. Algunas son muy fuertes y destruyen el plancton y la vida marina como el Niño; otras como en la Antártida, siendo ascendentes, proporcionan fosfatos y nitrógeno desde el fondo marino, alimentando la flora y fauna. Pueden ayudar a la navegación o destruirla. Algunos ejemplos de corrientes: Corriente costera noruega, Corriente Circumpolar Antártica, Corriente de Humboldt, Corriente de las Antillas, Corriente de Madagascar,..

EL NIÑO

El Niño, llamado ENSO (El Niño Southern Oscillation), es básicamente un cambio en la fuerza y dirección de los vientos alisios que soplan de este a oeste en el océano Pacífico, desde los trópicos hacia el Ecuador, que hacen que el agua cálida que se encuentra en la parte occidental (al oeste), del océano Pacífico se mueva hacia la región central y al este del Pacífico, afectando a las costas de América el Sur. La circulación completa de estos vientos era desconocida por los europeos hasta el viaje de Andrés de Urdaneta en 1565.

Los efectos meteorológicos como el Niño o también la Niña son efectos que contribuyen en la subida o la bajada de la temperatura y en el aumento de lluvias torrenciales, fenómeno que se caracteriza porque aumenta la temperatura de la superficie del océano Pacífico y esto va a llevar asociado lluvias torrenciales en América del sur o sequías en Australia y un aumento de la temperatura porque al aumentar la temperatura del océano aumentan los niveles de vapor de agua en la atmósfera, con el consiguiente efecto invernadero. El efecto de La Niña es el contrario, provocando un enfriamiento de las de las aguas superficiales del océano Pacífico que va a llevar asociadas sequías en América del sur y lluvias torrenciales en Australia y un descenso de la temperatura.

El Niño tiene un origen natural no relacionado con las actividades humanas, ocurriendo entre cada dos y siete años, variando en intensidad y contribuyendo al aumento de las temperaturas en el planeta. El fondo del mar, más o menos caliente en función de los flujos de calor radiactivo del interior del planeta, transmite la temperatura al agua, de esta manera se origina este fenómeno climático, caracterizado por una liberación de calor del océano Pacífico hacia la atmósfera, a través de la cual se distribuye.

La última vez que se formó El Niño fue en 2016 y sus efectos se dejaron sentir en todo el mundo, contribuyendo a un aumento récord de las temperaturas, a la pérdida de bosques tropicales, al blanqueamiento de corales, a la generación de incendios forestales y al deshielo polar.

En la Universidad de Exeter en el Reino Unido se analizaron datos entre 1976 y 1996, que no solo cubrieron dos ciclos solares completos y dos erupciones volcánicas explosivas, sino que también coincidieron con un período de calentamiento global abrupto. Al comparar los datos con los de otros períodos, la investigación destacó el importante papel que desempeñó El Niño en el Pacífico Central, provocando un calentamiento global durante el período estudiado. Los volcanes explosivos en este periodo, cambiaron la presión del nivel del mar en el Atlántico Norte, debido a una gran diferencia de temperaturas entre la tierra y el mar y pusieron en marcha un mecanismo en cadena que desempeñó un papel crucial, provocando cambios en los monzones de verano de la India durante ese abrupto período de calentamiento. No estamos acostumbrados a escuchar hablar de estos fenómenos cuando se habla del cambio climático y esto no es algo casual; no se incluyen los fenómenos naturales porque al incluirlos estaríamos atenuando de algún modo el estado de alarma, reduciéndose ese miedo que nos meten, tanto a niños como a mayores. Estos son fenómenos naturales que son capaces de aumentar o disminuir la temperatura, cada 2 o 3 años, con una duración de 9 a 12 meses.

CIRCULACIÓN DEL ATLÁNTICO (AMOC)

El AMOC, Atlantic Meridional Overturning Circulation (por sus siglas en ingles: Circulación de regreso Meridional del Atlántico), es un sistema de corrientes que forma parte de la gran cinta transportadora oceánica llamada "circulación termohalina", un mecanismo por el que el agua de los océanos se mueve a gran escala debido a las diferencias de densidad. Estas diferencias se producen por la salinidad y temperatura del agua, lo que pone en marcha el mecanismo de transporte que en el Atlántico lleva un flujo de agua superficial cálida y salada hacia el norte y un flujo de aguas más frías y profundas hacia el sur. Una de las partes dentro del AMOC es la llamada "Corriente del Golfo", que fue el primero de estos fenómenos identificado en el siglo XVIII, pero esta corriente no debe confundirse con el conjunto AMOC, que es mucho más extenso y complejo. La Corriente del Golfo descubierta por Benjamín Franklin hacia 1770 contribuye mucho menos al transporte neto de calor hacia el norte, de modo que, para el impacto climático, la AMOC es el gran problema, no la corriente del golfo (Stefan Rahmstorf, físico experto en dinámica de corrientes oceánicas en la Universidad de Potsdam).

VI. EL ESCEPTICISMO SOBRE EL OBJETIVO NÚM. 13 AGENDA 2030 (CAMBIO CLIMÁTICO)

Durante años hemos sido bombardeados de la noche a la mañana por: la prensa, las cadenas de televisión y radio, internet, los científicos, los políticos, los expertos, los famosos, Wikipedia, Hollywood, National Geographic,...,.quienes nos han ido informando que el ser humano es culpable de un presunto cambio en el clima, debido a las emisiones de dióxido de carbono que genera su actividad. Se ha dado como solución que se produzca menos y se consuma menos, es decir que se de un frenazo a la actividad económica, o lo que es lo mismo que vayamos hacia un decrecimiento económico, porque de lo contrario el mundo se acabaría pronto, dirigiéndonos hacia el apocalipsis. Se nos cuenta que para escapar de este horrible final, es necesario invertir una gran cantidad de miles de millones con el objetivo de reducir el supuesto gas infernal, renunciar al progreso, a la prosperidad y a la movilidad existentes y ceder nuestra autodeterminación y soberanía social a estructuras de poder centralizadas y antidemocráticas.

Algunos hechos y términos básicos, constantemente, son tergiversados y manipulados por todos esos grupos, asociaciones, ong, organismos internacionales, gobiernos,.. al unísono de manera orquestada para amedrentar a personas en todo el mundo, enredándolas en disputas interminables, pero al hacerlo ocultan los verdaderos problemas de fondo, que son variados y no pocos; cuando si se examina más de cerca esta tesis del cambio climático provocado por el hombre, resulta ser insostenible.

Hay una serie de inconvenientes y perjuicios causados por la difusión del miedo climático:

> Los gobiernos de todo el mundo han incrementado la financiación para cualquier investigación científica relacionada al calentamiento del clima, como producto del miedo inducido a la población por sus consecuencias futuras, convirtiéndolo en una de las áreas de la ciencia mejor financiadas. Esto hace que varios científicos en el mundo busquen una manera de relacionar sus investigaciones particulares con el aumento de temperaturas, en busca de una mayor financiación, y sigan creando historias dramáticas que requieren de nuevas investigaciones.

> No solo los científicos, sino millones de personas en todo el mundo, dependen de esta farsa para asegurar sus ingresos financieros, gracias a los cientos de miles de empleos creados y subsidiados en el área científica, gubernamental y mediática que giran en torno al aumento de la temperatura "producido por el hombre". El concepto de un cambio climático causado por el hombre es promovido con una ferocidad e intensidad similar al fanatismo religioso. Los científicos que se oponen a esta opinión son tratados como herejes y corren el riego de persecuciones, amenazas de muerte (como es el caso del profesor de la Universidad de Winnipeg, Timothy Ball), y daños a su reputación y a sus carreras. Todo este fanatismo da como

resultado el desconocimiento de la población en general de la existencia de muchos científicos escépticos y de teorías disidentes al cambio climático antropogénico.
- Muchos activistas ambientalistas apoyan la teoría del cambio climático antropogénico por su apego emocional e ideológico a las creencias anticapitalistas, oponiéndose al desarrollo económico, la globalización, la industrialización y a los Estados Unidos.
- El punto de vista sobre un cambio climático antropogénico fue promovido por la ex primera ministra británica, Margaret Thatcher, a fin de promover la energía nuclear y reducir el impacto de las huelgas en la industria estatal del carbón, por parte de la Unión Nacional de Mineros de Gran Bretaña.
- Muchos científicos afirman haber sido acusados de aceptar sobornos de las industrias privadas de gas, petroleo y carbón, por el motivo de que son estas, las que promueven teorías disidentes al consenso científico. Estos científicos niegan las acusaciones y dicen que no tienen fundamento alguno.
- Se busca matar el sueño africano de alcanzar el desarrollo, porque los sistemas de energía renovable son un lujo, útiles para los países ricos que pueden costearlas, pero nunca para África. Por ejemplo una clínica de salud en Kenia puede contar con pocos paneles solares, los cuales no proveen la suficiente energía eléctrica para que funcionen el refrigerador médico y las luces al mismo tiempo. La idea de restringir el uso de fuentes de energía alternativas a los países más pobres del mundo, es quizás el aspecto más moralmente repugnante de esta larga campaña.
- El consenso científico sobre el aumento de temperaturas, en realidad no existe. No es verdad que haya tantos de los mejores científicos respaldando los informes del IPCC de Naciones Unidas. De hecho, los informes incluyen a muchos políticos, no científicos, e incluso disidentes que solicitaron borrar sus

nombres de estos informes. Un ejemplo entre varios, es el de Paul Reiter, del Instituto Pasteur, quien tomó acciones legales para eliminar su nombre de esos informes, protestando porque Naciones Unidas (IPCC), no consideró su opinión profesional.

Se ha puesto de moda estigmatizar a aquellos que no piensan como los que ostentan el poder, y a aquellos que disienten del relato que a los poderosos les interesa o les viene bien, que ni siquiera se les ha llamado escépticos, se les ha etiquetado a menudo como "negacionistas del cambio climático", un trending topic político muy al uso. Entre los escépticos a este relato, ha habido políticos, filósofos, periodistas, organizaciones y multitud de científicos (físicos, geólogos, economistas, climatólogos,…), algunos de ellos con un currículum extraordinario, con multitud de artículos revisados por pares (sometimiento de un trabajo a la revisión de otros expertos en el mismo campo), libros y gran cantidad de premios, incluso premios nobel; que han opinado con arreglo a un noble escepticismo que echa de menos pruebas sólidas en el relato oficial, señalando a este como un dogma, que se niega (y eso si es negacionismo al escepticismo, en este caso), a cuestionar sus afirmaciones, que no ofrecen claras evidencias, y que debe ser absolutamente aceptadas. Es decir, que el presunto aumento de temperaturas es debido al hombre y solo al hombre, empujando a los gobiernos a tomar medidas de urgencia, con el consiguiente perjuicio económico que de ello se deriva.
Las siguientes frases del premio nobel de Física en 1965, Richard Feynman, son expresivas de todo esto "Nunca estamos definitivamente en lo cierto" y otra frase famosa y brillante en ingles: "There is no harm in doubt and skepticism for it is through these that new discoveries are made" (No hay nada malo en la duda y el escepticismo, porque a través de ellos se hacen nuevos descubrimientos).

Nadie niega que el cambio climático se produce desde tiempos inmemoriales, ahora bien lo que cabe es preguntarse qué factores influyen en el cambio climático y en que proporción, cosa que no se ha demostrado con la debida precisión.

Nadie niega que no haya que tomar medidas para frenar la destrucción del medio ambiente, pero conviene señalar que la protección del medio ambiente y la del clima no tienen nada que ver una con la otra, sin embargo se suelen entremezclar. Una cosa es que se diga que nos dirigimos a un infierno con una serie de desequilibrios ecológicos aparejados y otra es que estemos en un momento de crisis ambiental. Nadie cuestiona la existencia de cierta correlación entre la temperatura media de la Tierra y el contenido de dióxido de carbono en el aire. Pero, ¿Cual es las causa y cual el efecto?, ¿Hay más de una causa que provoque subida de temperaturas?, ¿Cual es el origen de la causa original y en que proporción?, ¿La causa es directa o también hay causas indirectas?

Nadie cuestiona que el futuro pertenece a las energías alternativas y que habría que poner fin a la quema de combustibles fósiles. Sin embargo, es muy dudoso que los principales "apóstoles del clima", los chamanes adivinos del futuro de la Pachamama, estén interesados en soluciones reales que proporcionen a la gente energía ilimitada y casi gratuita; cuando por ejemplo, se pone fin a la energía hidroeléctrica o a las centrales nucleares, hablándose cada vez más de decrecimiento económico o reducción de la producción y del consumo. Se hace evidente que la propuesta de aumento del gasto público, con mayores impuestos y con emisión de dinero (principal causa de la inflación), para gastar grandes sumas de dinero, todo ello unido a la gran desinversión en la industria y el sector primario; no esta nada claro que vayan de momento a servir para mejorar el bienestar de la sociedad y máxime teniendo en cuenta la enorme cantidad de problemas aun por resolver como son: la educación, muchas enfermedades, seguridad en los barrios de las ciudades, falsas democracias, la corrupción galopante,...

La premisa de que el hombre ha provocado y acelerado el calentamiento de la Tierra se basa en métodos no científicos, como los modelos informáticos, que a través del uso de algoritmos y tecnologías de análisis de Big Data e Inteligencia Artificial, están ayudando a los meteorólogos a realizar predicciones climáticas. Pero en realidad los modelos informáticos pueden predecir cualquier cosa que sus creadores y manipuladores, quieran que hagan, dependiendo de la información que se ponga en ellos, siendo esta una de las razones centrales por la que muchos científicos prominentes no están de acuerdo con los traficantes de miedo.

El relato consiste en que la temperatura desde hace miles de años ha ido fluctuando, y que a partir de la industrialización (mitad del siglo XIX), con las emisiones de dióxido de carbono causadas por la actividad humana, la temperatura ha ido aumentando progresivamente, existiendo una correlación entre cantidad dióxido de carbono y temperatura. Pero, respecto a esto ultimo, existe una gran diferencia entre que dos variables estén correlacionadas y que una de ellas explique de forma directa a la otra.

La historia de la humanidad refleja la historia del cambio climático. Los orígenes humanos, antes de la sapientización, se remontan a hace unos cuatro millones de años, cuando el clima de África Oriental se volvió progresivamente más cálido y seco. Esto hizo que las exuberantes selvas tropicales desaparecieran y fueran reemplazadas por áridas llanuras y sabanas. Nuestros antepasados protohumanos aprendieron a explotar esos nuevos ecosistemas recolectando nueces, tubérculos comestibles o diversas gramíneas, buscando alimento en el calor del día para minimizar el contacto no deseado con depredadores nocturnos, prosperando en estas condiciones semiáridas.

Mirar la historia a la luz del cambio climático no solo es científicamente interesante, sino que también es una excelente manera de contar la historia del pasado de la humanidad, trufada de abundantes fluctuaciones de la temperatura, y en el que la única constante ha sido el cambio. Por tanto, el clima ha estado cambiando desde tiempos remotos, pero hoy se nos cuenta por todas partes que el cambio climático actual ha sido producido por el hombre y que por tanto, debemos rectificar nuestra civilización. Aunque apenas se plantea la cuestión de si existen suficientes pruebas científicas que respalden esta teoría, en la visión actual del mundo, moldeada por los medios de comunicación, considerándose una verdad inexpugnable y acusándose a los no creyentes de negarla.

Ahora bien, todo aquel que se informe sobre los acontecimientos climáticos con independencia de la política y los medios de comunicación subvencionados, comprobará que esta afirmación reiterada del cambio climático provocado por el hombre carece de pruebas inequívocas y consistentes.

La alarma climática en realidad comenzó en la década de 1970, cuando se decía que el porcentaje de dióxido de carbono en la atmósfera estaba aumentando al quemar combustibles fósiles y que esta actividad estaba causando que la tierra se calentara, aunque las temperaturas realmente estaban disminuyendo.

En realidad los niveles de dióxido de carbono en la atmósfera fueron en continuo aumento desde 1940, cuando la temperatura global iba en disminución, y no fue hasta 1975 cuando esta comenzó a aumentar continuamente hasta nuestros días. Las temperaturas subieron ligeramente en la década de 1980 y fue entonces cuando interesados y alarmistas usaron la expresión: "calentamiento global" (aunque la temperatura ha ido fluctuando, arriba y abajo durante años, subiendo de media 0,6º C, durante el siglo XX). Posteriormente se renovó el alias, pasando a llamarse "cambio climático", que en realidad no aporta nada nuevo, porque el clima ha cambiado siempre. El calentamiento se detuvo hacia el año 2000, permaneciendo las temperaturas medias globales prácticamente inmutables, durante los primeros años del siglo XXI, hasta que se produjeron en los últimos 15 años, dos eventos extraordinarios que complican el análisis: en primer lugar una pequeña subida a consecuencia de un fuerte fenómeno El Niño en 2015-16, uno de los más intensos en 100 años (calentamiento de las aguas del Océano Pacífico) y en segundo lugar, la superexplosión en 2022 del volcán submarino Hunga Tonga en la Polinesia (la mayor explosión volcánica en 30 años). Este volcán lanzó 146.000 toneladas de agua en forma de vapor a la gigantesca estratosfera (de 30 a 50 km de altura), que suele estar seca, aumentando un 10% el agua en esta capa en un solo día. Existe una alta sensibilidad al efecto invernadero a estas alturas, por lo que se produjo una gran retención de calor por parte de este potente gas de efecto invernadero como es el vapor de agua. La temperatura, después del super El Niño de 2015 no volvió a subir con notoriedad hasta 2023, justo a continuación de la mencionada erupción (aunque con un cierto retraso, como suele suceder con los efectos de los volcanes sobre el clima). La pandemia del COVID19 supuso un parón productivo tan acusado que las emisiones de dióxido de carbono se desplomaron de manera drástica y debido a esta, se registraron muchas menos emisiones, pero no se puede ignorar el coste que hemos pagado para lograr esa reducción: millones de fallecidos, pobreza y colapso económico.

Actualmente utilizan otros alias como "crisis climática", "decrecimiento económico" (es decir que necesitamos ser más pobres para frenar "el infierno que se nos viene encima"), incluso "colapso". ¿Que será los siguiente?.

Hasta la fecha, solo se han logrado reducciones drásticas de las emisiones del dióxido de carbono, a partir de graves frenazos en la actividad económica, por tanto, tendremos que replantearnos

soluciones inteligentes, porque no tiene sentido solucionar un problema a base de multiplicar otros.
De una lectura detenida de la agenda 2030, si nos fijamos en las metas de varios de los objetivos de desarrollo sostenible (ODS), podemos inferir, o utopías en el corto plazo o distopías en el largo plazo.
Como motivos hipotéticos para promover la idea del calentamiento de origen antropogénico, podemos argumentar
los siguientes:

> Deseo por parte de La ONU y sus promotores de ir hacia un sistema de gobierno mundial.
> Deseo por parte de los ecologistas de impedir la industria muy contaminante, a base de carbón, en desarrollo en África, mientras reducen el desarrollo industrial en los países del primer mundo.
> Deseos de los estados en atraer fondos para la investigación.
> Deseo por los gobiernos de incrementar los impuestos.
> Deseo por parte ciertos activistas del marxismo cultural "woke" de promover una ideología anti-occidente de la mano de la antiglobalización y la creencia o supuesto estado mental de que todo lo que lleve a un mundo industrializado, es negativo y debe de cambiar.

En los años 70 se hablaba de enfriamiento global, en los 80 de desertización, en los 90 de la capa de ozono, en los 2000 de Calentamiento Global reconvertido recientemente en cambio climático, que es lo mismo pero más moderno, puesto que el clima siempre en algún sentido y con diversas causas, cambia. Aunque el tópico varíe, siempre hay un poderoso motivo para actuar de modo urgente (entiéndase los políticos) e intervenir en la sociedad con planificaciones, restricciones, regulaciones, prohibiciones,.. Esto es lo que ejemplificó Michael Crichton con su última novela, "Estado de Miedo"; coincide también con el mensaje de la obra "Fatal Arrogancia" del gran economista y premio nobel, Friedrich Hayek, que denunciaba en ella que la sociedad y sus grandes problemas encuentran una solución centralizada en las mentes de los burócratas. Y pensar que los políticos pueden manejar el clima a su antojo (igual que los antiguos reyes tenían línea directa con los dioses), es sin duda una colosal arrogancia.

EL DIÓXIDO DE CARBONO Y EL VAPOR DE AGUA

En la superficie del Sol se producen reacciones en las que se genera básicamente helio a partir de hidrógeno. Esta reacción continua produce mucho calor, que a su vez se traduce en una energía de unos 63 millones de vatios por metro cuadrado. Cuando esta energía electromagnética llega a la Tierra, después de recorrer 150 millones de kilómetros, queda reducida a 1.370 vatios por metro cuadrado en la parte superior de la atmósfera. El sol, al ser extremadamente caliente, emite radiación de onda corta o de alta frecuencia (frecuencia a la que emiten las radios internacionales y los radioaficionados), básicamente luz ultravioleta. Una parte de esta, al llegar a la Tierra es reflejada y vuelve al espacio y otra parte llega hasta la superficie. La superficie de la Tierra se calienta emitiendo energía mediante lo que se llama "efecto albedo", rebotando como radiación de onda larga o de baja frecuencia en forma de rayos infrarrojos, radiación que calienta la atmósfera, al ser su calor atrapado por los gases de efecto invernadero (GEI). Si no fuera por este mecanismo, además de hacerse imposible la existencia de vegetación y en lugar de los 15º C de temperatura media, la temperatura media en la Tierra, estaría por debajo de cero. Por tanto no hay motivo para asustar al mundo usando palabras persuasivas como "efecto invernadero", y tenemos suerte en contar con estos gases, que son los siguientes: Vapor de agua (H2O), Dióxido de carbono (CO2), Metano (CH4), Óxidos de nitrógeno (Nox), Ozono (O3) y Clorofluorocarburos (CFCartificiales).

Gases en la atmósfera	
Nitrógeno, oxigeno, argón y otros gases	Gases de efecto invernadero
98,00%	2,00%

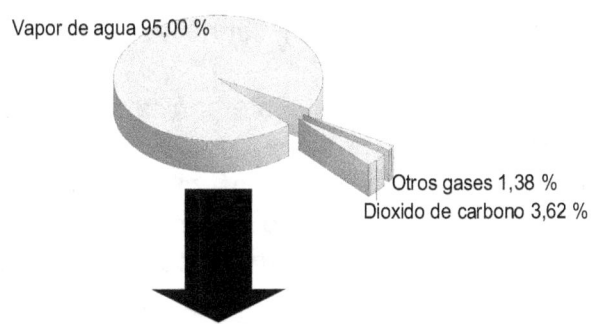

Gases de efecto invernadero en la atmósfera

Vapor de agua 95,00 %

Otros gases 1,38 %
Dioxido de carbono 3,62 %

Dióxido de carbono	
Origen natural	Origen humano
96,60%	3,40%

Aproximadamente el 2% del aire de la atmósfera esta formado por gases de efecto invernadero. De este 2%, el 95%% es vapor de agua y un 5%% se lo reparten el resto: dióxido de carbono (3,62%), metano, oxido nitroso y otros óxidos de nitrógeno, ozono y CFC. La contribución en porcentaje al efecto invernadero, es: vapor de agua 97%, causas naturales (volcanes, océanos, deforestación y animales) 2,72% y a causa del ser humano 0,28%. Fuente: Elaboración propia.

Según inventario realizado a mediados de 2023, todas las emisiones de GEI han caído un 15% desde 2005, mientras que las emisiones de dióxido de carbono se han caído un 18%, las emisiones de metano han caído un 8% y las emisiones de dióxido de carbono del sector eléctrico han caído un 36% durante ese mismo período. Esto ha ocurrido mientras la producción de gas natural ha aumentado en un 97%, la generación eléctrica con gas natural ha aumentado en un 108%, aumentando el consumo de este en un 39%. La producción de petróleo también ha aumentado un 53% desde 1990, y las emisiones de metano de las industrias del petróleo y gas, específicamente, han caído un 13% durante el mismo período, incluida una reducción del 4% desde 2020. Todo esto es un resultado directo de la revolución de la fracturación hidráulica (fracking), como nueva tecnología de extracción que ha hecho accesibles grandes reservas de gas natural y petróleo, transformando las perspectivas energéticas en los últimos 18 años.

El dióxido de carbono (CO_2), tiene los siguientes orígenes:

➤ Descomposición de materia orgánica: La descomposición de plantas y animales después de su muerte también libera dióxido de carbono (que han consumido para formar sus tejidos), a la atmósfera. Esto ocurre naturalmente en los ecosistemas, pero también puede ser acelerado por actividades humanas como la deforestación o la quema de biomasa por incendios forestales.

➤ Combustión: La quema de combustibles fósiles, como el petróleo, el gas natural y el carbón, también libera una gran cantidad de dióxido de carbono a la atmósfera. Los vehículos, las centrales eléctricas y la industria en general, son las principales fuentes de emisiones, debido a la combustión.

➤ Respiración: Tanto los seres humanos como los animales emiten dióxido de carbono al respirar. Durante este proceso, el oxígeno es utilizado y se libera dióxido de carbono como un subproducto.

➤ Otros orígenes: Aguas termales, lagos y embalses, erupciones volcánicas y ciertos tipos de rocas que son emisoras. Es decir las rocas no solo actúan como sumideros sino también como fuente de este gas.

La cantidad de dióxido de carbono en la atmósfera está determinada por el ciclo del carbono, un sistema con fuentes y sumideros de este gas, que lo agregan y eliminan, respectivamente. Una parte del ciclo involucra rocas (las emisiones de estas podrían ser equivalentes a las de todos los volcanes juntos), comenzando con los volcanes, que emiten este gas. Estas emisiones se contrarrestan con la meteorización, un proceso en el que el dióxido de carbono se mezcla con el agua de lluvia para formar ácido que reacciona con las rocas, disipándose el gas.

La aparición de la vida en nuestro planeta añadió una nuevo paso al ciclo del carbono. A medida que las plantas crecen, absorben el gas para construir sus tejidos y cuando mueren, se libera de nuevo. Los animales que consumen las plantas también lo almacenan por un tiempo, antes de que ellos también mueran y se descompongan, emitiendo también liberen este gas.

Algunas plantas muertas no se descomponen y, en cambio, se convierten en capas de carbón, petróleo y otros sedimentos ricos en materia orgánica, como la turba, durante millones de años.

El total del aire en la Tierra es de 5,26 trillones de kilogramos, sabiendo que la densidad del aire es de 1,2 Kg/m³, el volumen de la atmósfera, sería de $4,4 \times 10^{18}$ m³ y suponiendo una concentración de dióxido de carbono 415 ppm (partes por millón) por ejemplo, la cantidad total de este gas en la atmósfera es de 3,6 billones de toneladas. Hace 500 millones de años en el periodo Cámbrico era de 60 billones de toneladas y en el Jurásico de 22 billones de toneladas. Desde entonces ha ido disminuyendo y sin desaparecer, se encuentra enterrado y en los océanos.

Un millón de coches de combustión liberan 4,9 millones de toneladas al año, lo que supone una concentración de 0,000136 % de toda la atmósfera.

Aunque el dióxido de carbono es una sustancia traza en la atmósfera ya que supone un 0,04% del total del aire, de ese porcentaje, un 80% proviene del uso de combustibles fósiles (petróleo, carbón o gas) y el 20% restante de la deforestación y uso del suelo por parte del sector primario, siendo absorbido en un 55% (31% por los océanos y en un 24% por la masa forestal, aunque hay otros sumideros), mientras que el 45% restante, provoca lo que se supone el llamado "efecto invernadero".

Si hallamos el 45% del 0,04% (0,45x0,0004= 0,00018), resulta que con un 0,018% del total del aire se provoca el efecto invernadero, según se dice, aunque desde luego parece inverosímil.

El clima de la tierra es un sistema muy complejo y difícil de analizar y aunque existen simulaciones por ordenador, estas dependen de la idoneidad de los parámetros introducidos, pudiéndose afirmar que en general, el aumento de las temperaturas se ha sobrestimado a la hora de hacer estas simulaciones.

A lo largo de miles de millones de años, el registro geológico muestra que no existe una correlación a largo plazo entre los niveles de dióxido de carbono atmosférico y el clima de la Tierra y de ninguna manera, este gas es una variable que por si misma explique el clima.

Hubo períodos en la historia de la Tierra en los que las concentraciones de dióxido de carbono eran mucho más altas que en la actualidad, pero las temperaturas eran idénticas o incluso más frías que en estos tiempos. La afirmación de que las emisiones de combustibles fósiles provocan las concentraciones de dióxido de carbono atmosférico tampoco es válida, ya que las concentraciones atmosféricas de este gas, han subido y bajado de forma importante en el registro geológico, incluso sin la influencia humana.

Se han ido extrayendo, desde 1950 cilindros de hielo (núcleos), en la Antártida y Groenlandia, donde se van acumulando diversas capas de nevadas anuales, transformadas en hielo (hasta 3 kilómetros de hielo en la Antártida), formándose en estos núcleos, burbujas de aire antiguo de hasta un milímetro de diámetro.

Se ha analizado la concentración de dióxido de carbono de este aire antiguo y de 900.000 años analizados, se demuestra que los incrementos de dióxido de carbono se producen con un retraso de más de 100 años detrás del aumento de temperatura global. Por lo que que un aumento de la temperatura global, tiene como efecto un aumento en los niveles de dióxido de carbono, no ocurriendo de manera opuesta, como afirma la teoría que dice que los gases de efecto invernadero, provocan los aumentos de la temperatura a nivel planetario. Esto tiene sentido porque los océanos son la principal fuente de dióxido de carbono y contienen más cantidad, cuando están fríos que cuando están calientes, ya que la subida de las temperaturas hace que los océanos liberen grandes cantidades.

Del 0.04% del aire (0,03% hace un siglo), que representa el dióxido de carbono, los humanos somos responsables de alrededor del 3% (es decir menos del: 0,04x0,03= 0,0012%), siendo los océanos, por mucho, los principales emisores.

Esto es debido a que cuando la temperatura desciende, los mares se enfrían absorbiendo el dióxido de carbono y lo liberan cuando la temperatura asciende, pero al ser los océanos inmensos, ya que representan un tercio de toda la superficie terrestre, hace falta que transcurran muchos años, para que a partir de cambios en la temperatura de la atmósfera, se pueda liberar (en caso de aumento de las temperaturas), o absorber (en caso de disminución de las temperaturas), provocándose de esta manera un cambio en los niveles de este gas en la atmósfera (se absorben y emiten 100.000 millones de toneladas al año, mediante el ciclo natural).

Lo realmente absurdo de las afirmaciones del alarmismo climático se vuelve muy extraño cuando somos 8.100 millones de personas en nuestro planeta, que mediante la respiración, exhalamos 2.900 millones de toneladas de dióxido de carbono cada año, lo que representa cerca del 10% de las emisiones totales por el uso de combustibles fósiles en un año.

Las bacterias y hongos anaeróbicos, organismos que metabolizan la materia vegetal y animal muerta en el suelo a través de procesos de descomposición, absorben y liberan dióxido de carbono; en concreto, los hongos retienen el 37% de las emisiones de combustibles fósiles.

El total de dióxido de carbono producido en la Tierra, incluyendo todos los seres vivos, es más de 10 veces la cantidad que producen actualmente las emisiones de combustibles fósiles.

Los océanos contienen 37.400 millones de toneladas de dióxido de carbono en suspensión, emitiendo y absorbiendo este gas, la atmósfera contiene aproximadamente 720.000 millones de toneladas de dióxido de carbono y el ser humano contribuye con sólo 6 millones de toneladas. Los océanos, la tierra y la atmósfera intercambian dióxido de carbono continuamente, de modo que la carga adicional de los humanos es increíblemente pequeña. Un pequeño cambio en el balance entre océanos y aire causaría un aumento mucho más grande que cualquier cantidad que el ser humano pudiera producir.

Las emisiones naturales de dióxido de carbono (del océano, volcanes y vegetación) se compensan con los sumideros naturales (océanos y vegetación). Las plantas absorben unas 450 millones de toneladas al año y el océano absorbe unas 338 millones de toneladas.

De los gases de efecto invernadero, es el vapor de agua con más 90% el más abundante y el que más contribuye al efecto invernadero debido a la capacidad de absorción de los rayos infrarrojos, le siguen el dióxido de carbono con un 4%, seguido por el metano, los óxidos de nitrógeno, ozono y los clorofluorocarburos, con un porcentaje insignificante estos últimos. Del 4% con el que contribuye el dióxido de carbono, el ser humano aporta un poco más del 3%. El 3% del 4% es el 0,12% (0,03x0,04=0,0012), y por eso estamos condenando a la gente a numerosos impactos económicos dañinos y regresivos para la sociedad.

Al dióxido de carbono muchos lo consideran como sustancia venenosa, produciéndose de forma natural más de un 96%, pero no hay motivo para enfrentarse a un elemento como es el carbono ni a una molécula, como es el dióxido de carbono porque eternamente han sido y son, la fuente y la base de la vida, ya que la estructura de todos los seres vivos esta formada por carbono.

Cada pronunciamiento apocalíptico que se escucha o se lee, desde el poder, es una locura, y no con el objetivo de salvar plantas, animales y personas sino: utilizar los "peligros del clima" y como consecuencia, la urgencia de tomar medidas, para justificar el poder en manos de unos pocos elegidos: las elites globalistas. Estas elites están representadas en varios niveles, desde el nivel supranacional, conformado por organismos como Naciones Unidas hasta el nivel gubernamental y subnacional, además de por otros agentes con intereses, como empresas y diversas asociaciones.

No hay la menor duda de que los poderosos, aspiran a tener un mayor poder decisional, con su firme creencia convertida en dogma de fe, de que el clima de la Tierra depende al 100% del dióxido de carbono, respaldados por un "consenso científico" subvencionado (aunque como se verá, muchísimos científicos son escépticos), que ha establecido una gran falsedad, sin una base científica firme. Las normas que emanan de las reuniones de las elites dirigistas, se refieren a que no utilicemos combustibles fósiles (compuestos por carbono).

La única excepción en cuanto a las fuentes energéticas empleadas, hasta la llegada de la energía nuclear, fue la energía hidroeléctrica y la eólica primitiva a base de velas en los barcos y molinos de viento. Pero siendo como es la energía, el origen de la riqueza y el progreso de las sociedades, si se va avanzando en la prohibición de la utilización de los combustibles fósiles, con base en el carbono, tenemos un problema, por lo menos a corto plazo. Lo cierto es que se deberían utilizar otras fuentes, en cuanto los costes de estas sean inferiores a los costes de los combustibles fósiles, cuyo precio, por otro lado, podría ser más asequible, si se liberalizaran de los enormes impuestos con los que son gravados por los gobiernos.

Las simulaciones climáticas inflan el ritmo de crecimiento del dióxido de carbono hasta un 0.64%. Si en 1959 la concentración fue de 317 ppm (partes por millón del aire atmosférico) y en 2023 de 421 ppm, la tasa de incremento porcentual de esos 63 años fue de 1,65 ppm/año (421-317/63), que representa una tasa anual real: (421-317/317 x100)/63=0,52% de crecimiento en 63 años, y no un 0,64%.

Realmente, multiplicar por dos la concentración de dióxido de carbono, daría como resultado un aumento promedio del 35% en la eficiencia del crecimiento de las plantas, sea con temperaturas más cálidas o con más frías, tanto en suelos más húmedos como más secos. Las plantas harían un mejor uso de los nutrientes del suelo y resistirían mejor las enfermedades y plagas, lo que aumentaría sus áreas de distribución, disminuyendo sus posibilidades de extinción y mejorando la proporción de fibra.

Las plantas necesitan como mínimo para realizar la fotosíntesis y sobrevivir, más de 100 partes por millón de dióxido de carbono y sin plantas la cadena trófica y la alimentación humana, se haría imposible. Los niveles actuales, ciertamente no representan un riesgo para la salud, piénsese en los submarinos, que permanecen sumergidos durante meses, conteniendo una concentración promedio de dióxido de carbono de 5.000 ppm, siendo la concentración en los pulmones de varios miles de ppm.

Posición	País	Valor
1	Qatar	32.42
2	Kuwait	21.62
3	Emiratos Árabes Unidos	20.80
177	Rwanda	0.09
176	Niger	0.10
178	Malawi	0.09

Toneladas de dióxido de carbono per cápita en 2022 de los tres países con más emisiones y de los tres con menos emisiones. Fuente: Elaboración propia.

Se presta mucha atención al dióxido de carbono, pero el vapor de agua, como se ha dicho es el gas de efecto invernadero más importante, manteniendo el calor del sol dentro de nuestra atmósfera, debido a sus concentraciones relativamente altas (Kerry Emanuel, profesor emérito de ciencias atmosféricas en el Massachusets Institute of Technology, MIT). Sin embargo, al vapor de agua no se le suele dar la importancia debida (¿será por la imposibilidad de gravarlo con impuestos?), siendo un GEI (gas de efecto invernadero), mucho más preponderante que el dióxido de carbono, pero tiene un problema y es que es difícil de medir porque precipita, se condensa y esta irregularmente distribuido, al igual que el ozono, pero es el más influyente, aunque los estudios se centren en el dióxido de carbono, estando este último bien distribuido por todo el planeta excepto en los polos. Los invernaderos funcionan porque impiden que el calor se escape, utilizándose en ellos el dióxido de carbono para la producción agrícola con concentraciones entre 1.000 y 2.000 ppm para mejorar el crecimiento.

Desde hace 2,5 millones de años hasta unos 12.000 años (Pleistoceno o época de las grandes glaciaciones), aumentó el dióxido de carbono. En esta época en la que se desarrollaron los antepasados del ser humano, existió la llamada megafauna formada por mamuts, rinocerontes lanudos,.. y la flora de aquella época, en gran medida, sigue hoy en día. En la actualidad se esta produciendo un aumento de temperaturas y en esta situación el mar suele liberar dióxido de carbono, pero en esta ocasión, debido a la actual concentración de este, el mar no lo está emitiendo, sino que la mitad lo esta absorbiendo, junto con el otro gran sumidero de este gas, que son los bosques, por lo que la vida vegetal esta reaccionando muy bien.

En la Tierra se producen inversiones magnéticas de los polos y también excursiones magnéticas en las que no se llegan a invertir los polos. En cualquier caso estos fenómenos suponen un debilitamiento del campo magnético de la Tierra, lo que provoca que la radiación que llega del Sol sea muy superior a cualquier variación en su actividad durante el ciclo de manchas solares, produciéndose una llegada de rayos cósmicos inmensa (protones y núcleos atómicos a gran velocidad), poniendo en riesgo al ser humano: cáncer, mutaciones genéticas o problemas en redes eléctricas y satélites.

Hace casi 10.000 años años se observa, en los registros de carbono-14 (radiocarbono), un gran incremento de radiación que tuvo lugar a principios del Holoceno, período en el que todavía permanecemos, debida a la explosión de la estrella supernova más cercana al sistema solar, que no llegó a producir cambios en el clima, mientras que otros cambios en el clima en este mismo periodo, registrados por el carbono-14, si que se asocian con cambios climáticos. Esto indica que es el Sol básicamente, el que cambia el clima, y no los rayos cósmicos, si bien estos, aunque son nocivos, pueden refrescarlo, debido a que la interacción de sus partículas con la atmósfera, generan núcleos de condensación que contribuyen a la formación de nubes bajas (se ha investigado en el CERN). Son muchas variables las que influyen en el clima y es sospechoso que se admita que el dióxido de carbono, con una proporción del 0,04 % en la atmósfera, afecte al clima. Es evidente que aún no se saben las causas del cambio climático y en los sistemas democráticos se supone que no tienes que engañar a los ciudadanos desde el gobierno, porque entonces estaríamos ante un teatro, cuya obra representada sería un régimen totalitario.

Aunque mucha gente lo ignore, el vapor de agua supone un 95% de todos los GEI, siendo el que más afecta la temperatura terrestre, más que el dióxido de carbono, pudiendo variar desde casi muy poco hasta el 3% del volumen total del aire (30.000 ppm). Si comparamos estos datos con el dióxido de carbono, que hoy en día representa alrededor de 420 partes por millón de nuestra atmósfera, 420/1.000.000x100 = 0,04%, es decir, solo una molécula, de cada 2.500 es dióxido de carbono (en comparación con el 0,03% de hace un siglo), pudiéndose ver de inmediato por qué el vapor de agua es un eje importante de nuestro sistema climático (0,04% frente a 3% del volumen del aire).

No obstante, los niveles naturales de los GEI: dióxido de carbono, metano y óxido nitroso, también son cruciales para crear un planeta habitable (John Reilly, profesor del MIT). Precisamente esa idea, lleva a muchos a pensar que la subida de temperaturas es por lo menos en parte natural y que no puede ser tan impactante la actividad humana en el clima. A pesar de que el vapor de agua es el más abundante (95%), de los cinco gases de efecto invernadero, los estados están gastando miles de millones de euros para alterar algunos componentes del 5% restante, donde el dióxido de carbono supone aproximadamente un 3,7% (pero a este gas, si se le pueden aplicar impuestos, vía combustibles fósiles y emisiones en general). Aunque el derroche de gasto no afectará, por lo menos a la parte natural del aumento de las temperaturas, sin embargo, muchos científicos no ven en el vapor de agua una causa del ascenso de temperaturas. El movimiento climático y la agenda 2030 (y su objetivo de desarrollo sostenible, ODS nº 13), nos explican un cuento incompleto, diciendo que el ser humano, al emitir dióxido de carbono a la atmósfera, es responsable de la subida de temperaturas a nivel mundial y que si la temperatura llegara a alcanzar determinados niveles, los hielos flotantes del Polo norte y las grandes islas como la Antártida y Groenlandia, con un gran espesor de hielo (el espesor mayor en la Antártida esta en unos 4.776 metros), se deshelarían, vertiéndose el agua al mar, causando un aumento de su nivel. Personalmente y como aficionado al submarinismo, nunca he visto que suba el nivel del agua del mar, lo más mínimo, durante una buena parte del siglo XX y hasta ahora, habiendo señales del nivel del agua en zonas costeras que durante decenios nunca se rebasaron. Incluso National Geographic nos han llegado a contar que a 60 metros podría ascender el nivel de las aguas del mar, lo que realmente es un terrorífico cuento. Desde 1850 en Estados Unidos se viene tomando nota de las variaciones del nivel del agua en relación con marcas en el puerto y se ha observado un crecimiento de unos centímetros desde entonces. En realidad el nivel del agua, eliminando el efecto de las mareas, a lo largo de los siglos puede subir o bajar, pero como máximo, suponiendo que estamos en un periodo interglaciar (Holoceno), desde hace 12.000 años; el nivel del agua ha subido de media, no llega a 10 centímetros cada 100 años, por causas imprecisas, por lo que nada hace pensar en principio vaya a subir el nivel del agua hasta tales alturas.

El aumento del nivel del mar debido a una subida de temperaturas (con las consecuencias de inundaciones de zonas costeras y desaparición de algunas islas), es una falacia muy extendida, de hecho los datos históricos recientes muestran que al aumentar la temperatura, baja el nivel del mar. El nivel del mar lleva varios siglos ascendiendo levemente, aunque no se sabe por qué; tal vez producido por movimientos tectónicos que reconfiguran los fondos oceánicos, pero es seguro que no es por cambios climáticos o por influencias humanas. El aumento de la temperatura produce varios efectos contrarios sobre el nivel del mar, y el resultado neto no esta claro, ya que se debe tener en cuenta que el nivel del mar tiende a aumentar debido a la dilatación del agua causada por el aumento de su temperatura y a la recepción de agua procedente de la fusión parcial del hielo de los glaciares y casquetes polares, y por otro lado, el nivel del mar tiende a disminuir por el aumento de la evaporación seguido de un aumento de las lluvias en las regiones polares, que producen una acumulación de hielo en las mismas. El avance y retroceso de los glaciares es un fenómeno muy complejo que no sólo tiene que ver con los cambios en el clima; muchos glaciares se derritieron parcialmente y se reintegraron a comienzos del siglo XX, pero no cabe extrapolar datos del pasado siglo al futuro. Independientemente de que la próxima glaciación pueda ser dentro de más de 1.000 años, una pequeña glaciación según estimaciones, podría ocurrir alrededor de 2030.

La historia del clima terrestre muestra muchos cambios climáticos naturales grandes y rápidos, reflejados en proxies (muestras) de hielos polares, núcleos de sedimentos oceánicos y anillos de árboles. En dos millones de años ha habido unas 17 Edades de Hielo, con épocas interglaciares cálidas y los seres humanos han sido y son capaces de adaptarse. Ahora hace más frío que hace 1.000 años, cuando en los períodos templados de la Edad Media, se podía cultivar la vid en las Islas británicas y los vikingos colonizaron Groenlandia (significa Tierra Verde).

Entre 1450 y 1850 se produjo una pequeña Edad de Hielo y después un claro calentamiento de origen natural entre 1880 y 1940 (antes de que aumentaran considerablemente las emisiones de dióxido de carbono). Posteriormente un enfriamiento global entre 1940 y 1975, que llevó a temer que fuera catastrófico y que se produjera una nueva edad de hielo. Luego, no ha habido ningún cambio apreciable en los últimos 50 años (salvo un ligero enfriamiento en los últimos veinte años), en contra de las predicciones de los modelos informáticos. Incluso se ha informado erróneamente (ya que no son un fenómeno nuevo), y de modo sensacionalista, de la aparición de lagunas en el Polo Norte como presuntas pruebas del calentamiento global.

Solo recientemente se está produciendo un leve calentamiento en las latitudes medias del hemisferio norte, que por cierto, no es consistente con la teoría global del efecto invernadero, la cual predice un mayor calentamiento en los polos. Los datos atmosféricos de los satélites meteorológicos, desde 1979 y los de instrumentos de globos sonda de las últimas dos décadas no muestran ningún calentamiento, sino más bien un leve enfriamiento. Los datos procedentes de las mediciones en superficie de las estaciones terrestres son complejos y problemáticos por múltiples razones: Faltan datos de grandes zonas del Hemisferio Sur y de la mayor parte de la superficie de los océanos; se producen perturbaciones e interferencias locales como el crecimiento urbano cerca de las estaciones meteorológicas, lo cual introduce un sesgo en la tendencia al calentamiento; se combinan diferentes técnicas para medir un valor a escala global, pero la intercalibración o comparación de medidas es problemática; la composición relativa de fuentes de datos cambia con el tiempo, lo cual probablemente introduce tendencias de variación de temperatura que son resultado de errores sistemáticos.

Claramente el clima es un fenómeno muy complejo que aún no se comprende bien y los efectos de los múltiples factores o variables que inciden en el, no se conocen con precisión: composición de la atmósfera, la formación de nubes, la vegetación, las corrientes oceánicas, los volcanes, incluidos volcanes submarinos, las rocas, los océanos, la actividad solar y más. Los actuales modelos matemáticos utilizados para estimar las tendencias del clima son defectuosos, incompletos, y no se corresponden con las observaciones reales. Estos modelos, incluso aún no incluyen correctamente los efectos de las interacciones entre los océanos y la atmósfera, las corrientes marinas, partículas atmosféricas de polvo y aerosoles, erupciones volcánicas y principalmente la generación de nubes. Los modelos más sofisticados tienen una pobre resolución espacial, y no son capaces de representar adecuadamente las nubes, cuyos procesos físicos no son suficientemente conocidos y es por esta razón, por la que los modelos usados no calculan adecuadamente la distribución del vapor de agua, que es el gas más prevalente de los gases de efecto invernadero. Estos modelos defectuosos no son capaces de explicar la evolución del clima en el pasado, no se ajustan a los datos observacionales y sus predicciones con rápidos y pronunciados aumentos globales de las temperaturas no son fiables, sin embargo, lamentablemente, son el único fundamento de las políticas medioambientales referidas al cambio climático. La temperatura debe calcularse con precisión, usando un sistema de medición claro y comprensible, con tecnología adecuada, para que se puedan discutir abiertamente los costes de las políticas contra el aumento de la temperatura, que no solo es legítimo, sino que también es necesario, ya que los políticos no pueden gastar a ciegas el dinero de los contribuyentes. Los problemas medioambientales pueden resolverse mediante el conocimiento científico, el avance tecnológico y el desarrollo económico.

Durante varias décadas se ha creado una narrativa por la cual el planeta esta en peligro, que incluso está ya al borde del colapso, que "no puede más" y que la naturaleza "ha dicho basta", siendo personajes como Greta Thunberg y otros, utilizados como propaganda para embaucar a la opinión pública. Este mainstream ha encontrado un lucrativo negocio con el ecologismo y tienen el apoyo de una gran parte del establishment, tanto político como económico, como partes interesadas. Sin embargo, a pesar de que se insiste con la idea de que nos vamos a extinguir y que la vida, tal y como la conocemos, va a desaparecer, la realidad es que la situación, no es ni mucho menos tan mala como nos quieren hacer ver, al contrario, en muchos aspectos estamos mejor que hace unas décadas.

Hechos que corroboran esta afirmación, se pueden comprobar en el apartado SOSTENIBILIDAD EN LA QUE SE ENCUENTRA EL MUNDO, donde realmente lo único que no va bien es la irresponsabilidad de las clases gobernantes. Si se le pregunta a los ciudadanos por la calle, con preguntas abiertas sin ningún tipo de formulario, cuáles son sus preocupaciones, o que les gustaría a ellos que sucediese dentro de 20 años, la mayor parte de ellos te dirán que les gustará tener una casa en propiedad la mayor parte de ellos te dirán que les gusta viajar y que quieren tener unos ahorros por si las cosas vienen mal dadas, pero casi ninguno te va a decir que su prioridad es respirar un aire más limpio porque en realidad, salvo alguna excepción, se respira un aire bastante más limpio que tiempo atrás.

Realmente el cambio climático, no le angustia a la mayoría de la gente, de hecho si no se hablara en televisión del cambio climático poca gente lo sabría, porque la capacidad de percepción de la temperatura del ser humano puede ser de medio grado o un grado y no distinguimos si estamos a 36º C o a 38º C. En un periodo de 40 años la temperatura ha subido (habiendo bajado también en algunas épocas), de media, algo más de un grado y no somos capaces de percibirlo, pero si en casa hay aire acondicionado, respecto a que no lo haya, eso sí lo distinguimos, y son 40 años de existencia de este aparato.

El clima de Marte es bastante diferente al de la Tierra; Marte tiene una atmósfera muy poco densa, de alrededor del 1% de la densidad atmosférica de la Tierra, con una composición muy diferente a la Tierra. La atmósfera de Marte está compuesta principalmente de dióxido de carbono, pero hay tan poco dióxido de carbono en general que el efecto invernadero es esencialmente insignificante. Esto unido a la distancia al Sol, hace que la temperatura de Marte sea mucho más baja que la temperatura de la

Tierra. Venus es lo opuesto a Marte, porque tiene una atmósfera que es100 veces más densa que la atmósfera de la Tierra, y el 96% dela atmósfera es dióxido de carbono. Esto crea un enorme efecto invernadero que aumenta la temperatura de Venus aproximadamente 462 °C, suficiente para derretir el plomo. Aunque la presencia de un efecto invernadero desbocado en Venus es una parte importante de la razón por la que hace tanto calor, contribuyendo a ello la proximidad al Sol. El efecto invernadero en Venus duplica la temperatura absoluta de lo que sería si Venus no tuviera atmósfera.

POSIBLES ESCENARIOS DE UN AUMENTO DE TEMPERATURAS

Partiendo de un escenario pesimista y pensando que la temperatura puede ir aumentando y que el culpable es el dióxido de carbono; si se doblase la cantidad de este gas, por ejemplo en 2060 y las temperaturas aumentasen entre un 4 % y un 5,2 %, los efectos serían los siguientes:
En la agricultura el resultado sería muy diferente para los países desarrollados, que se adaptarían bien e incluso aumentaría su producción, pero en los países en desarrollo, su producción se reduciría. Una revista revisada por pares como "Environmental Economics and Policy Studies", publicó un estudio de la producción mundial total anual de maíz, arroz, soja y trigo, desde 1980 hasta 2017, estimándose que durante ese periodo, al haber aumentado la concentración de dióxido de carbono en 68 partes por millón, se duplicó la producción de los mencionados productos agrícolas. Sabemos desde hace décadas que el aumento de las concentraciones atmosféricas de dióxido de carbono mejora el crecimiento de las plantas tanto al aumentar la tasa de fotosíntesis neta como al aumentar la eficiencia del uso del agua en las

plantas, (Ross McKitrick, Patrick J. Michaels y otros), es decir supone la mejora del rendimiento.

Para numerosos tipos de cultivos en todo el mundo, la fertilización con dióxido de carbono compensa con creces los efectos negativos del cambio climático en la productividad de los cultivos, y es muy probable que se obtengan mayores ganancias en regiones áridas y tropicales, además de haber un beneficio adicional por alargar la temporada de crecimiento, es decir, el tiempo entre la última helada en la primavera y la primera en el otoño.

Los estudios realizados, utilizando satélites, han demostrado fuertes efectos en general, sobre el reverdecimiento del planeta, siendo la proporción aproximadamente de 9 a 1, las áreas de tierra que se volvieron más verdes.

La fertilización con dióxido de carbono de los cultivos da como resultado alimentos más abundantes y de menor costo, lo que beneficia especialmente a la pobreza (Calvin Beisner).

Una duplicación de las concentraciones de dióxido de carbono, genera un aumento promedio del 35% en la eficiencia del crecimiento de las plantas, mejorando su relación fruta-fibra y creciendo mejor, tanto con temperaturas más cálidas como más frías, tanto en suelos más húmedos como más secos, mejorándose el uso de los nutrientes del suelo y resistiendo mejor las enfermedades y las plagas, lo que facilita que se amplíen las áreas de distribución y que disminuya la probabilidad de extinción (Beisner). El resultado de todos estos efectos es la abundancia de alimento para todo ser vivo que se alimente de plantas, y para todos aquellos seres vivos que comen seres vivos que comen plantas, siendo los pobres los que más se benefician, ya que los precios de los alimentos se mantienen más bajos de lo que serían de otro modo.

La elevación del nivel del mar, sería si se produce, como máximo unos centímetros, pero por causas que no están claras, y podría ser controlada por los gobiernos, con diversas medidas de contención o evacuación.

La salud humana tampoco se resentiría mucho, aunque aumentaría el número de fallecimientos por calor, pero descendería la tasa de mortalidad invernal, que actualmente supera en un 15-20% a la de los golpes de calor del verano.

Se afirma que la subida de las temperaturas contribuye a la expansión de insectos portadores de enfermedades infecciosas tropicales, como el dengue, pero en realidad el factor dominante de la transmisión de enfermedades es el aumento de los contactos humanos causado por el incremento del transporte aéreo, marítimo y terrestre, pero no obstante, habría mayores recursos sanitarios.

En cuanto a la meteorología extrema, hay que tener en cuenta que es difícil determinar incluso actualmente la evolución por ejemplo del fenómeno El Niño. En lo que se refiere a posibles inundaciones, estas suelen estar motivadas en mayor medida por las características de las zonas de asentamiento de la población y por la falta todavía en muchos lugares, de infraestructuras necesarias, que por cambios en el clima. No está demostrada ninguna relación entre la influencia humana sobre el clima y los desastres meteorológicos como sequías, inundaciones, riadas o huracanes, de hecho según las estadísticas no se han producido incrementos relevantes de catástrofes naturales, pero sí sin embargo de los daños debidos a construcciones, como presas o falta de diques, en áreas proclives a las mismas, debido a la falta de planificación en países en vías de desarrollo.

Si el aumento de temperaturas es moderado no sería perjudicial (ni para la salud ni para las cosechas), aunque podría llevar riesgos asociados como inundaciones por el aumento de precipitaciones, que por otra parte se podrían controlar. En resumen el aumento de la temperatura se podría controlar sin pensar en las costosas y dañinas catástrofes que algunos catastrofistas ven como inminentes, siendo en general mejor que la bajada de la temperatura; y el incremento del dióxido de carbono atmosférico siempre será mejor para la agricultura (menos heladas, épocas de cultivo más largas, mayor crecimiento de las plantas, más lluvias, menor necesidad de agua), para el crecimiento de los bosques, por el ahorro energético en la calefacción y para la salud, ya que los periodos fríos en la historia de la humanidad fueron desastrosos por las hambrunas y las enfermedades. El escenario de referencia de la comunidad científica y de la Agencia internacional de la Energía predice un incremento de la temperatura en 2.100 inferior a los 2,4° C, más cercano a las predicciones del modelo SSP2-4.5 y muy lejos de los 5° C del modelo SSP5-8.5. Se hacen previsiones para el futuro, cosa que es muy complicada y más pensando en el estado de la tecnología y la verdadera razón del aumento de las temperaturas. (Los modelos SSP y RCP se verán más adelante en los informes del IPCC de Naciones Unidas).

La Tierra es un planeta del sistema solar, que orbita en torno al astro rey realizando varios tipos de movimientos, que debido a su distancia del Sol (variable, pero poco), la temperatura media en la Tierra podría ser de -18°C. Sin embargo es de unos 14-15°C, porque en la atmósfera terrestre se hallan los GEI, que como su nombre indica, caldean la atmósfera como si se tratara de un invernadero. En otros términos, tras la entrada de las emisiones de onda corta ultravioleta procedentes del Sol, los GEI retienen en parte la reflexión de baja frecuencia de onda larga infrarroja que rebota desde la superficie de la Tierra, elevando así la temperatura del planeta y permitiendo la vida en él. Una razón por la que la gente es escéptica acerca de los pronósticos de los informes del IPCC de Naciones Unidas, es que los pronósticos, de acuerdo con los estándares científicos, contienen incertidumbre estadística y falta de precisión.

Un estudio mostró que esto lleva a muchas personas a estimar que la probabilidad de cambio climático es menor de lo previsto por el IPCC.

En Agosto de 2024, Ned Nikolov y Karl Zeller, respectivamente, investigador de la Universidad de Colorado y meteorólogo del Servicio Forestal de EE.UU, publicaron un estudio, utilizando datos de satélites por el que concluyeron que el aumento reciente de temperaturas no se debe al aumento en el dióxido de carbono, sino a la reducción en la cantidad de nubes, por lo que la refracción de la luz solar es escasa, provocando que la superficie terrestre absorba más calor. Esta reducción de nubes, y por consiguiente del albedo (rebote o refracción de la luz en las nubes), esta relacionada con la disminución de la entrada de rayos cósmicos que llegan a la Tierra.

En cuanto al impacto psicológico de las noticias relacionadas con el clima, se han llegado a realizar diversos estudios sobre psicología y cambio climático, como por ejemplo el realizado a través de encuestas, por la Asociación Americana de Psicología donde se buscaba respuesta a si los individuos niegan, creen, son escépticas, no responden o si se comprenden los riesgos del cambio climático, entre otras preguntas. Incluso se han investigado las formas de persuadir a los "negacionistas" (termino al uso, excluyente que no deja lugar al escepticismo), del cambio climático para que se involucren en actividades relacionadas con el medio ambiente. Un estudio paradigmático es el de la revista inglesa Lancet Countdown dedicada a la medicina, realizado con la implicación de 43 universidades y agencias nacionales, concluyendo que los episodios de temperaturas extremas se asocian a "alteraciones afectivas y al aumento de ingresos hospitalarios relacionados con la salud mental e incluso los suicidios". Se ha llegado a hablar incluso de "ecoansiedad" definiendo el termino como conjunto de emociones negativas, como son el miedo, el estrés o la ansiedad, provocadas por el temor crónico a un cataclismo ambiental o a que las temperaturas más altas derivadas del cambio climático puedan afectar el estado de ánimo. A todo esto habría que añadir que sembrando el miedo lo único que se consigue es miedo, y si se insiste, muchas personas especialmente sensibles, sobre todo niños, pueden llegar a sufrir ciertos trastornos. Habría que seguir la recomendación del profesor de Psicología ambiental en la Universidad alemana de Kassel, Andreas Ernst "Una buena dosis de optimismo e ilusión de control se encuentran probablemente entre las características psicohigiénicas más importantes de las personas mentalmente sanas".

VII. EL GRAFICO DEL PALO HOCKEY

En el año 1998, el climatólogo estadounidense Michael E. Mann y sus colaboradores publicaron un estudio que cambiaría sus vidas. En este estudio figuraba un gráfico que ilustraba una serie temporal de temperaturas a nivel global con una forma muy peculiar, que recuerda a un palo de hockey sobre hielo. Es decir, mostraba un período con pocas variaciones de las temperaturas en el tiempo, y hacia el final de la serie, en los últimos años, se producía un incremento brusco. Es decir la temperatura no había subido en 1.000 años por causas naturales y solo el hombre, había causado una fuerte subida de temperatura. El estudio fue ganando notoriedad entre los climatólogos hasta llegar a formar parte del tercer informe del IPCC de Naciones Unidas en 2001, lo que lo acabó de catapultar, y con ello llegaron multitud de ataques. De ser cierto, suponía un antes y un después en la civilización, admitiéndose la influencia antropológica o del hombre en el cambio climático.

Una característica clave de la teoría del palo de hockey de Mann, es que la temperatura global iba fluctuando con el paso del tiempo, siendo más o menos constante durante unos ochocientos años, hasta que comenzó a aumentar a consecuencia de la quema de combustibles fósiles, como el carbón o el petroleo). El período de la serie temporal más largo y en el que la temperatura es prácticamente plana, aunque con altibajos, es la zona recta del palo de hockey, y el período corto de aumento de la temperatura es la hoja del palo de hockey. El gráfico era una reconstrucción de las temperaturas del planeta retrocediendo hasta el año 1400, para posteriormente y así darle forma, llegar hasta el año 1000. Buscaban averiguar si el aumento de temperaturas reciente era un fenómeno natural o causado por la acción humana y los resultados que encontraron les dejaron perplejos. En la siguiente gráfica se puede ver la serie temporal de temperaturas con la mencionada forma.

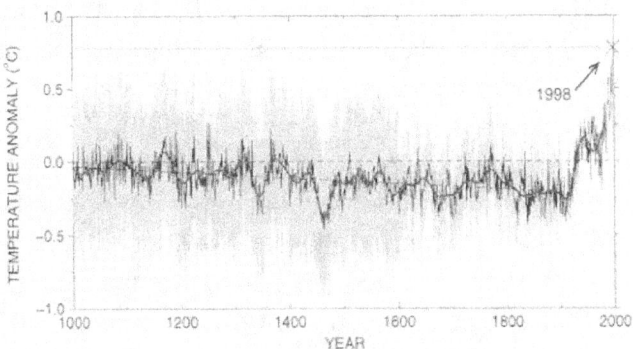

Gráfico original del palo de hockey. Temperaturas a lo largo de 1000 años (Mann et al. 1999).

Para realizar un gráfico que muestre la temperatura aproximada de hace cientos de años hace falta usar indicadores proxy, *que son registros naturales o muestras que se supone conservan las características físicas del pasado remoto*. Mann se basó en datos indirectos de los anillos de una especie de árboles, pero este tipo de análisis, carece de fiabilidad, porque seleccionó solo un cierto período, durante el cual relacionó los anillos de los árboles con las temperaturas. ¿Puede ser fiable la construcción de la historia de la temperatura con los anillos de los árboles?

En 2003 los canadienses Stephen McIntyre y Ross McKitrick publicaron un artículo contradiciendo la llamada "teoría del palo de hockey", que al autor le llegó hacer pensar en una conspiración política contra él y su heroica cruzada para salvar el planeta.

Los dos investigadores pasaron por la misma base de datos que Michael Mann y sin embargo, el resultado fue completamente diferente, llevando a hacer pensar de que Mann y otros manipularon los datos. Según sus cálculos, el siglo XV fue más cálido que el siglo XX, produciéndose en este el Óptimo Climático Medieval, que tuvo lugar de 900 a 1300 d.C., que fue un periodo fantástico en el que la población de Europa se multiplicó por tres, en el que se podía cultivar en toda Escandinavia, y cultivar la vid en Gran Bretaña. Este periodo cálido fue seguido por una pequeña edad de hielo entre el siglo XV y 1819, circunstancia apreciada por una serie de indicadores que no son necesariamente mediciones, sino relatos escritos, como información de la producción de cereales o el aumento de los glaciares, por ejemplo.

Estos investigadores afirmaron que los registros de Mann contenían "errores de cotejo, truncamiento injustificado, extrapolación de datos, datos obsoletos, errores de ubicación geográfica, cálculos incorrectos de componentes principales y otros defectos de control de calidad". "En nuestros artículos, no tomamos una posición sobre el período cálido moderno frente al período cálido medieval, señalamos errores graves en la metodología de Mann, defectos en los proxies más críticos y afirmaciones falsas sobre fiabilidad y solidez". Ninguna de las críticas específicas a los métodos, proxies y afirmaciones falsas de Mann ha sido refutada.

La teoría de Mann también fue impugnada por varios eminentes científicos como Lomborg, Labohm, Rzendaal y Thoenes, siendo estos tres últimos coautores de la obra "Global warming: Unravelling a dogma" (Calentamiento Global: Desentrañando un dogma), usando estos, argumentos similares para descartar la teoría de Mann.

Esta crítica a Mann no necesariamente significa que la teoría del cambio climático actual sea única, y por lo tanto causada exclusivamente por el ser humano, sino todo lo contrario, aunque la evidencia aún es demasiado limitada, debido a la complejidad del clima, para realmente alterar nuestras creencias.

A pesar de la controversia han ido pasando los años y con cada estudio que sale se va reforzando más y más que "el palo de hockey" es un hecho. Incluso aunque los métodos usados en 1998 pudieran ser mejorables, el tiempo pudiera estar dándole la razón a Mann y a sus compañeros.

El mencionado gráfico, que mostraba un aumento en la temperatura promedio global en el siglo XX después de unos 500 años de estabilidad, ha llegado a convertirse en un grito de guerra para los ambientalistas y políticos que se han ido oponiendo a los combustibles fósiles e impulsando las políticas climáticas.

El ex vicepresidente del gobierno Clinton, Al Gore incluso presentó el gráfico del "palo de hockey" en su película de 2006 "Una verdad incómoda". El gráfico también fue objeto de intensas críticas, e incluso provocó una investigación en el parlamento estadounidense.

VIII. SOSTENIBILIDAD EN LA QUE SE ENCUENTRA EL MUNDO

LA POBREZA

A pesar de que el estado real del mundo es positivo, el principal problema, la pobreza; con la creatividad de la humanidad y la unión de los esfuerzos globales, se podrá superar. No es inevitable y su reducción a partir de la globalización ha quedado demostrada. Se trata, en definitiva, de una cuestión de asignación efectiva de recursos, para lo cual es necesaria una adecuada priorización. La Comisión para el Desarrollo Internacional, formada a instancias del Banco Mundial y presidida por el presidente de Canadá, L. Pearson (Premio nobel de la Paz en 1969), decidió destinar el 0,7% del PIB, para ayuda a los países en desarrollo, que después con la idea de facilitar la asistencia técnica y el desarrollo, incorporo Naciones Unidas. A este objetivo se han comprometido gran cantidad de países, en múltiples ocasiones, pero sólo un pequeño grupo lo cumple. Solamente algunos países en Europa, como Suecia y Holanda, llegaron a cumplir el compromiso en su momento; el resto lo hicieron tarde (Noruega, Finlandia, Reino Unido y Luxemburgo) o no llegaron a ese porcentaje como España y otros países. En la actualidad, la erradicación de la pobreza la incorpora la ONU en la agenda 2030, como tantas otras cosas que después no consigue, como la paz, razón esta ultima por la que fue creada, con ese afán de dirigismo característico de esa organización.

A África se le ha ayudado y se le ayuda mucho, económicamente, pero esa táctica de ayudas puntuales de bombero y pirómano, que solo permiten apagar incendios, que vuelven a prender y que permiten la compra de armas que provocan conflictos, no resuelve el problema al haber un filtro por la corrupción, que es un gran problema en este continente, aunque el resto del mundo, no se queda atrás. Por tanto es necesario invertir, suministrar ayuda técnica e impulsar la educación; de esta manera, ese continente saldrá de la pobreza, creciendo con su propia energía.

Acercándonos al plazo establecido para el cumplimiento de la agenda 2030 con sus Objetivos de Desarrollo Sostenible (ODS), el mundo está mal encaminado; al ritmo de avance actual, el mundo no alcanzará el objetivo global de poner fin a la pobreza extrema para 2030, y según estimaciones, casi 600 millones de personas seguirán debatiéndose en ella en esa próxima fecha.

Casi 700 millones de personas en todo el mundo viven en situación de pobreza extrema y subsisten con menos de 2,15 dólares/día, límite de renta que demarcaría a la situación de pobreza extrema, encontrándose más de la mitad de esa población en África subsahariana. Los países no pueden combatir adecuadamente la pobreza y la desigualdad sin mejorar al mismo tiempo el bienestar, y ello incluye el acceso más equitativo a la salud, a la educación y a los servicios e infraestructuras básicas.

Los niños tienen el doble de probabilidades que los adultos de vivir en extrema pobreza, y si bien representan solo el 31% de la población total, ellos constituyen más de la mitad de las personas en situación de pobreza extrema.

El economista y filósofo, Max Roser, de la Universidad de Oxford, ha explicado que, durante los últimos veinticinco años, la pobreza ha bajado a un ritmo de 130.000 personas cada día, pero ninguna portada de periódico ha recogido esa evolución histórica extraordinariamente positiva.

En general hay aspectos que inciden sobre el bienestar, y a los que deberíamos dedicar atención y dinero en lugar del excesivo coste que ha soportado la sociedad europea en subvenciones y en inversiones en tecnologías energéticas inmaduras que solo consiguen elevar los precios de la energía y que no se corresponden con los beneficios obtenidos, ni de lejos.

Desde luego están pendientes muchos problemas por resolver: una mejora de los sistemas educativos, la atención a la mujer en el parto y a los recién nacidos, la lucha contra muchísimas enfermedades, y aunque no lo parezca, por ejemplo la tuberculosis, todavía mata a más de 1,4 millones de personas todos los años.

El Fondo Monetario Internacional (FMI), ha pronosticado que África será la segunda región que más va a crecer en el mundo en 2024, augurando un PIB medio en ese continente por encima del 4%, y entre los diez países que más crecerán del mundo en 2024, tenemos seis en África: Níger, Senegal, Ruanda, R.D. Congo, Costa de Marfil y Etiopía. Níger con un 12,5% gracias al mercado de petroleo, es segunda del mundo, solo superada por el caso extremo de Guyana con un 38,2%.

Ese desarrollo lento pero constante que ha estado caracterizando a África, desde hace años, es el que sacara de la pobreza al continente, y no la emigración descontrolada. La educación es fundamental, promoviendo el aspecto clave de la cultura financiera y el emprendimiento entre los jóvenes; además de la potenciación de la sanidad e higiene; tomar la dirección hacia una gobernanza transparente, evitando la corrupción; promover la inversión internacional; infraestructuras básicas; asistencia técnica y recursos agrarios, entre otras necesidades.

Pero la solución adoptada por algunos gobiernos mediocres, sobre todo en la Unión Europea de permitir la inmigración ilegal, consintiendo que campeen a sus anchas las mafias de tráfico de personas, está dando como resultado, problemas de integración en los países de destino. Quizás es lo estén buscando las elites, es reducir la pobreza en origen, ya que como es complicado aumentar la renta per cápita, por que la renta no aumenta lo suficiente, comparado con el gran crecimiento poblacional, se reduce la cantidad personas y los que van quedando en origen, salen a más, aumentándose de esta manera la renta per cápita, a costa de empobrecer a Europa. Las grandes diferencias culturales y la escasa cualificación, unido a una situación económica precaria en Europa, a la que se ha llegado por políticos alejados de la realidad en sus despachos, infantiles e irresponsables, con escenarios de inflación y paro, crisis energética y la financiación de la guerra de Ucrania. Toda esta precariedad unida a problemas de seguridad en muchos países, han hecho surgir alternativas políticas, que tal vez sean hegemónicas, porque tener que subvencionar a la inmigración, cuando por ejemplo en España, los jóvenes se encuentran con la mayor tasa de paro de toda Europa, más que un despropósito, es un suicidio.

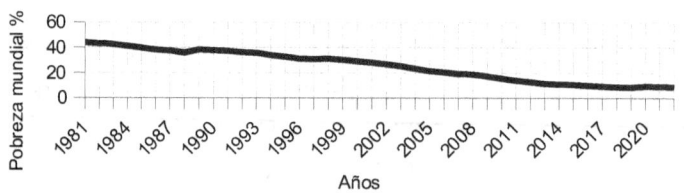

Tasa de incidencia de la pobreza sobre la base de 2,15 $ por día en % sobre la población (PPA 2017).
Fuente : Elaboración propia a partir de Banco Mundial.

POBLACIÓN MUNDIAL

Después de décadas de advertencias y temor sobre una crisis de superpoblación, la población está disminuyendo rápidamente en la mayor parte del mundo. Lejos del desastre de una superpoblación mundial que fue predicho en tantas ocasiones por las élites mundiales, avanzamos hacia una subpoblación.

Los demógrafos nos dicen que la tasa de fertilidad de un país debe ser de al menos 2,1 hijos por mujer para mantener el nivel actual de población. Según datos de las Naciones Unidas, la población mundial total sigue aumentando, pero la población está disminuyendo en todas las naciones principales, donde las tasas de fertilidad han caído por debajo de la tasa mínima de reemplazo de la población, siendo África el único continente donde la población sigue creciendo. De acuerdo con las tasas de natalidad y sin contar los flujos migratorios, la población está disminuyendo en Australia, Brasil, Canadá, China, India, Japón, México, Nueva Zelanda, Rusia, Estados Unidos y todas las naciones europeas excepto Mónaco y las Islas Feroe.

En 1950, la mujer promedio daba a luz a unos 5 hijos a lo largo de su vida y la población mundial crecía a un ritmo de alrededor del 2% anual. Durante las últimas cuatro décadas del siglo XX, los líderes mundiales advirtieron de una catástrofe inminente debido a un aumento descontrolado de la población mundial. En el prologo del libro "La bomba demográfica", éxito mundial de ventas, escrito por Paul Ehrlich en 1968, se decía: "La batalla para alimentar a toda la humanidad ha terminado. En las décadas de 1970 y 1980, cientos de millones de personas morirán de hambre a pesar de los programas de choque que se están emprendiendo". Una frase del autor era: "Un cáncer es una multiplicación descontrolada de células; La explosión demográfica es una multiplicación descontrolada de personas". Indiscutiblemente el autor estaba abogando por un control obligatorio de la población.

Durante las décadas de 1960 y 1970, el miedo producido por la avalancha que se avecinaba de superpoblación produjo un movimiento de control de la población, argumentándose la falta de planificación familiar. Los gobiernos del mundo convencidos, aprobaron trágicas medidas de control de la población. En 1966, se establecieron programas de esterilización en los hospitales del Servicio de Salud Indígena financiados por el gobierno de EE. UU y miles de mujeres nativas americanas fueron esterilizadas entre 1966 y 1976, a menudo sin consentimiento informado. También en este país, en la década de 1970, se decidió otorgar ayuda a extranjeros, solo si se implementaban medidas de control de la natalidad, y tanto el Banco Mundial como Naciones Unidas, establecieron políticas que requerían el control de la población a cambio de préstamos o ayudas. Los programas de población propuestos por los intelectuales occidentales y Naciones Unidas, fueron implementados en forma de políticas antihumanas por los gobiernos de China, India y docenas de otras naciones. El gobierno de la India estableció cuotas de esterilización e inserción de dispositivos intrauterinos en 1966, a menudo dirigidos a castas inferiores y más de 40 millones de personas fueron esterilizadas entre 1965 y 1985, la mayoría de forma obligatoria. En China se adoptó una política de hijo único para todas las familias en 1979, habiendo realizado desde 1971, 336 millones de abortos y 222 millones de esterilizaciones, haciéndose común el aborto por selección de sexo e incluso se practicó el asesinato de niñas tanto en China como en la India. En Perú, las esterilizaciones se dirigieron a nativos rurales de ascendencia inca.

Desde Naciones Unidas, en 1992 se afirmaba que la planificación familiar podría traer más beneficios a más personas a un costo menor que cualquier otra tecnología disponible para la raza humana, pero las políticas de control de la población afectaron de manera desproporcionada a razas o clases sociales desfavorecidas.

Pero hay que decir que los "intelectuales de la superpoblación" estaban equivocados; la hambruna no mató a cientos de millones de personas como predijeron, aunque si murieron muchos de "otra manera".

Una revolución agrícola multiplicó por cinco la producción mundial de maíz, arroz y trigo entre 1960 y 2023, disminuyendo la proporción desnutrida de la población mundial, del 30% en 1950 al 10% en la actualidad y sigue disminuyendo.

La tasa mundial de fertilidad cayo de 5 hijos por mujer en 1950 a 2,3 hijos por mujer en 2021 y sigue cayendo en la actualidad y la tasa de crecimiento de la población se redujo al 0,82% anual en 2021, cuando en el año 2000 era de 1,4%, y sigue disminuyendo con rapidez en la actualidad.

Muchos países pasaron de ser sociedades agrícolas a industriales y tecnológicas, logrando en gran medida, la eliminación de enfermedades infecciosas, un mejor saneamiento, un mejor suministro de alimentos, una disminución de la mortalidad infantil y un aumento de los niveles de educación, pero con la incorporación de las mujeres al mundo laboral en gran número, el tamaño de las familias ha ido disminuyendo. La población mundial se está estabilizando y el desastre de superpoblación pronosticado no ha sucedido ni de lejos, y los gobiernos ahora, sin embargo llevan a cabo programas para aumentar el tamaño de la familia en China, Japón, Corea del Sur y muchas naciones de Europa.

Las tasas de fertilidad cayeron mucho en Brasil y México y más rápido en Corea del Sur que en China, impulsadas por el desarrollo económico, el aumento de los ingresos y el aumento de los niveles de educación y participación laboral de las mujeres, sin ninguna medida forzada de control de la población. En India, sin embargo con un control forzado de reducción de la población, no se consiguió.

Las Naciones Unidas, los intelectuales y los líderes políticos estridentes, estaban totalmente equivocados acerca del advenimiento de la superpoblación. En lugar de ser una especie "fuera de control", los humanos han sabido planificar a sus propias familias y han ido reaccionando a las condiciones sociales cambiantes. La lección desde el liberalismo que cabe tomar de la debacle de la superpoblación, es que el ser humano se adapta a su entorno y en realidad ninguna falta hizo ese dirigismo que jugaba a ser Dios.

Pero como no podía por menos de suceder, las Naciones Unidas y las élites mundiales advierten ahora de una catástrofe climática que se avecina, exigiendo una costosa transición energética hacia las "cero emisiones netas". Exigen que cambiemos nuestro transporte y nuestros electrodomésticos, que dejemos de comer carne y que adoptemos cientos de otros remedios propuestos para salvar el clima. ¿Tendremos un desastre climático o las élites globales se equivocarán una vez más?

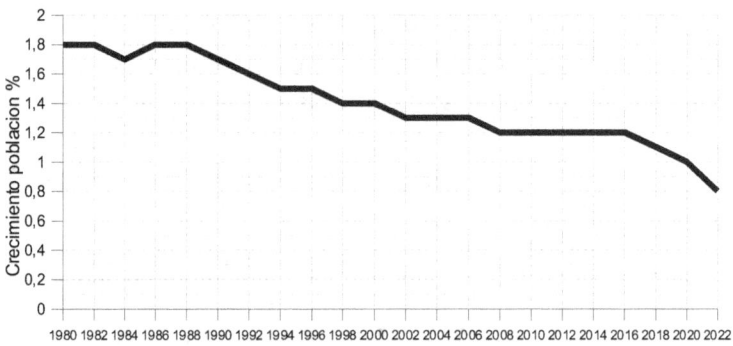

Porcentaje de crecimiento de la población mundial desde 1980 (año base).
Fuente: Banco Mundial. Elaboración propia.

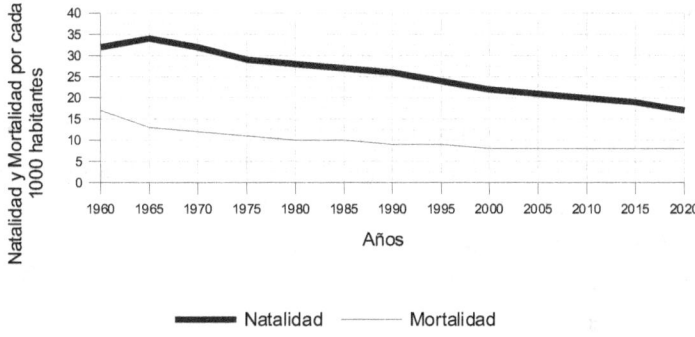

Tasas de natalidad y mortalidad en el Mundo 1960-2020. Fuente: Elaboración propia.

ESPERANZA DE VIDA

A lo largo del tiempo la vida media ha ido aumentando de forma constante, y si en 1800 en ninguna parte del mundo se llegaba a los 40 años, en 2021, la esperanza de vida se situó en 71 años. Este notable cambio es el resultado de una amplia gama de avances en materia de salud (nutrición, agua potable, saneamiento, atención médica neonatal, antibióticos, vacunas, diversas tecnologías y logros en otras áreas de la sanidad) y mejoras en los niveles de vida, en crecimiento de la producción y en la reducción de la pobreza, como meta clave.

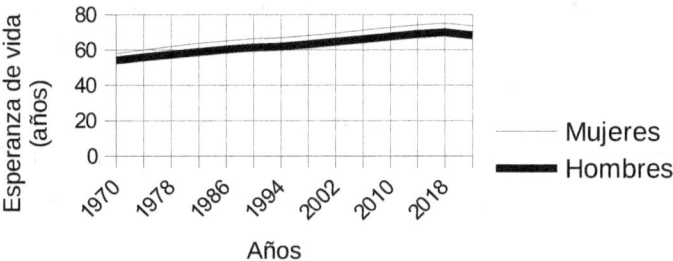

Esperanza de vida por sexo en el mundo. Fuente: Base de Datos de Mortalidad Humana (2023), Naciones Unidas. Elaboración propia.

ENFERMEDADES

A lo largo de la exposición del capitulo, se habla de las enfermedades por efecto de la contaminación de diversas sustancias. Un caso difícil de abordar es el de las alergias y el asma, para el que no existen estudios que demuestren que provienen de causas ambientales y que además se contradicen con la bajada de la contaminación.

EDUCACIÓN

El derecho del niño a la educación implica el derecho a aprender, sin embargo, para demasiados niños en todo el mundo, la escolarización no conduce al aprendizaje.
Más de 600 millones de niños en todo el mundo no pueden alcanzar los niveles mínimos de competencia en lectura y matemáticas, a pesar de que dos tercios de ellos están en la escuela. En el caso de los niños que no asisten a la escuela, las competencias básicas en lecto-escritura y aritmética están muy lejos de ser adquiridas. Los niños se ven privados de educación por diversas razones, como son: fragilidad económica (la pobreza sigue siendo un obstáculo), la inestabilidad política, los conflictos e incluso los desastres naturales, hacen que haya una mayor probabilidad de que queden excluidos de la escuela, al igual que los que tienen discapacidades o pertenecen a minorías étnicas, y en algunos países, las oportunidades educativas de las niñas siguen siendo muy limitadas.
En las escuelas, la falta de docentes capacitados, los materiales educativos inadecuados y la infraestructura deficiente dificultan el aprendizaje de muchos estudiantes. Incluso muchos llegan a clase demasiado hambrientos, enfermos o agotados por el traba-

jo o las tareas domésticas para afrontar y beneficiarse de las clases.

A estas desigualdades se suma una brecha digital de creciente preocupación, ya que la mayoría de los niños en edad escolar del mundo no tienen conexión a Internet en sus hogares, lo que restringe sus oportunidades de avanzar en el aprendizaje y el desarrollo de habilidades. Por otro lado sin una educación de calidad, los niños se enfrentan a obstáculos considerables para acceder al empleo, teniendo menos probabilidades de participar en las decisiones sobre aspectos que les afectan, lo que amenaza su capacidad para forjarse un futuro mejor para ellos y para las sociedades a las que pertenecen.

La educación es un derecho humano fundamental y un pilar esencial para construir la paz, erradicar la pobreza y promover el desarrollo sostenible. Aunque el nivel de instrucción global ha alcanzado su punto más alto en la historia, todavía existen desafíos significativos.

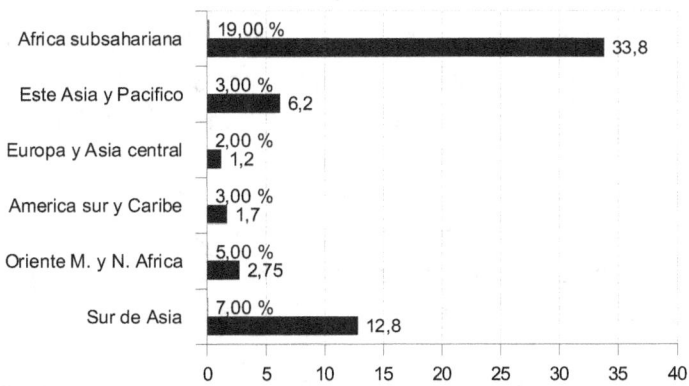

Niños sin escolarizar por regiones. De 787 millones de niños, 58,4 estaban sin escolarizar, es decir un 8% del total en 2019. Junto a la cantidad de niños, figura el porcentaje que supone en cada región. Autor Max Roser. Our World in Data. Elaboración propia.

DESIGUALDAD

Se produce una alta desigualdad en muchos países y en muchos casos, ha ido en aumento y se ha visto agravada por la superposición o acumulación de desigualdades en salud, educación y en muchos otros aspectos. Pero hay que decir que no está aumentando en todas partes, y en muchos países, ha disminuido o se ha mantenido estable, por que en general, la desigualdad a nivel global, después de dos siglos de aumento, está disminuyendo.

Desde el punto de vista económico, la desigualdad cabe verla desde dos perspectivas: en cuanto a los ingresos o renta y en cuanto al patrimonio o riqueza. En promedio, El 10% más rico de la población mundial recibe actualmente el 52% del ingreso mundial, con un promedio de renta de 87.000 euros por persona y año, mientras que la mitad más pobre de la población ingresa el 8,5%, es decir un ingreso por persona de casi 3.000 euros al año. En cuanto a las desigualdades mundiales de riqueza, se aprecia una mayor desigualdad que la relativa a los ingresos. La mitad más pobre de la población mundial, posee aproximadamente el 2% del total de la riqueza, que por termino medio serian aproximadamente, unos 3.000 euros por persona, mientras el 10% más rico de la población mundial posee el 76% de toda la riqueza, que por termino medio supone más de 500.000 euros por persona.

Las grandes diferencias que observamos entre países y a lo largo del tiempo nos muestran que la alta y creciente desigualdad no es inevitable, y que el alcance de la desigualdad hoy en día es algo que podemos cambiar.

CRECIMIENTO ECONÓMICO, PIB PER CÁPITA Y DEUDA PÚBLICA

El informe del Banco Mundial: "Caída de las perspectivas de crecimiento a largo plazo: Tendencias, expectativas y políticas", presenta la primera evaluación integral de las posibles tasas de crecimiento de la producción a largo plazo después de la pandemia de COVID-19 y la invasión de Ucrania. Estas tasas pueden considerarse el "límite de velocidad" de la economía mundial, y las conclusiones de este año son preocupantes. De acuerdo con las tendencias actuales, se prevé que la tasa máxima a largo plazo a la que puede crecer la economía mundial sin provocar inflación caerá al nivel más bajo de los últimos 30 años en lo que queda de la década de 2020. Ello se debe a que la mayoría de las fuerzas que han impulsado la prosperidad desde principios de la década de 1990 se han debilitado, incluido el aumento de la población en edad de trabajar. Según el Banco Mundial la economía mundial crecerá un 2,7% en 2024, desacelerándose el crecimiento, siendo muy débiles los primeros cuatro años de la década de 2020.

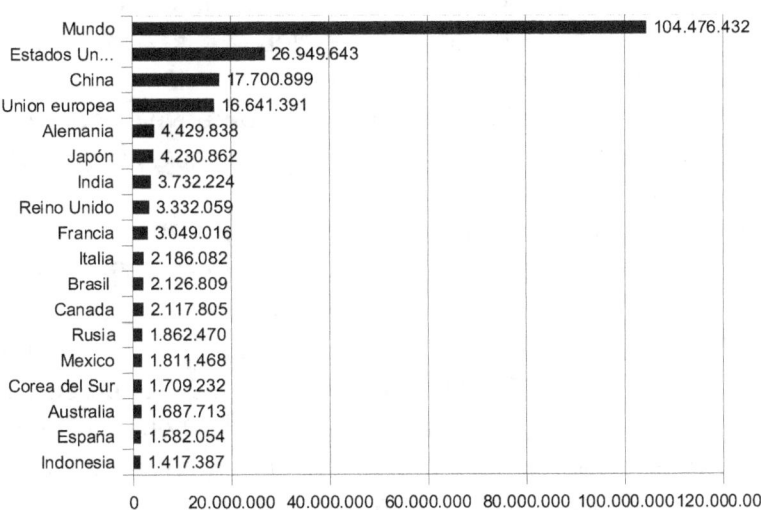

PIB nominal previsto para 2024 en miles de millones de dólares de las economías más desarrolladas, incluyendo a la Unión europea y el total mundial. Fuente: Elaboración propia.

El Producto Interior Bruto per cápita (PIBpc), similar a la renta per cápita, es el resultado de dividir la producción total de un país entre el numero de habitantes. Esta variable macroeconómica se ha ido usando para medir el desarrollo, al ofrecernos información acerca del nivel de riqueza y bienestar de un territorio en un momento determinado. Esta magnitud es de gran utilidad como medida de comparación entre países, al permitirnos analizar en qué situación se encuentra cada uno en cuanto a condiciones y desarrollo económico. Para 2023, el FMI proyectó un crecimiento mundial del 2,9%, descendiendo desde el 3,4% de 2022; para 2024, la previsión se situá en el 3,1%, sensiblemente superior a la estimación del Banco Mundial. En términos de crecimiento de la producción, la UE no esta tan lejos de EE.UU, de hecho, ha ido convergiendo hacia este país en términos de PIB per cápita, producción por trabajador y, especialmente, en productividad o producción por hora trabajada. No obstante la productividad en EE.UU ha crecido un 8,4% en los últimos 20 años, frente a algo más del 1% en Europa, siendo esta diferencia explicada por una serie de factores como: la inversión tecnológica, la energía o la demografía con una población envejecida, factores que son determinantes para explicar la diferencia en términos de productividad por hora trabajada.

En 1995 el PIB per cápita de la UE era el 67% del de EE.UU, mientras que en 2022 ya supuso el 72%. En 2007, antes de la crisis financiera, se reducía la diferencia entre el PIB per cápita de EE.UU que fue de 34.979 euros y el de Europa que fue de 29.050 euros. En 2023 el PIB per cápita de EE.UU fue de 75.866 euros mientras que el de Europa fue de 40.990 euros. Por lo que EE.UU está creciendo más rápido que la Eurozona, cuando siendo más rico Estados Unidos que la Eurozona, esta debería tener un crecimiento más acelerado y no al contrario y esto se explica por el crecimiento de la productividad en EE.UU.

En cuanto a la deuda pública, según el informe del Banco Mundial de 2023, los países en desarrollo gastaron una cifra récord de 443.500 millones de dólares en el servicio de su deuda pública en 2022. Los países más pobres que pueden recibir financiación del Banco Mundial, pagaron una cifra récord de 88.900 millones de dólares en intereses de la deuda en 2022, un 4,8% más que en 2021, corriendo el riesgo de sufrir una crisis de deuda a medida que aumentan los costos de esta. El incremento de los costos por intereses llevó a que se desviaran recursos y se desatendieran necesidades críticas como la salud o la educación. En Europa el nivel de endeudamiento en general esta muy por encima del 60% sobre PIB fijado en el Pacto de Estabilidad y Crecimiento de la Unión Europea, que sirve para garantizar la estabilidad del euro. De casi un 90% en la zona euro, en 2024, probablemente caiga hasta un 88,6%. Once países de la eurozona superan el límite del 60%: Grecia, con un 171%, Italia, con un 144%, Francia, con un 110%, Portugal, con un 108,3%, España, con un 107,7%, Bélgica, con un 106%, Chipre, con un 78,6%, Austria, con un 74,8%, Finlandia, con un 73,6%, Hungría, con 68,7% y Alemania, con un 66%. Las altas tasas de interés, que elevan los costos del endeudamiento, están teniendo un gran impacto en los presupuestos de los ministerios de Economía de los países.

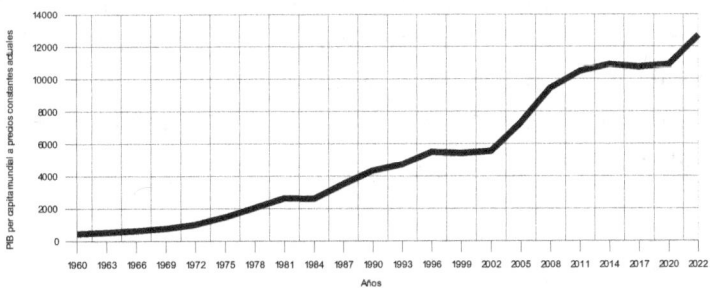

Evolución de la renta per cápita mundial en dólares a precios constantes de 2022, 1960-2022 Fuente: Banco Mundial. Elaboración propia.

INDICE DESARROLLO HUMANO (IDH)

Por la presión de las fuertes críticas con respecto a las limitaciones del PIB, y las intenciones de los funcionarios del Programa de las Naciones Unidas para el Desarrollo (PNUD), de encontrar un indicador que considere las capacidades para el desarrollo de las personas, en 1990 se publicó el Índice de Desarrollo Humano (IDH). A pesar de que se aproxima mejor que el producto interior bruto (PIB), al bienestar de la sociedad, ya que incluye a este en su cálculo, además de otras variables también importantes, lejos de ser perfecto, recibió grandes críticas como por ejemplo no tener en cuenta la desigualdad. Por esta razón el Programa de Naciones Unidas para el Desarrollo, PNUD desarrolló un Índice de Desarrollo Humano Ajustado con la Desigualdad (IDHD). La idea de este organismo era obtener una aproximación al nivel de vida que experimenta cada lugar del mundo, para así poder enfocar futuros programas de ayuda internacional en diferentes ámbitos, como infraestructuras, proyectos educativos,..
Este índice se calcula desde 1990 por parte de la ONU, sustituyendo los análisis de crecimiento previos, los cuales no enfatizaban el aspecto humano y su desarrollo, y se centraban especialmente en el punto de vista más económico. Este índice, lo componen las siguientes variables: la esperanza de vida al nacer; el promedio de años de escolarización; el producto interior bruto per cápita (PIBpc), ajustado a la paridad del poder adquisitivo o en dólares internacionales y la desigualdad existente en cuanto al reparto de la renta.

Países divididos en cuartiles	Índice de Desarrollo Humano				
	IDH 2021	IDH 2020	IDH 2019	Crecimiento 2020 - 2021	Crecimiento 2019 - 2020
IDH Muy Alto	0.896	0.895	0.902	▲ 0,001	▼ 0,007
IDH Alto	0.754	0.753	0.756	▲ 0,001	▼ 0,003
IDH Medio	0.636	0.642	0.645	▼ 0,006	▼ 0,003
IDH Bajo	0.518	0.519	0.522	▼ 0,001	▼ 0,003

Variación del IDH según cuatro grupos de países (cuatro cuartiles), de 2019 a 2022. No se tiene en cuenta la desigualdad. Fuente: Elaboración propia.

ALIMENTOS

Se ha ido produciendo un aumento en la productividad y de los rendimientos con los nuevos medios tecnológicos, haciéndose evidente que la forma de luchar contra el hambre en los países más pobres pasa por el desarrollo de la tecnología y por un mayor crecimiento económico, aunque hayan trastornados que deseen el decrecimiento.

Según predicciones de la FAO (Food and Agriculture Organization), de Naciones Unidas, habrá más comida para una mayor población en los próximos años. La producción de cereales en 2023 aumentó ligeramente, acercándose a los 3.000 millones de toneladas, lo que supone un aumento del 1,1 %, es decir una cantidad de 30,4 millones de toneladas respecto al año anterior (ver su evolución en el gráfico siguiente). El crecimiento se debe a un aumento sustancial de la previsión de la producción mundial de maíz en un 5,3 %, impulsada por Brasil, China y Estados Unidos, compensándose con la menor producción mundial de trigo que supuso un descenso del 2,3%.

Se han mejorado las cifras de producción de arroz y se prevé una producción mundial que alcance los 526,2 millones de toneladas en 2024, un 0,4 % más respecto a 2023. Es notable el aumento de producción en la India debido a las grandes extensiones plantadas en el ciclo de cultivo de verano.

En lo que se refiere a la carne, la cuestión de si su producción es más o menos dañina para el medio ambiente que otros tipos de alimentos es bastante compleja, debido a la variedad de sistemas de producción, porque su producción puede o no competir por los recursos que podrían utilizarse para producir otros tipos de alimentos, y porque depende críticamente de cómo se mida el daño al medio ambiente.

La expansión mundial de los rebaños combinada con las mejoras continuas en la cría de animales, la gestión de la producción, las infraestructuras, la tecnología y el aumento de la productividad, aumentarán la producción de carne en los próximos años. Sin embargo, la elevada inflación y el aumento de los costes, hará que la producción aumente un 1% anual, cuando en la última década crecía a razón del 1,2% anual. La producción a nivel mundial estará impulsada principalmente por el crecimiento en la producción de aves de corral y un aumento importante de la producción de carne de porcino, debido este aumento a la recuperación continua de los principales brotes de la peste porcina en Asia en los próximos años.

En todo el mundo, el consumo previsto de carne de aves de corral, cerdo, vacuno y ovino, se prevé que crezca un 15%, en los próximos años, previéndose que la carne de ave represente el 41% de las proteínas consumidas de todas las fuentes cárnicas, seguida de la carne de cerdo, bovino y ovino, por este orden. Se espera que el crecimiento general del volumen de consumo de carne, además de Estados Unidos, Brasil y China, sea mayor en los países de bajos ingresos, especialmente en la India, Pakistán, Filipinas, Vietnam y la región subsahariana en África.

En cuanto a los productos del mar, se espera que el mercado mundial se expanda considerablemente en los próximos años, al ser uno de los alimentos más consumidos en el mundo y de los más populares con el paso del tiempo. El volumen de la producción pesquera mundial ascendió a 186,6 millones de toneladas en 2023, frente a los 184,6 millones de toneladas de 2022, es decir se ha producido un aumento del 1,08%, siendo China, el país con mayores capturas y con la industria de procesamiento de pescado y mariscos más grande del mundo.

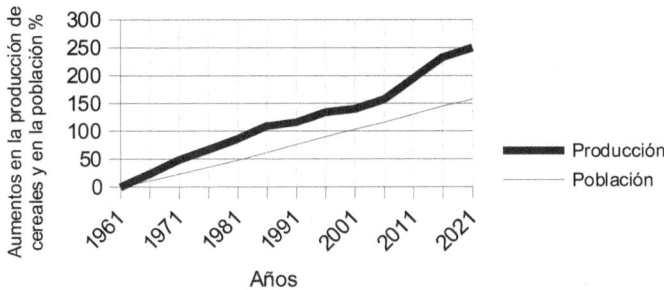

Evolución de la producción cereales y de la población. 1961-2022. Fuente: FAO y OurWorldinData. Elaboración propia.

RECURSOS MINERALES

En el "mainstream" ecológico actual, se observa también un temor al agotamiento de los recursos minerales que afectaría directamente a la industria y a la economía en general, ya que se produciría un encarecimiento de los productos y a una disminución en la producción.

Muchos sectores productivos, como la construcción, la industria de la automoción y la electrónica, dependen en gran medida de los recursos minerales para la fabricación de sus productos, cuya extracción no esta exenta de un impacto negativo en el medio ambiente, ya que la minería conlleva la deforestación de grandes áreas, la contaminación del agua y del aire, y la destrucción de los ecosistemas naturales, afectando a la biodiversidad y al equilibrio ecológico.

Sin embargo, al hablar de reservas disponibles de recursos del subsuelo, se hace referencia a aquellas áreas conocidas, pero no se suele hablar de lo desconocido, como la minería submarina o la que sería posible con nuevas tecnologías, como la minería espacial o las perforaciones ultraprofundas que permitirían acceder a recursos minerales, que de momento, están fuera de nuestro alcance. En el momento en que la rentabilidad marginal o de las ultimas unidades producidas, haga inviable la explotación de un recurso, por ser su precio de venta elevado, podremos hablar de extinción, debiéndose entonces buscar otras alternativas viables, como ha sucedido en el pasado con tantos recursos.

La demanda de varias materias primas esenciales podría ser superior a la oferta o reservas estimadas, en los próximos 20 años. Entre ellas, el cobre, el níquel, empleado para monedas y baterías, el litio empleado en baterías, el galio, en lamparas led, o el cadmio usado en paneles fotovoltaicos. Las reservas de mercurio se habrían agotado en un 92%, de plata en un 75%, de oro en un 75%, de hierro en un 28%, de cobre en un 50% y de aluminio en un 15% (este ultimo es de los más abundantes). En el mundo desarrollado se están llevando a cabo regulaciones progresivas para mitigar sustancias como el radón, el humo de los cigarrillos, el aldehído fórmico y el amianto.

La agricultura requiere de una variedad de nutrientes esenciales para realizar la fotosíntesis y poder prosperar, y tres de los elementos más cruciales para su crecimiento y desarrollo son el nitrógeno, el fósforo, el potasio y el azufre.

Las reservas mundiales de estos elementos son las adecuadas para el futuro inmediato, si se manejan con responsabilidad por parte de los agricultores.

Es famosa la apuesta que un economista norteamericano lanzó en 1980 a los ecologistas de la universidad de Stanford, de que cualquier materia prima que eligieran habría bajado de precio un año después. Los ecologistas eligieron como prueba el cobre, el níquel, el estaño y el tungsteno, fijando de plazo 10 años.

En septiembre de 1990 se comprobó que todas las materias primas habían bajado de precio, algunas como el estaño, un abrumador 74%. Una prueba de que las predicciones, en un mundo con un gran desarrollo tecnológico, no son fáciles.

Plomo

El plomo, es otro gran contaminante, que en un 90% provenía de la gasolina, habiéndose reducido drásticamente, sobre todo a partir de los años 80 cuando aparecieron las gasolinas sin plomo. Es una potente neurotoxina que puede causar daños irreparables en el cerebro de los niños, según el informe de UNICEF y la ong americana Pure Earth que se titula "La verdad tóxica: la exposición de los niños a la contaminación por plomo socava el potencial de una generación". Pero no es oro todo lo que reluce, UNICEF emitió un informe que afirmaba que la pornografía puede ser buena para los niños, aunque por diversas presiones se retracto.

Este tipo de contaminante es muy destructivo para bebés y niños menores de 5 años, ya que daña sus cerebros antes de que hayan tenido la oportunidad de desarrollarse plenamente, causándoles un deterioro neurológico, cognitivo y físico, ocupando químicamente el lugar del calcio. En la transmisión de señales a nivel de los nervios, el calcio es esencial en las sinapsis de las células nerviosas y si el plomo está presente en lugar del calcio, las señales no se transmiten y las células nerviosas mueren, encogiéndose el cerebro. Se deposita en dientes y huesos, donde se va acumulando con el paso del tiempo, de donde pasa a la sangre durante el embarazo, afectando al desarrollo del feto. También afecta a la fertilidad de mujeres y hombres, daña el sistema nervioso, los riñones y causa hipertensión. Según la OMS cada año mueren un millón de personas por envenenamiento con plomo y millones más, muchos de ellos niños, con problemas de salud de por vida, como la anemia, la hipertensión o efectos adversos en su sistema inmunitario.

Hormigón

El hormigón cuya base es el cemento, es uno de los materiales más consumidos en el mundo, solo superado por el agua, debido a que su durabilidad, asequibilidad y disponibilidad, lo hacen esencial para innumerables proyectos de construcción, desde puentes hasta carreteras y edificios. Es una mezcla de varios materiales diferentes: agua, arena, grava, aditivos químicos, lo más importante, cemento. Dado que el hormigón se utiliza a gran escala, también produce grandes cantidades de gases de efecto invernadero, alrededor de un 7% de todas las emisiones de GEI, principalmente a partir del proceso de fabricación, que emite dióxido de carbono. La fabricación de cemento comienza triturando minerales que se calientan en un horno para hacer lo que se llama "clínker"; este último se muele hasta convertirlo en polvo, que se mezcla con algunos aditivos y después se mezcla con otros minerales para crear el cemento. Este proceso emite dióxido de carbono con la reacción química que se produce al producir el clínker y al calentar el horno a temperaturas superiores a 1.400° C, con combustibles fósiles. Sin embargo, el mundo necesitará hormigón para construir infraestructuras que puedan hacer frente a los eventos climáticos y al crecimiento.

EL AGUA, SU USO Y CONTAMINACIÓN

El ser humano solamente utiliza el 0.65% de toda el agua del planeta, ya que el resto es en un 97,2% agua oceánica y un 2,15% agua polar. Existen varios problemas relacionados con este recurso tan básico; ya que las precipitaciones son bastante desiguales a lo largo del planeta, la población aumenta y muchos países utilizan el agua de los ríos, yendo en aumento los países que se los disputan.

La contaminación no afecta directamente a la escasez de agua, pero si a la dificultad de acceso a esta, (solamente se accede a un 17% del agua disponible), debido a la falta de infraestructuras en los países menos desarrollados. Una cosa es evidente y es que se podrá disponer de agua suficiente siempre que sea posible pagarla, por lo que el problema, no es el medio ambiente, sino una vez más la pobreza.

Más del 96% de los países disponen de suficientes recursos hídricos, por lo que el acceso al agua por persona se ha incrementado, lo que no impide que haya zonas con gran escasez de agua, por esta razón muchos países necesitan importar cereales desde países con mayor ventaja comparativa (tienen mayor acceso al agua), lo que supone un ahorro de agua para los países importadores. La distribución del uso del agua actualmente es: el 69% se usa en la agricultura y la ganadería, el 23% en la industria y el 8% es para uso doméstico.

Es evidente que son necesarias mejoras en la gestión de los recursos hídricos, principalmente en la agricultura: un aumento del precio para reducir el derroche, un incremento de las importaciones de cereales para posibilitar que el agua se use en procesos industriales y domésticamente, permitiendo el desarrollo, y un expansión de la desalinización con la financiación adecuada. El proceso de desalinización requiere de una gran cantidad de energía por lo que se encarece, pero no es inalcanzable. En principio es improbable que se produzca una guerra por el agua, ya que el proceso desalinizador sería más barato que financiar la guerra. Países como Kuwait cubren el 50% de su demanda de agua con la desalinización de agua marina.

La prosperidad avanza y a veces salen noticias esperanzadoras, pero no reciben tanta atención como las referidas al cambio climático, ya que lo alarmante y lo negativo vende, porque arrastra mucha más audiencia al generar una mayor atención pero también hace que el debate sea demasiado encendido, y menos tranquilo.

Los políticos también participan en este juego, al igual que hacen organismos como la UE o la ONU, porque todos buscan tener más recursos bajo su control y el poder de tomar decisiones. Lo mismo ocurre con las ONG y los activistas ecologistas, pero es necesario buscar siempre el equilibrio entre el coste y el beneficio.

La contaminación del agua presenta, por su parte, una mejora apreciable, habiendo disminuido los vertidos, aunque existe una mala asignación de recursos en la limpieza. Un ejemplo de contaminación de las aguas es el desastre del Exxon Valdez en 1989, un petrolero que derramó 37.000 toneladas de petróleo en Alaska, expandiéndose por unos 2.000 kilómetros de la costa o el del Mar Menor en Murcia por el vertido de abonos (nitratos y fosfatos), utilizados en la agricultura, que terminaban en las aguas, provocando la eutrofización o exceso de nutrientes, con la consiguiente proliferación de algas, que al consumir el oxígeno del agua, acaban con la vida marina.

El problema de la presencia del nitrógeno en la agricultura comienza a partir de la revolución de los fertilizantes, la denominada "Revolución Verde", en la década de 1960, que fue cuando se produjo un importante incremento de la productividad agrícola, y por tanto, de la producción de alimentos. La solución al efecto de los fertilizantes podría pasar por dos opciones: reducir la cantidad de fertilizantes utilizados en la agricultura o crear espacios con humedales que reduzcan el impacto del nitrógeno. Sin embargo, ninguna de estas medidas sería rentable ya que supondrían un gran desembolso de recursos que podrían ser destinados a solucionar otros problemas importantes, ya que siempre cabe preguntarse cual es el mejor destino posible de los recursos. Actualmente han bajado las concentraciones de contaminantes costeros que afectan a la fauna marina, y la contaminación de los ríos también ha descendido notablemente.

CORRUPCIÓN

El Índice de Percepción de la Corrupción (IPC) en 2023, nos muestra que la corrupción está avanzando en todo el mundo. Este indice clasifica a 180 países y territorios de todo el mundo según sus niveles de corrupción en el sector público, con una puntuación de 0 (altamente corrupto) a 100 (nada corrupto).
Más de dos tercios de los países obtienen una puntuación
inferior a 50 sobre 100, lo que indica claramente que en ellos existen graves problemas de corrupción. El promedio mundial está estancado en 43 puntos, mientras que la gran mayoría de los países no han progresado o ha disminuido su puntuación en la última década.
La tendencia mundial de debilitamiento de los sistemas de justicia está reduciendo la rendición de cuentas de los funcionarios públicos, lo que permite que la corrupción prospere y tanto los líderes autoritarios como los democráticos están socavando la justicia, aumentando la impunidad de la corrupción, e incluso fomentándola al eliminar las consecuencias penales para los delincuentes y en definitiva, socavando el estado de derecho.Los actos corruptos como el soborno y el abuso de poder también se están infiltrando en muchos tribunales y otras instituciones judiciales de todo el mundo, y allí donde la corrupción es la norma,

las personas vulnerables tienen un acceso restringido a la justicia, mientras que los políticos, los ricos y poderosos colonizan los sistemas de justicia, a expensas del bien común.

Se esta produciendo un estancamiento en todo el mundo en los esfuerzos realizados contra una corrupción en aumento, sin embargo, algunos países han mejorado significativamente sus puntuaciones en la última década, lo que supone cierto avance. bien Europa sigue siendo la región con mayor puntuación, su puntuación media cayó a 65 este año, a medida que la integridad política se erosiona. A pesar de la sustancial mejora en algunos países, el África subsahariana mantiene el promedio más bajo, con 33 puntos, con causas como: la rendición de cuentas deficiente, mal gobierno, la codicia y la búsqueda de riqueza, permaneciendo la democracia y el estado de derecho bajo presión. El resto del mundo permanece estancado y todas las demás regiones tienen promedios inferiores a 50. Europa oriental y Asia central se enfrentan a estados de derecho inoperantes y al aumento del autoritarismo en gobiernos que no vigilan la corrupción y la corrupción sistémica debida esta a debilidades en las instituciones. Oriente Medio y el Norte de África muestran pocas mejoras y Asia Pacífico muestra un estancamiento a largo plazo, aunque algunos países que históricamente se encontraban en la cima de la corrupción, están retrocediendo. Por último, la falta de independencia judicial y la debilidad del estado de derecho están permitiendo la impunidad generalizada en América del sur, donde en muchos casos la democracia brilla por su ausencia.

En España, según la valoración de la UE, sigue habiendo un gran número de casos de corrupción de alto nivel, siendo un grave problema la acumulación de estos casos y la incapacidad de gestionarlos de manera eficaz, debido a la escasez de recursos y de personal especializado en casos tan complejos y a la falta de vigilancia, al no contar con un marco legal de protección de los denunciantes de la corrupción. Se produce un reparto injusto del gasto público hacia ciertos medios de comunicación y se producen deficiencias en los contratos públicos de publicidad institucional. Es preocupante además, el uso reiterado de reales-decretos en España para dictar leyes, cuando estos están reservados para situaciones de extraordinaria y urgente necesidad.

RÉGIMEN	PAÍSES	% DE PAÍSES	% DE POBLACIÓN
Democracias plenas	21	12,6%	6,4%
Democracias deficientes	53	31,7%	39,3%
Regímenes híbridos	34	20,4%	17,2%
Regímenes autoritarios	59	35,3%	37,1%

Clasificación de 167 países en el mundo en 2021, según cuatro niveles de democracia. Fuente: Elaboración propia.

ÍNDICE DE ESTADO DE DERECHO

El Estado de derecho es una filosofía política que implica que todos seamos iguales ante la ley, incluyendo al poder ejecutivo o gobierno, al poder legislativo y a los jueces. Por tanto en un Estado de derecho, todo tipo de acciones a nivel social o estatal, están sujetas a la ley.

En muchos países el marco de todo el Estado de derecho, es decir de todo el orden jurídico de un país sigue un patrón impuesto por la sociedad, con una ley de leyes o Constitución, aunque en otros países, no es así. El Estado de derecho se mide mediante un indicador creado por World Justice Proyect, una organización internacional sin animo de lucro que trata de extender el imperio de la ley en el mundo. En este indicador llamado Indice de estado de derecho o indice WJP, se integran ocho parámetros: restricciones a los poderes del Gobierno; orden y seguridad; ausencia de corrupción; justicia civil; gobierno abierto; derechos fundamentales, aplicación reglamentaria y justicia penal. Los resultados del cálculo del índice abarcan desde 0 que significa un estado de derecho muy débil, donde las leyes suelen ser caprichosas o simplemente no se cumplen, en interés de un régimen autocratico y hasta 1, que significa que estamos ante un fuerte Estado de derecho, en el que la ley se respeta y los ciudadanos son soberanos y suelen expresar su opinión. Actualmente los índices más altos los ostentan los países escandinavos, seguidos de Países Bajos, Dinamarca, Alemania, Nueva Zelanda, Estonia, Luxemburgo e Irlanda, con más de 0,82 . España ocupa el puesto 25 mundial, habiendo retrocedido y el 23 de los 27 de la Union Europea. En la cola en este índice tenemos: Venezuela es el último, con un 0,27; Mauritania, Afganistán y Egipto 0,36; Zimbawe y Pakistán 0,39; Uganda y Honduras 0,40; Etiopía y Bangkladesh 0,41; Guinea 0,42; Turquía y Angola 0,43; Mali 0,44; Zambia y Guatemala 0,45; Uzbekistán y Federación rusa 0,47; República de Kirguisia y China 0,48; Vietnam y El Salvador 0,49.

COMBUSTIBLES FÓSILES Y ENERGÍA.

COMBUSTIBLES FÓSILES

Según diversos estudios, los combustibles fósiles, reúnen una serie de aspectos positivos:
- Están sacando a miles de millones de personas de la pobreza, reduciendo todos los efectos negativos de la pobreza.
- Están mejorando enormemente el bienestar y la seguridad humanas al impulsar tecnologías que ofrecen trabajo y protegen la vida, como el aire acondicionado, la medicina moderna y los automóviles y diversos medios de transporte.
- Están aumentando drásticamente la cantidad de alimentos que producen los seres humanos y mejoran la fiabilidad del

suministro de alimentos, lo que beneficia directamente a la salud humana.
> Están contribuyendo con sus emisiones a un enverdecimiento de la Tierra, beneficiando a todas las plantas y la vida silvestre del planeta.
> Se les debe atribuir el mérito de salvar vidas al reducir las muertes debidas al clima extremadamente frío. El clima también es menos extremo en un mundo más cálido, lo que resulta en un menor número de lesiones y muertes.
> El precio real de los combustibles fósiles sólo es una pequeña parte del total, suponiendo los impuestos una parte sustancial en el precio, debido a que los mercados de combustibles fósiles fueron liberalizados hace tiempo y llevan muchos años de investigación a sus espaldas.

Gas natural

La producción de gas natural ha aumentado, pero aún se mantiene a un alto precio debido al coste de la instalación de los gaseoductos, ostentando Rusia e Irán, las dos primeras posiciones en producción del mundo. Este combustible seguirá teniendo un papel fundamental en las próximas décadas a nivel global, y a pesar de los esfuerzos por la sostenibilidad y las energías limpias, se ha convertido en un combustible de transición en la búsqueda de alternativas al carbón y al petróleo, convirtiéndose en una fuente energética muy demandada, debido a su versatilidad y sus bajas emisiones.

Carbón

El carbón, que se usa básicamente para generar electricidad, también existe en abundancia en todos los continentes, existiendo abundantes cuencas carboníferas y grandes reservas, pero resulta caro de transportar.

Sin el libre acceso al gas ruso, por la invasión de Ucrania, muchos países europeos volvieron a usar carbón para potenciar su red eléctrica, que con una producción más reducida de energía hidroeléctrica, debido a la sequía, y también a los problemas técnicos en las centrales nucleares francesas, que alimentan el sistema eléctrico europeo; vieron en el carbón una alternativa asequible.

Las reservas de combustibles fósiles en general, han aumentado en un alto porcentaje en el último cuarto del siglo XX. En 2022 se consumió la mayor cantidad de carbón de la historia (más de 8.000 millones de toneladas), consumiendo China la mitad de la producción mundial.

Petróleo

No es cierto que cada vez haya menos petróleo en el mundo, al contrario, ya que el ritmo de las reservas aumenta en mayor proporción que su consumo. Existen aún bastantes yacimientos por explorar y la tecnología proporcionará una mejor explotación de este recurso. La Economía nos dice, como con otros recursos, que dejaremos de usar petróleo cuando el coste marginal de producirlo sea más elevado que producir otra fuente energética alternativa, no porque se este agotando. La producción de petróleo ha aumentado un 53 por ciento desde 1990, y las emisiones de metano de las industrias del petróleo, así como de otros gases, han caído un 13 por ciento durante el mismo período, incluida una reducción del 4 por ciento desde 2020. La técnica de extracción "fracking" (fracturación hidráulica), sin duda tiene impactos negativos en el medio ambiente, pero no es nada que no se pueda controlar. En Estados Unidos se ha estimado que el impacto negativo neto de la actividad del fracking equivale a 25.000 millones de dólares; coste derivado de la contaminación de acuíferos y sobre todo, del tráfico rodado que transporta el combustible. Pero, tengamos en cuenta que el fracking inyecta alrededor de 160.000 millones a la economía estadounidense solo de forma directa, a lo que hay que sumar el beneficio indirecto o inducido. En un radio de unos 100 kilómetros, un millón de dólares de nueva producción genera 257.000 dólares en salarios y 286.000 dólares en otros ingresos. Según un estudio del Instituto Americano del Petróleo, la industria del gas natural y el petróleo respaldó 10,3 millones de empleos en Estados Unidos en 2015. Lo sensato es actuar para mitigar los daños, con infraestructuras que reduzcan el impacto del transporte, pero en ningún caso eliminar por completo algo que claramente arroja un saldo positivo, de acuerdo con la sensatez del análisis económico.

El fracking está sustituyendo el peso del carbón en el mix energético en Estados Unidos, de modo que tiene un efecto sustitución potentísimo que contribuye de forma directa a reducir las emisiones contaminantes y si incorporamos este hecho en el cálculo de las externalidades o impactos negativos, incluso se compensaría por completo. Estamos, pues, ante una tecnología viable que deberíamos explorar, potenciar y seguir mejorando para que el equilibrio coste-beneficio sea aún más rentable.

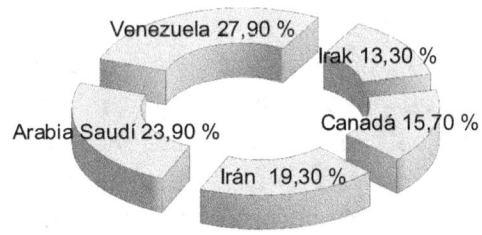

Reservas petrolíferas top 5 países 2024. Fuente: Elaboración propia.

Energías renovables

En el siglo XIX la mano de obra industrial suponía el 94% de la mano de obra, mientras que a finales del siglo XX se situó en el 8%, es decir se ha ido sustituyendo la energía manual por otras fuentes de energía alternativas a la energía humana, siendo el objetivo de la humanidad que en el futuro, podamos producir energía, cada vez menos costosa.

Las energías renovables solamente constituyen el 13,6% de la producción energética mundial, distribuidas del siguiente modo: 6.6% hidroeléctrica; 6.4% tradicional (madera, carbón vegetal y desperdicios de animales y vegetales), alcanzando esta un 25% en países en vías de desarrollo; 0.4% biomasa; 0.12% geotérmica; 0.04% eólica y 0.009% solar, siendo esta ultima la más competitiva a comienzos del siglo XXI, aunque su precio sigue siendo superior al de los combustibles fósiles. La conclusión es que el planeta tiene suficientes combustibles fósiles para producir energía hasta que las fuentes de energía renovables resulten razonablemente económicas.

El temor al agotamiento de los recursos también se ha producido en el caso de los recursos no energéticos, como las materias primas, pero cada día se descubren nuevos recursos, se usan de forma más eficiente y aumenta la capacidad de reciclarlos y sustituirlos, por lo que el temor al agotamiento no debe estar justificado. Una red eléctrica a gran escala posee dos segmentos: potencia de carga base y potencia máxima o de pico. La energía de la potencia de carga base es la cantidad mínima constante de energía necesaria para que la red funcione correctamente y al mismo tiempo, proporcione energía bajo demanda a todos los usuarios que la necesiten durante un día normal. El carbón, la energía nuclear y en menor medida, el gas natural han satisfecho la demanda de carga base durante el siglo pasado porque han operado de forma constante o a tiempo completo, a base de un respaldo con generadores diésel, para proporcionar energía durante el mantenimiento o las averías. La potencia máxima o de pico, es la energía adicional necesaria cuando se dispara la demanda, por ejemplo cuando aumenta el uso del aire acondicionado con las temperaturas del verano o de diciembre a febrero durante los fríos inviernos en las zonas más frías. El gas natural, como respaldo de la red eléctrica, generalmente se puede suministrar según las necesidades, sin rupturas de servicio y las turbinas de gas se pueden encender o apagar rápidamente, y proporcionar energía máxima, pudiéndose construir las plantas de gas natural a escala.

Se requiere energía para la actividad económica y social, pero lamentablemente se está encareciendo artificialmente, por lo que la sociedad esta empobreciéndose, al parecer de manera inevitable. Cuando se prioriza la parte medioambiental minimizando la parte de la seguridad energética o la parte del coste energético dentro del llamado trilema energético: seguridad de suministro, coste y limpieza, la sociedad se empobrece, debilitándose el crecimiento económico y empeorando la calidad de vida. Eso es exactamente lo que está pasando en general en el mundo y particularmente en Europa, por obra y gracia de los partidarios del decrecentismo, disparate que no es difícil de adivinar en que esquema de pensamiento o de ideas políticas se encuentra.

Energía eólica

Las turbinas eólicas, tienen muchos inconvenientes, no solo estéticos, sino que en muchas zonas, incluso molestan con
su ruido a la población circundante; son poco rentables debido a que la energía no se almacena; cuando hace mucho viento se bloquean; cuando cesa el viento, no hay generación eléctrica y generan energía solo cuando el viento sopla entre ciertas velocidades, fluctuando la energía constantemente con las ráfagas de

viento. No se puede confiar en la energía eólica (aunque como se verá, tampoco en la solar), para la carga base ni para la potencia de pico máxima.

Si con todo esto no hay suficiente, las aves son victimas de estas, al crear vórtices de viento que atraen a las aves, sobre todo rapaces, causando colisiones fatales con las palas de la turbina. Los parques eólicos actúan como cebo y verdugo: los roedores que se refugian en la base de las turbinas se multiplican con la eliminación de los principales depredadores del ecosistema, mientras a su vez su mayor número atrae hacia la muerte a más aves rapaces.

En la India se ha comprobado que hay aproximadamente cuatro veces menos buitres, halcones, milanos y otras aves grandes en áreas de parques eólicos, siendo esto especialmente preocupante porque estas aves más grandes tienen un mayor valor de conservación y porque no se reproducen a un ritmo elevado.

Los murciélagos también se ven muy afectados por las turbinas eólicas, muriendo de dos maneras: al chocar las aspas de las turbinas directamente con los murciélagos y por las caídas repentinas en la presión del aire, ya que sus pulmones no se pueden acomodar el cambio de presión causado por el vórtice de viento producido por las turbinas, y aunque suelen ser capaces de detectar estructuras y evitarlas mediante el uso de sus radares biológicos, las palas de las turbinas son indetectables debido a las caídas de presión. Además las turbinas eólicas son la mayor amenaza humana para los murciélagos migratorios, que viven en diferentes hábitats durante los meses de verano e invierno. En general, múltiples estudios han encontrado que la energía eólica, en 2012, solo en los Estados Unidos se estima que mató entre 600.000 y 888.000 murciélagos, y entre 234.000 y 573.000 aves de todos los tamaños. Y dado que la producción de energía eólica se ha más que duplicado en la última década, es probable que estas cifras sean el doble en la actualidad.

Hasta hace muy poco, se habían realizado pocas investigaciones sobre el impacto de las turbinas eólicas en la población de insectos, aunque este tema está empezando a ganar atención. Los insectos son vitales para el planeta por muchas razones, una de las cuales es su importancia en la producción de alimentos, ya que al menos el 70% de los cultivos alimentarios humanos más importantes dependen de insectos polinizadores, pudiéndose demostrar, según estudios recientes, que las turbinas eólicas tienen un efecto directo sobre la muerte de los insectos.

A nivel mundial la abundancia de insectos ha disminuido en un 9% por década, desde la década de 1960, con una disminución total del 43%. Aproximadamente el 10% de todas las especies de insectos están en peligro crítico de extinción, y en concreto las abejas corren un especial riesgo, ya que más de 100 especies silvestres se encuentran en altos niveles de peligro de extinción, lo que es especialmente aterrador si consideramos que las abejas melíferas por sí solas llevan a cabo el 80% de la polinización total.

Además, los insectos son una fuente vital de alimento para muchas poblaciones de animales, y con menos insectos disponibles para comer, es casi seguro que habría efectos en cascada sobre las poblaciones de animales y la cadena alimentaria del ecosistema.

Es curioso que los mismos grupos ecologistas que irónicamente, se han lamentado de la rápida disminución de la población de insectos, suelen ser los mismos grupos que defienden el uso de energías verdes, como las turbinas eólicas.

Un estudio realizado por el centro aeroespacial alemán, estimó que 1.200 toneladas de biomasa de insectos se pierden anualmente por colisiones con las 30.000 turbinas eólicas terrestres de Alemania. Suponiendo una masa húmeda promedio de 1 miligramo para cada insecto, esto equivale a alrededor de 1,2 billones de insectos muertos por año por todas las turbinas eólicas terrestres de este país, o bien 40 millones de insectos muertos anualmente por una sola turbina eólica.

Suponiendo que cada turbina eólica en el planeta provoca en promedio 40 millones de muertes de insectos al año, como en Alemania, si llevamos estas cifras al planeta, esto equivaldría a 13,64 cuatrillones de muertes de insectos atribuibles a las turbinas eólicas al año, suponiendo las cifras del recuento mundial de turbinas eólicas hasta 2016.

La gran cantidad de muertes de aves e insectos causadas por las turbinas eólicas es desastrosa en sí misma, desde el punto de vista de la conservación y la ecología. Sin embargo, es igualmente preocupante el grave efecto posterior sobre la producción agrícola y el suministro mundial de alimentos, especialmente en un momento en que los agricultores están sufriendo estrictas legislaciones. El vínculo más directo entre las turbinas eólicas y la disminución de la producción de alimentos es la mencionada reducción de los insectos polinizadores, lo que conducirá a un menor rendimiento de los cultivos. Como efectos secundarios, la disminución de los insectos, supondrá una reducción del alimento disponible para otros animales, muchos de los cuales también dependen de ellos para alimentarse, por ejemplo, las aves que se quedan sin insectos para comer comienzan a comerse unas a otras para sobrevivir. Muchos animales dependen de la flora que necesita ser polinizada por insectos, y sin polinizadores, estos animales sufrirán.

En general, los ecosistemas son increíblemente complejos, pero los insectos siempre han sido la base de la cadena alimentaria, y sin ellos, todo se derrumba. Si bien es difícil cuantificar el grado preciso en que las turbinas eólicas afectarán el suministro mundial de alimentos en el futuro, pero una cosa es cierta: las turbinas eólicas sin duda causan muertes masivas de aves e insectos cada año.

Energía solar

La energía solar tiene diversos inconvenientes: no proporciona energía por la noche o cuando las células están cubiertas de nieve, hielo u hollín; proporciona escasa energía en días nublados y durante las tormentas, excepto en días completamente despejados; la energía fluctúa segundo a segundo con el paso de las nubes y toda todavía no es competitiva (como el resto de renovables), sobre todo en países en vías de desarrollo.
Sin embargo esta fuente de energía presenta ventajas, tales como una menor contaminación, aunque en el proceso de fabricación de los paneles, genera una importante huella de carbono. Por ejemplo, para fabricar un panel solar, el perfil de aluminio del marco, sigue un proceso para que el panel sea competitivo: es necesario extraer el aluminio, por ejemplo en India, posteriormente se funde en otro país, como Islandia, donde el 25% de la producción eléctrica es geotérmica (siendo la restante hidroeléctrica), y donde hay abundancia de electricidad a buen precio. Este hecho ha facilitado que industrias con gran demanda de electricidad, como las fundiciones de aluminio, que separan el aluminio de su mineral (alúmina), se interesen en ubicarse en la isla, aunque el país no cuente con extracción de ese mineral. A día de hoy, los lingotes de aluminio de primera fundición, representan un 40 % del valor monetario de las exportaciones de Islandia. Posteriormente, siguiendo con el ejemplo, los lingotes podrían ir a Alemania, país con experiencia en laminación y perfilería de aluminio. El marco del panel solar al requerir todos estos procesos y viajes, habrá generado, una huella de carbono importante, por lo que se puede decir que la energía fotovoltaica, no es tan limpia.
Tanto la energía solar como la eólica, de momento son una mala elección, ya que requieren el uso de la energía de los combustibles fósiles (plantas de gas y generadores diésel), constante-

mente como respaldo, porque son ineficientes al operar por debajo de los picos de alto consumo, para poder regular el flujo de energía fluctuante entregada a la red y también cuando una o ambas fuentes de energía, dependientes del clima no
generan energía.

Energía nuclear

La energía nuclear o por fisión nuclear, no siendo una fuente emisora de dióxido de carbono, supone un 6% de la producción mundial de energía (previéndose más de un 20% en 2050). El problema de la obtención de este tipo de energía, es la seguridad, en especial los residuos, que además de permanecer cientos de años radiactivos, pueden utilizarse para fabricar plutonio
para la fabricación de explosivos. Esta energía ha ganado en seguridad, siendo importante acelerar su cuarta generación, porque es la vía más barata, aunque su coste de producción es más alto que el de los combustibles fósiles. Sin embargo, a largo plazo, la obtención de energía nuclear se centrará en la fusión, imitadora del sol, no en la fisión.
En la COP28, la cumbre del clima de Naciones Unidas, celebrada en 2023, 20 países se mostraron a favor de reforzar la energía nuclear a fin recortar las emisiones de dióxido de carbono, comprometiéndose a triplicar la capacidad mundial para 2050. La declaración supuso un giro completo y un reconocimiento de que esta tecnología forma parte de la solución a la crisis climática, revelando además que muchos países han cambiado su postura sobre la energía nuclear, muy denostada desde el accidente de Fukushima en 2011, cuando un tsunami inundó los reactores de la central.
La energía nuclear, históricamente, ha producido más energía baja en carbono que cualquier otra y tras décadas de mejora de la tecnología, los avances en seguridad son notorios. Las centra-

les de cuarta generación consiguen: de 100 a 300 veces más rendimiento de energía para la misma cantidad de combustible nuclear; los desechos nucleares duran como máximo hasta unos cientos de años, en lugar de milenios; posibilidad de consumir los desechos para la producción de electricidad y sobre todo una gran mejora en la seguridad.

No obstante los residuos siguen siendo un tema polémico, si bien se pueden almacenar enterrándose provisionalmente en seco, en un depósito geológico, como se hace en Suecia y Finlandia, que en este momento están muy por delante en este aspecto. Las nuevas minicentrales de cuarta generación son más asequibles, y al ser de menor tamaño, pueden colocarse en lugares donde no podrían ubicarse centrales nucleares más grandes, incluidos lugares remotos y pueden apagarse, ante cualquier problema. Al construirse por módulos, las unidades pueden ser prefabricadas y luego enviarse para su instalación, frente a los requerimientos de los grandes reactores, de ser levantados directamente en el emplazamiento elegido. Si bien producen la mitad que las convencionales, unos 500 megavatios, son suficientes para regiones e islas.

La paulatina aceptación de la energía nuclear y su reciente calificación como energía limpia en Europa está provocando que muchos inversores se interesen por este sector. Rusia, EE.UU. y la UE se reparten la producción de la materia prima utilizada, de la que 5 gramos generan la misma energía que una tonelada de carbón o más de 500 litros de petróleo.

Energía del hidrógeno

El hidrógeno se produce más comúnmente mediante el proceso de reformado con vapor, que combina vapor a alta temperatura con gas natural para extraer hidrógeno (hidrógeno azul). Además, el hidrógeno también se puede extraer del agua mediante el proceso de electrólisis (hidrógeno verde), requiriendo este proceso una mayor energía que el reformado con vapor; sin embargo, esta energía puede obtenerse a partir de otras fuentes de energía como la solar, la eólica y la nuclear.

La energía del hidrógeno se puede utilizar en cualquier sistema o producto que pueda quemar hidrógeno como combustible, de forma segura: automóviles, barcos, ferrocarril, aeronaves, calefacción,. Las ventajas de utilizar el hidrógeno como fuente energética son indudables, ya que produce cero emisiones de contaminantes; es fácil de transportar a través de gaseoductos; es una fuente inagotable, ya que se puede extraer del agua y de hecho es el elemento más abundante del Universo; muy eficiente en cuanto a duración, recarga y consumo y además sin contaminación acústica. La única limitación en cuanto a la calidad, es que el hidrógeno verde, que es el limpio o no contaminante, aun se obtiene en pequeñas cantidades y la mayor parte del hidrógeno producido es azul, que requiere el uso del gas natural en su proceso de obtención, proceso en el se emiten gases de efecto invernadero. El desarrollo del hidrógeno verde requiere de fuertes inversiones en infraestructuras de canalización a las centrales de producción, sin embargo el avance tecnológico esta haciendo que sea una alternativa viable.

Energía por fusión

La fusión funciona según el principio de que la energía se libera forzando la unión de los núcleos atómicos en lugar de dividirlos (fisión de las centrales nucleares), como se produce en el Sol y las estrellas. Las enormes presiones gravitatorias permiten que esto suceda a temperaturas de alrededor de unos 10 millones de grados centígrados. El combustible utilizado es el hidrógeno, el elemento más abundante del Universo y de fácil acceso, concretamente sus isótopos el deuterio y el tritio. El deuterio se puede extraer del agua marina de manera económica, y el tritio se puede producir a partir del litio, que está presente en grandes cantidades en la naturaleza. Los futuros reactores de fusión no generarán desechos nucleares peligrosos y podrían satisfacer las necesidades energéticas de la humanidad durante millones de años, siendo prácticamente imposible que se produzca un accidente en la fusión del núcleo de hidrógeno.

La fusión nuclear no emite dióxido de carbono ni otros gases de efecto invernadero a la atmósfera, por lo que, junto con la fisión nuclear, podría contribuir a resolver los problemas energéticos y mitigar un hipotético cambio climático en el futuro por su condición de fuente de energía baja en carbono. El "Tokamak" (prescindiendo del alfabeto cirílico: toroidal'naya kamera s magnitnymi katushkami y en español: cámara toroidal con bobinas magnéticas), fue el primer reactor de fusión ideado en la Union Soviética en la década de 1950. El récord mundial de energía de fusión actualmente corresponde al JET (Joint European Torus) del laboratorio de Oxford (Reino Unido), produciendo en 1997, 16 Mw de energía de fusión. Tras diversos proyectos, en 2006, siete socios (Unión Europea, Japón, Estados Unidos, Corea del Sur, la India, Rusia y China firmaron un acuerdo para el lanzamiento del reactor de fusión internacional, ITER (International Thermonuclear Experimental Reactor), un reactor de fusión a gran escala, que se está construyendo en el sur de Francia usando el diseño "Tokamak", para producir 500 Mw.

MASA FORESTAL

Si bien se ha perdido un 20% de la cubierta forestal desde el inicio de la agricultura en el Neolítico, actualmente la deforestación del bosque tropical es consecuencia de la pobreza. Según un estudio realizado en 2018 por varios autores: "Global land change from 1982 to 2016" (Cambio global en la Tierra desde 1982 a

2016), donde se observa el cambio producido en el suelo en todo el planeta, desde principios de la década de 1980 hasta la actualidad; la masa forestal en todo el planeta ha aumentado un 7,1%, habiéndose producido una ganancia en unas zonas y una pérdida en otras. No obstante, la mayoría de los cambios producidos se deben a la actividad humana en un 60%, a través de la reforestación, protección en ciertas áreas, aunque de forma negativa también, a través de incendios provocados adrede o por negligencias.

Actualmente los bosques no están amenazados, pues los indicadores se mantienen constantes desde la Segunda Guerra Mundial, habiendo en el mundo alrededor de 4.000 millones de hectáreas de bosque, que cubren el 31% de las tierras emergidas.

Esto equivale a una superficie de bosque per cápita de 0,6 hectáreas distribuidas de forma desigual, ya que sólo seis países albergan más del 60% de la superficie de bosque del planeta: Rusia, China, Estados Unidos, Canadá y Brasil. Grandes áreas en Europa han experimentado un auge forestal que significa que hoy en día más de dos quintas partes de Europa están cubiertas de árboles, habiendo aumentado entre 1990 y 2015, la superficie cubierta por bosques y arboledas en 90.000 km², lo que equivale a un 9%; una superficie aproximada al tamaño de Portugal.

Recientemente en Europa se ha registrado un crecimiento sostenido de 80.000 hectáreas anuales de bosques, llegando a sumar en la actualidad un total de 227 millones de hectáreas de superficie forestal. "Europa no era tan verde desde hace siglos", afirman científicos de diferentes universidades en EE.UU.

Algunos de los motivos que explican este crecimiento son el fomento de las políticas de protección, las iniciativas de reforestación, la utilización de materiales alternativos a la madera para construcción o combustión, así como la despoblación de zonas rurales. España con 27,7 millones de hectáreas que ocupan el 54,8% de su territorio, es el segundo país con mayor superficie forestal de Europa, sólo por detrás de Suecia, y el cuarto en cuanto a ocupación forestal (bosques combinados con otros usos), respecto a su territorio, superado por Suecia, Finlandia (ambos con un 69%) y Eslovenia (63%).

El mayor problema a nivel mundial de la conservación de la masa forestal es la deficiente gestión en las regiones en vías de desarrollo, fruto de su perspectiva cortoplacista, ligada a la pobreza. En cuanto al consumo actual de madera y papel se puede cubrir únicamente con el 5% del área forestal actual.

Las precipitaciones de lluvia ácida, debidas al uso del carbón, presentan altas concentraciones de ácido sulfúrico y nítrico, perjudicando a los bosques. La lluvia normal es ligeramente ácida, con un pH de 5,6, mientras que la lluvia ácida normalmente tiene un pH entre 4,2 y 4,4. La lluvia ácida estuvo relacionada con la muerte de los bosques en áreas de la República Checa, Alemania y Polonia (triángulo negro) y en el este de Estados Unidos, durante los años 70 y 80, aunque según el informe de la ONU en 1997, tuvo un impacto mínimo, sobre todo en Europa. Debido a las leyes promulgadas en los Estados Unidos y Europa que regulan las emisiones de las centrales térmicas que queman carbón, y la adopción de tecnologías de mitigación, el problema desapareció, trasladándose a China e India, debido al aumento de la demanda de electricidad en estos países.

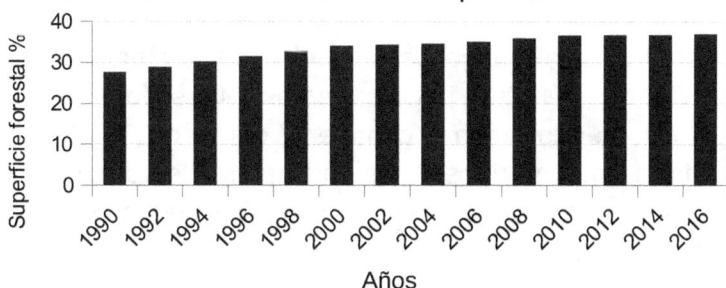

Evolución de la superficie forestal en España 1990-2016.
Fuente: Banco Mundial. Elaboración propia.

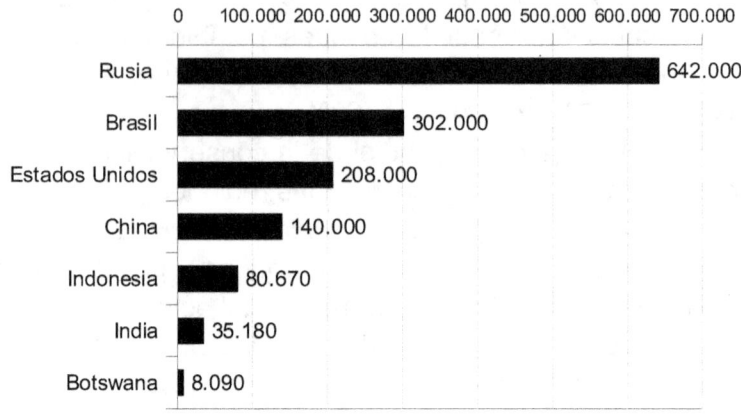

Número de árboles (en millones), de los países con mayor masa forestal.
Datos de Crowther et al. (2015) para Our World in Data. Elaboración propia.

INCENDIOS FORESTALES

El fuego ha sido un fenómeno planetario durante cientos de millones de años, y las plantas y los animales que evolucionaron en regiones propensas a los incendios se han ido adaptando a lo largo del tiempo. Algunos árboles tienen raíces que pueden volver a brotar, incluso si el tronco se quema, mientras que el olor a humo despierta a algunos animales del letargo, pero en muchas regiones y ecosistemas, los incendios son cada vez más grandes y graves.

A nivel mundial, el riesgo de incendios catastróficos podría aumentar en más del 50 % para finales de este siglo, según Naciones Unidas, siendo África el continente del fuego.

En un día normal de agosto, los satélites suelen detectar 10.000 incendios activos en todo el mundo, el 70% de los cuales se encuentra en África.

Los cambios en el clima tienen parte de la culpa, pero también lo son otros factores, como la expansión y descuido del matorral altamente inflamable, que ayudó a que, por ejemplo los incendios mortales en Maui (islas Hawai), en Agosto de 2023, se propagaran rápidamente. El número de hectáreas quemadas en España con cada incendio cada vez son menores, siendo mucho más destructivos los incendios hace unas décadas, y por otro lado el número de incendios forestales se encuentra en su mínimo desde 1983, además de que la tendencia va cayendo desde 2005, datos que sin duda son buenos y que nos dicen que nuestras ecosistemas se preservan. Es importante recordar lo que expresó en 2023, el Centro de Investigación Conjunta de la Comisión Europea: el 96% de los incendios son provocados por la acción del hombre, ya sea por un mal cuidado de los terrenos o por ser provocados adrede, y si bien las sequías contribuyen, no son el detonante.

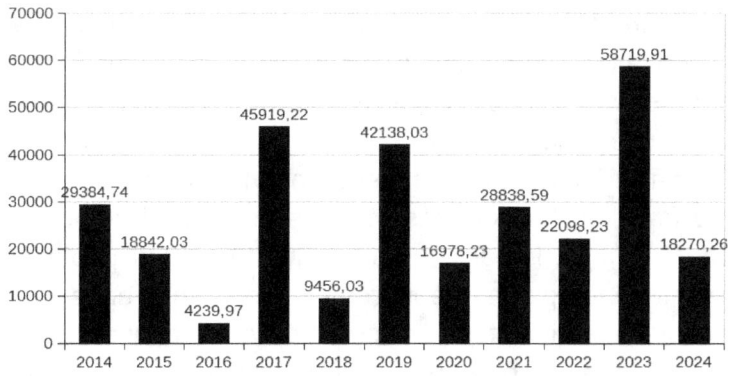

Número de hectáreas afectadas por incendios en España en el período 2014-2024. Fuente: Elaboración propia.

DESASTRES NATURALES

Los desastres naturales, desde terremotos e inundaciones hasta tormentas y sequías, afectan a millones de personas cada año en todo el planeta. Sin embargo, aunque no estamos indefensos frente a esos fenómenos extremos, el número de muertes en todo el mundo, especialmente por sequías e inundaciones, se ha reducido y cada vez mueren menos personas en general. Esta es otra de las cuestiones en las que hemos mejorado sustancialmente en los últimos 100 años, y es que mientras en los años 20 del siglo pasado murieron más de medio millón de personas por año debido a desastres naturales y más de 462.000 personas anualmente durante los años 30 del mismo siglo, en la década del 10 del siglo XXI la cifra se ha reducido a 45.300 personas fallecidas en promedio. Esto se debe en muy buena medida a los avances en la tecnología, que nos han permitido predecir cuándo se van a producir dichos desastres naturales y actuar para evitar el mayor número de muertes posibles, así como también de daños materiales. Si bien los desastres naturales representan una pequeña fracción de todas las muertes en todo el mundo, pueden tener un gran impacto, especialmente en las poblaciones vulnerables de los países de ingresos bajos y medianos, con infraestructuras insuficientes para proteger y dar respuesta de manera efectiva a los fenómenos meteorológicos, ya que el impacto recibido por tormenta "Daniel", en 2023 en Grecia, no fue el mismo que en Libia. Comprender la frecuencia, la intensidad y el impacto de los desastres naturales es crucial si queremos estar mejor preparados y proteger la vida y los medios de subsistencia de las personas.
La Agencia Europea de Medio Ambiente (EEA), los define como "cambios violentos, súbitos y destructivos en el medio ambiente, cuya causa directa no es la actividad humana, sino los fenóme-

nos naturales". Si bien es cierto que han formado parte siempre de los procesos evolutivos de la Tierra, su frecuencia y drasticidad se ha visto incrementadas en el siglo XXI. Ejemplos recientes son los huracanes, causando importantes daños, como el Henri en 2021 o el Idalia en 2023, en Estados Unidos y las inundaciones de Países Bajos y Alemania, con más de 100 personas fallecidas y cientos de desaparecidos.

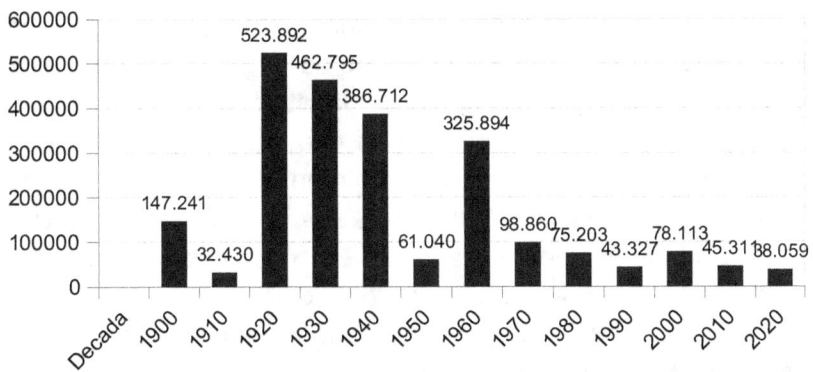

Numero de muertes en desastres naturales por década 1900-2020. Fuente: Datos Our World in Data basado en EM-DAT, CRED / UCLouvain, Bruselas, Bélgica – www.emdat.be (D. Guha-Sapir). Elaboración propia.

CONTAMINACIÓN DEL AIRE

Gases

La contaminación atmosférica es un antiguo problema que se va mejorando, pero que todavía en gran medida afecta a la salud humana. Las sustancias con mayor impacto o más nocivas son: el dióxido de azufre (SO_2), el ozono (O_3), el plomo, los óxidos de nitrógeno (NO y NO_2), el monóxido de carbono (CO) y las partículas en general. El dióxido de carbono (CO_2) no es un contaminante, ya que sin él no seria posible la vida. El dióxido de nitrógeno (NO2) es un gas tóxico, color marrón, irritante y oxidante, que da origen a la formación de partículas de nitrato. La mayor fuente de emisiones, se produce con el uso de combustibles fósiles en la industria y el uso de vehículos, aunque también se produce en la fabricación de ácido nítrico, con el uso de explosivos y el uso de gas GLP, entre otras causas.

Esta molécula también se genera de forma natural por actividad de bacterias, volcanes, y por las descargas eléctricas en tormentas, sin embargo, la cantidad generada de forma natural es escasa en comparación con las emisiones de origen humano. La vida media del dióxido de nitrógeno en la atmósfera es de un día, afectando principalmente al sistema respiratorio, pudiendo irritar los pulmones, causar bronquitis y pulmonía, así como una reducción significativa de la resistencia a las infecciones. La exposición durante corto tiempo a altos niveles, causa daños en el tejido pulmonar, mientras que si la exposición se produce un largo tiempo, incluso con bajos niveles, puede causar daños irreversibles en los pulmones, provocando enfisema.

La reducción de las emisiones de este gas, es un gran reto, especialmente en áreas urbanas, donde se dan altas concentraciones, pero se van produciendo avances tecnológicos para reducir la presencia de este gas, entre los se incluyen: el desarrollo de baterías de mayor capacidad para vehículos eléctricos (para ir sustituyendo los motores de combustión); catalizadores eficientes en la industria y vehículos y la optimización de sistemas de filtración y purificación del aire.

El óxido nítrico (NO) es la molécula de nitrógeno que se emite con mayor frecuencia, siendo incoloro y menos tóxico que el NO_2. Este gas es inicialmente el que emiten los vehículos, que al combinarse con el oxígeno presente en la atmósfera y por la acción de la luz solar, se genera el dióxido de nitrógeno.

De todos los óxidos de nitrógeno, sólo se consideran contaminantes el NO y el NO_2, formados en los procesos de combustión a partir de la oxidación del nitrógeno atmosférico, encontrándose el resto en equilibrio con estos, en trazas sin importancia.

El anhídrido sulfúrico (SO_2) es un gas que se origina por la combustión de combustibles fósiles que contienen azufre, como el carbón en las centrales térmicas.

En los últimos años en España ha habido una fuerte reducción de las emisiones de SO_2 que provenía de centrales térmicas (principal emisor), a consecuencia del Plan de Reducción de Emisiones de Grandes Instalaciones de Combustión (GIC), que obligó en 2007 a la introducción de tecnologías de desulfuración.

El SO_2 puede producir, incluso a grandes distancias, efectos adversos sobre la salud como irritación, inflamación, afecciones e insuficiencias pulmonares, alteración del metabolismo de las proteínas, dolor de cabeza o ansiedad. También puede ocasionar daños a la vegetación, por la degradación de la clorofila y reducción de la fotosíntesis y al reaccionar y oxidarse con el vapor de agua, se produce ácido sulfúrico que perjudica a las construcciones.

El ozono (O3) es un gas incoloro e inodoro compuesto por 3 átomos de oxígeno. En la estratosfera (de 10 a 50 Km a partir de la superficie terrestre), el ozono se forma por efecto de la radiación solar, que transforma las moléculas de O_2 (oxigeno) en O_3. Su función a esta altura es filtrar la mayor parte de la radiación ultravioleta, evitando que llegue a la Tierra y ocasione daños sobre el ser humano y otras formas de vida. En la Troposfera (desde la superficie hasta 10 Km, justo debajo de la capa anterior), se forma por reacciones fotoquímicas de sustancias emitidas, tanto por fuentes naturales como por la actividad humana.

En concentraciones elevadas resulta perjudicial para la salud humana y los ecosistemas naturales, por su gran poder oxidante, de tal manera que una exposición durante pocas horas al ozono en concentraciones elevadas reduce la función pulmonar. Según el Departamento de Agricultura de EE.UU, el ozono en la troposfera, capa más cercana a la superficie terrestre, causa más daños sobre las plantas que la combinación del resto de contaminantes, ya que penetra en las plantas provocando clorosis, que es el amarillamiento de las hojas causado por la falta de clorofila. Como precursores en la formación del ozono troposférico: los óxidos de nitrógeno (NOx) y los compuestos orgánicos volátiles (COV), tanto naturales como artificiales, que suelen ser volátiles e inflamables, conteniendo: carbono, flúor, hidrógeno, cloro, azufre y otros elementos que son liberados mediante actividades como: la quema de combustibles fósiles en general, disolventes, industria cosmética y farmacéutica, pinturas, pegamentos, sustancias en aerosol y otros compuestos químicos diversos para el hogar y la industria.

En los últimos 10 años la situación a nivel mundial de la calidad del aire ha mejorado en términos globales, ya que se ha ganado en longevidad. Los países que tienen peor calidad del aire no son precisamente los países muy desarrollados, sino: Bangladesh, Pakistán, Nepal, la India, Mongolia y otros.

Partículas

Las partículas en suspensión (PM), hacen referencia a las sustancias o compuestos líquidos o sólidos presentes en la atmósfera. Difieren entre sí, por su origen, según si han sido emitidas de forma natural o son el resultado de alguna transformación química por la actividad humana, de naturaleza orgánica o inorgánica (metales u otros compuestos). Se suelen clasificar por su tamaño, que va desde unos pocos nanómetros de diámetro, que es el tamaño aproximado de los virus, hasta las 100 micras (el grosor del pelo humano). Las partículas gruesas tienen un diámetro menor o igual a 10 micras (PM10) y las partículas finas, con un tamaño inferior o igual a 2,5 micras (PM2,5).

Las fuentes de origen de natural incluyen: los incendios forestales, las erupciones volcánicas, la arena, el polen o las partículas de sodio procedentes del mar. Las partículas que tiene su origen en la actividad humana, suponen un porcentaje mucho menor, procediendo de centrales eléctricas, chimeneas y sobre todo del tráfico de vehículos. Se pueden distinguir dos tipos de partículas: las primarias (quema de combustibles, lubricantes en motores, desgaste de neumáticos y de pastillas de freno de vehículos) y las secundarias, que resultan de la reacción química de los gases emitidos, adquiriendo un estado sólido o líquido de fácil inhalación. Afortunadamente, las partículas se han ido reduciendo de forma espectacular durante el pasado siglo por la implementación de diferentes medidas para la reducción del SO_2 en la industria y por el uso de catalizadores en vehículos y se reducirá aun más en el futuro este importante contaminante.

Su reducido tamaño provoca que puedan ser absorbidas, ocasionando problemas en la salud que se manifiestan en forma de insuficiencia respiratoria o incluso obstrucciones coronarias, siendo su efecto negativo incluso cuando la concentración es inferior a los valores máximos establecidos en la legislación. Aunque alcanzar una exposición cero resulta imposible, restringir el tráfico, monitorizar la calidad del aire con equipos especiales en tiempo real, informando a los ciudadanos mediante aplicaciones o la delimitación de zonas de bajas emisiones, son estrategias a tener en cuenta para reducir las aproximadamente 7 millones de personas que mueren cada año como consecuencia de la contaminación del aire, tanto en interiores como en el exterior, suponiendo el 82% de los costes en salud por contaminantes.

A medida que aumenta el PIB, también aumenta la preocupación por las partículas, comenzando la necesidad de su reducción. Los países pueden ocuparse del medio ambiente cuando son lo suficientemente ricos, encontrándose el tercer mundo en la situación del primero hace varias décadas, mientras que en el primero ya ha aparecido una toma de conciencia y regulaciones medioambientales.

BASURA

En cuanto a la basura, anualmente se genera una cantidad de 1,3 mil millones de toneladas de basura en el mundo, cantidad que cada año va en aumento, dado que la población crece y hace falta crecer en producción y consumo. En más de un 60% son escombros, más de un 20%, proceden de la minería, el 10% de la industria y tan solo el 9% es doméstica.

El Banco Mundial estima en su informe "What a waste" (que desperdicio), que para el año 2025 se generará una cantidad de 2.2 mil millones de toneladas al año, y aunque hay espacio para almacenarla, habrá necesidad de un cambio, no solamente en la generación y distribución de la basura sino sobre todo en la mentalidad de la gente.

Respecto al reciclaje, del que se hablará más adelante, no es rentable económicamente (aunque sí socialmente). El reciclaje tiene el potencial de reducir las emisiones de dióxido de carbono en 700 millones de toneladas al año, estimándose que entre 2020 y 2050, con el reciclaje, se podrían reducir las emisiones de dióxido de carbono entre 10,4 y 11,2 millones de toneladas lo que equivale a la cantidad que emite Japón en un año, por lo que reciclar es positivo para el clima.

Por cada tonelada de papel reciclado, por ejemplo, se pueden salvar 17 arboles, reduciéndose el agua utilizada en su fabricación en un 50%. Según estadísticas, en 2021, la mitad de todos los residuos municipales en Europa se reciclaron o se se reutilizaron para compost.

Se pueden evitar pérdidas con la comida, ya que alrededor del 17% de los alimentos en tiendas, restaurantes y hogares en todo el mundo van a la basura en lugar de aprovecharse cada año.

Según el Programa de las Naciones Unidas para el Medio Ambiente (PNUMA), estos enormes residuos contribuyen a entre el 8% y el 10% de las emisiones mundiales de gases de efecto invernadero a medida que se pudren. Con el compostaje se podrían reducir las emisiones asociadas a los alimentos en un 14% en comparación con echarlos al vertedero y guardar las sobras de las comidas para comer más tarde en lugar de tirarlas a la basura, puede reducirlo aún más. La conclusión es que la contaminación disminuyó durante el siglo XX, sobre todo en el mundo desarrollado, haciendo el crecimiento económico posible, gracias al progreso ambiental.

FAUNA Y FLORA, ALGUNOS CASOS NOTABLES

El número de osos polares ha aumentado sustancialmente desde la década de 1960, en la que habían 10.000, pero protegidos de la caza excesiva, su población según estimaciones recientes, se sitúa en torno a los 32.000 (la mayor registrada), tres veces más de los que contabilizó el Servicio de Pesca y Vida Silvestre de Estados Unidos en la década de 1960. Los osos polares han sobrevivido durante períodos de la historia de la Tierra en los que el hielo marino de verano era inexistente, como durante el período cálido Eemiense, hace unos 140.000 años.
Las fotografías de osos hambrientos y enfermizos que han ido circulando por los medios de comunicación son intencionalmente engañosas, estando destinadas a ofrecer una imagen que es
muy diferente a la realidad. Los datos muestran que los osos polares tienen más grasa en los meses de invierno que en décadas anteriores, y los cachorros tienen mejores tasas de supervivencia, con tamaños de camada más estables, por lo que las perspectivas generales para el bienestar de los osos polares parecen muy prometedoras.

En resumen, los datos del mundo real muestran que tanto a los osos polares como a los arrecifes de coral les está yendo mucho mejor de lo que los alarmistas quieren hacer creer con modelos climáticos defectuosos.

En los arrecifes de coral, los cambios en el pH y la temperatura del océano pueden causar blanqueamiento y a veces la muerte. Por lo tanto, un cambio a lo largo del tiempo en ambas variables debido al aumento del CO_2 conduciría a la eliminación masiva de corales en todo el mundo. Los cambios bruscos de temperatura y otras condiciones del agua pueden provocar el blanqueamiento, que se produce cuando las algas simbióticas que dan color a las estructuras de coral mueren o se desprenden. Sin embargo, lo que no es cierto es que este fenómeno siempre conduzca a la muerte de los corales, ya que décadas de investigación han demostrado que los corales a menudo se recuperan de estos eventos, incluso en casos en los que los científicos habían etiquetado previamente el arrecife como perdido.

Por ejemplo el arrecife "Coral Castles" fue blanqueado por un evento de El Niño en 1998, llegando a pronosticarse que tardaría 100 años en recuperarse, pero cuando los científicos volvieron a echar otro vistazo en 2015, se sorprendieron al encontrarlo próspero.

Los corales suelen prosperar en aguas más cálidas, no frías, y han sobrevivido durante los últimos 60 millones de años a través de períodos en los que las temperaturas y los niveles de dióxido de carbono eran mucho más altos (aunque también más bajos), de lo que son hoy. La gran mayoría de los corales existen en aguas tropicales o subtropicales, cerca del ecuador, y en lugar de desaparecer, han estado expandiendo su área de distribución ligeramente en dirección hacia los polos en medio de las recientes tendencias modestas de calentamiento.

El reciente blanqueamiento de la Gran Barrera de Coral en 2012, se pronosticó como el fin del arrecife por los agoreros climáticos, sin embargo, en 2022, esta registró la mayor extensión registrada hasta la fecha. Un problema acuciante parece ser el de la pérdida de la biodiversidad, exagerándose por parte de los ecologistas, que opinan que la desaparición del número de especies ronda el 20% anual mientras que las cifras reales para los próximos 50 años parecen acercarse al 0,7% y muestran que hasta el año 1998 la pérdida de la biodiversidad ha sido escasa. Aunque la verdad es que sería mejor que ni siquiera ese mínimo número de especies desapareciera, pues pueden servir como fuente para la medicina y para salvaguardar la diversidad genética.

TECNOLOGÍA

Lamentablemente, seguimos centrándonos en cosas que suenan interesantes, como los paneles solares o los coches eléctricos, que nos hacen sentir bien pero que no tienen un impacto duradero. Es una manera de aparentar ser gente virtuosa que cuida el medio ambiente, pero no son soluciones que cambien verdaderamente la situación a nivel global.
En 2004 se creó el Consenso de Copenhague a iniciativa de Bjorn Lomborg, ambientalista danes, reuniéndose treinta mentes brillantes, incluidos varios Premios Nobel, y se les pidió que calculasen qué medidas serían más eficientes para luchar contra el cambio climático. La respuesta, consensuada, fue la apuesta tecnológica, el I+D, ya que si somos capaces de conseguir que baje el precio de las energías más baratas, muchos de estos problemas se acabarían. Si logramos que la cuarta generación de energía nuclear, sea barata y segura, será una revolución, lo mismo que con los avances como el fracking, el potencial del hidrógeno y la energía por fusión.
Lo que necesitamos, pues, es que la energía verde sea más barata que los combustibles fósiles, porque de lo contrario no lograremos un cambio estructural. Los pactos, como el Protocolo Kio-

to en 1997 o La Cumbre de París (COP21), en 2016, entre otros, nunca se cumplen, y para solucionar el cambio climático, la clave está en el desarrollo de la tecnología.

Lejos de las teorías pesimistas y catastrofistas con escaso fundamento, según las cuales, el planeta está dando ya sus últimos avisos antes de lo que sería el "apocalipsis climático", lo cierto es que cada vez cuidamos mejor el planeta gracias en gran medida, al buen uso de la tecnología, y seguiremos evolucionando hacia métodos y procesos más respetuosos con el medio ambiente, todo sin rechazar el progreso económico o material, que nos ha permitido sacar de la pobreza a tantos millones de personas en tiempo récord.

PLÁSTICOS

Según datos de Greenpeace, anualmente la basura de plástico que se acumula en los mares y océanos equivale a 1.200 veces el peso de la Torre Eiffel. La mayoría proviene de la contaminación originada en Asia o de plásticos reciclados que se envían del mundo rico al mundo emergente, por culpa de empresarios y gobiernos negligentes, acabando en el mar, en vez de almacenarlo según los dictados de la normativa. Los países de la OCDE generan menos del 5% del plástico que termina en los océanos, de modo que el problema no viene de la UE, de España o de las economías desarrolladas.

La contaminación de plástico en el mar puede generar el enredo de ciertas especies en residuos plástico, como las anillas de algunas bebidas, o la ingesta de pedazos de plástico. Es por este motivo, por el que entre las consecuencias de la contaminación del océano por el plástico, hay que destacar la pérdida de fauna. También afecta a nuestra salud, ya que si los ecosistemas se contaminan, están expuestos a elementos químicos que pueden llegar a nuestro organismo a través de la cadena alimentaria. Utilizamos muchos productos que usan el plástico o que lo usan como envase: envases de alimentos, detergentes, juguetes, cosméticos, medicinas,..acabando cada uno de estos artículos en el medioambiente, si no se reciclan adecuadamente. Las bolsas de plástico, en cualquier caso, tienen una huella medioambiental mucho menor que las bolsas de papel y otros materiales naturales, sobre todo porque se reciclan y una bolsa se puede emplear muchas veces, hasta decenas de veces. De hecho, aunque se han puesto de moda algunas bolsas de algodón y otros materiales orgánicos, se estima que para que fuesen rentables habría que usar una sola bolsa de este tipo miles de veces pero esto es inviable. Para reducir esta contaminación, las medidas a tomar pueden ser: uso botellas de agua reutilizables o termos, uso de bolsas de tela, usar los bioplásticos, comprar a granel,..

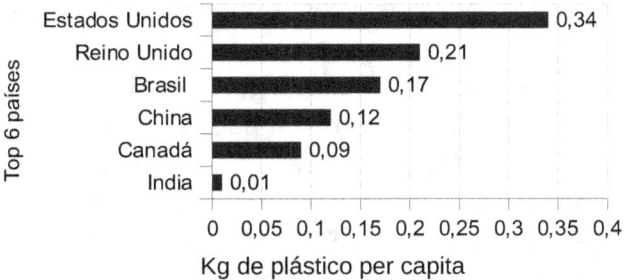

Kilogramos de plástico en el mar per cápita 2015. Fuente: Jabeck, J. R., Geyer, R., Wilcox, C., Siegler, T. R., Perryman, M., Andrady, A, para Our World in Data. Elaboración propia.

Por lo tanto, lo que tiene sentido es asegurarse de que hay un buen sistema de reciclaje, pero esto ya ocurre, por ejemplo en España, donde el 30% de los plásticos se reciclan, al contrario de lo que ocurre en las economías emergentes.

PLAGUICIDAS Y PESTICIDAS

Cuando los pesticidas o plaguicidas son usados, pueden contaminar las plantas, el suelo y nuestras aguas subterráneas. Durante la aplicación, pueden tener efectos colaterales, contaminando los campos y cultivos de los agricultores ecológicos, ya que mediante la evaporación y la lluvia, los pesticidas pueden llegar muy lejos, incluso se puedan encontrar en la Antártida donde no hay cultivo. Desde que los pesticidas aparecieron en el mercado, las intoxicaciones agudas por pesticidas se han cobrado muchas vidas en todo el mundo. Según un estudio en 2020, cada año se producen más de 300 millones de casos de envenenamientos agudos no intencionados por pesticidas en todo el mundo, causando miles de muertes. Los síntomas de la intoxicación aguda por pesticidas van desde erupciones cutáneas, fatiga, dolores de cabeza, dolores articulares y musculares, hasta vómitos, diarrea y náuseas y en casos graves, puede producirse insuficiencia cardíaca, pulmonar o renal. Además de la intoxicación aguda, los pesticidas también pueden causar enfermedades crónicas, como lo atestigua el hecho de que en Francia e Italia, el Parkinson ya ha sido reconocido como una enfermedad profesional entre los agricultores. Según una encuesta realizada a pequeños agricultores en algunos países de África, menos del 30% utiliza guantes, gafas y protección nasal cuando manipula pesticidas y solo el 7% de los agricultores, se lava las manos, después de utilizar pesticidas. En realidad todos los productos químicos, incluyendo cualquier plaguicida, son potencialmente peligrosos, incluyendo aquellos considerados de baja toxicidad naturales u orgánicos, al entrar en contacto con estas sustancias, la cantidad y el tiempo suficientes. Diversos estudios sugieren vínculos entre pesticidas y determinadas enfermedades como: asma, alergias, malformaciones, trastornos del crecimiento, obesidad, diabetes, cáncer de mama e hígado y leucemia.

IX. ESCÉPTICOS CAMBIO CLIMÁTICO ANTROPOGÉNICO

Hay climatólogos que coinciden en que la temperatura media global superficial ha aumentado en el último siglo. A través de todos los medios informativos, se nos ha dicho que existe un consenso científico, cuando no existe tal consenso, y que este figura en el Tercer Informe de evaluación del IPCC (Grupo Intergubernamental de Expertos sobre el cambio climático), en 2001. En 2007, el IPCC lanzó el resumen del Cuarto informe de evaluación, conteniendo conclusiones similares a las del tercero. Las principales conclusiones sobre el calentamiento global, son las siguientes:

1) Las temperaturas medias en la superficie terrestre a nivel global, han subido 0,60±0,20°C desde fines del siglo XIX, y de 0,17 °C por década en los últimos 30 años.

2) "Hay una nueva y más fuerte evidencia de que la mayor parte del calentamiento observado en los últimos 50 años es atribuible a actividades humanas", en particular a las emisiones de gases de efecto invernadero, como el dióxido de carbono y el metano.

3) Si las emisiones de gases de invernadero continúan, el calentamiento también continuará, con temperaturas tendiendo a incrementarse entre 1,4°C y 5,8° C, entre 1990 a 2100. Junto a este incremento de temperatura habrá algunos fenómenos meteorológicos extremos y una presunta elevación del nivel del del mar de 9 cm a 88 cm, excluyendo "incertidumbres relacionadas a cambios de la dinámica en la capa de hielo de la Antártida". El balance del impacto del calentamiento global será significativamente negativo, especialmente para altos niveles de la temperatura.

Mientras se emiten comunicados dando por cierto que es el hombre el culpable del famoso cambio climático, se han escuchado muchas voces científicas disidentes, algunas de las cuales se han atrevido a afirmar que la teoría del calentamiento global podría ser la mayor estafa de la historia de la ciencia.

No existe ningún consenso científico y cuando hablamos de escépticos no hablamos de extremistas ni de científicos carentes de prestigio.

A finales de 2023, más de 1.600 científicos, entre los que se incluyen dos premios nobel, firmaron una declaración con el título "No hay emergencia climática". En resumen en esta declaración se afirma: que la ciencia del clima debería ser menos política, mientras que las políticas climáticas deberían ser más científicas; que no hay ninguna emergencia climática, por lo que no hay motivo de alarma; que el objetivo de cero emisiones para 2050 es perjudicial y poco realista; que el clima siempre ha cambiado, con periodos fríos y calurosos; que es normal que estemos en un periodo cálido causado por factores naturales y humanos ya que la pequeña edad de hielo terminó en 1850; que los modelos usados para estimar las temperaturas tienen muchos defectos y no sirven para hacer política; que se han exagerando los efectos del dióxido de carbono, siendo esencial este para la vida y beneficioso, al reverdecer la Tierra y para la agricultura porque aumenta el rendimiento; que no hay evidencias de que el aumento de temperaturas intensifique los fenómenos naturales como inundaciones, sequías y desastres naturales y que es evidente que la eliminación de del dióxido de carbono es perjudicial y costosa. También en 2023 más de 80 climatólogos y ecólogos italianos se manifestaron de forma razonada y mesurada, argumentando que si bien han subido las temperaturas, no es solo el ser humano la causa, en contra de los informes del famoso Panel Intergubernamental para el cambio climático (IPCC) de Naciones Unidas, a su vez financiador de los trabajos de aquellos científicos que se mueven en la línea de lo "políticamente correcto".

Lo cierto es que nos encontramos en un momento histórico, con conflictos bélicos y ante una posible recesión económica a la que se une una crisis energética y medioambiental.

La multinacional francesa de investigación de mercados Ipsos, publicó en 2022 el "Barómetro de percepción del cambio climático" realizado en 30 países de todo el mundo, el cual recoge las opiniones de la población respecto a este. Según las principales conclusiones de este estudio, la inflación y el aumento del coste de vida son la principal preocupación de la población a nivel internacional con un 62% de media, lo que supone un gran aumento respecto al año anterior, le siguen la pobreza y la desigualdad, con un 46% de media, la sanidad, con un 42% de media y el medio ambiente, con un 40% de media, habiendo experimentando esta última preocupación, una sensible bajada respeto al año anterior.

Por tanto, aunque el estudio señala que el medio ambiente sigue siendo una preocupación importante, figurando entre las cinco principales preocupaciones de los habitantes de casi todos los continentes, en África y Oriente Medio, esta preocupación va perdiendo fuerza respecto a la inflación.

No obstante, cuando se tiene que elegir entre el medio ambiente y el crecimiento económico, los individuos siguen dando prioridad al medio ambiente, pero se observa como a medida que pasan los años lo hacen en menor medida, lo que indica que los problemas económicos suponen un obstáculo hacia la priorización del medio ambiente. El crecimiento y el medio ambiente son términos complementarios, aunque la preocupación por el cambio climático, con el gran refuerzo en los medios, sigue siendo alta para 7 de cada 10 personas en el mundo.

El escepticismo climático ha ido creciendo en los últimos años, en el sentido de que cada vez más personas, casi un 30% consideran que el cambio climático es algo natural y no un efecto vinculado a la actividad humana, aunque alrededor de un 63% considera que tiene un origen antropogénico, cuando en 2019 era alrededor del 70%. Una de cada dos personas a nivel mundial piensa que tienen que cambiar su estilo de vida para reducir su huella medio ambiental pero también se ve como esta idea cae en tres puntos respecto desde 2019.

La población mundial transfiere la responsabilidad del cuidado del planeta a las instituciones públicas y privadas, gobiernos y empresas, aunque evolucionan las prácticas de consumo responsable. Cada vez más gente adopta hábitos y prácticas más sostenibles, por ejemplo entre 2019 y 2022, el número de personas que afirmaban evitar coger su automóvil, al menos ocasionalmente, pasó del 49% al 61%, y que evitaran coger el avión, del 41% al 52% y en el uso de energías renovables para calefacción: del 34% al 44%. Ecogestos como la clasificación de residuos, evitar el exceso de envases, consumir frutas de temporada,.. están bastante extendidos.

El consumo de carne, que según nos dicen tiene impacto en el clima, no parece estar disminuyendo, y la agricultura y la tecnología digital también se subestiman como fuentes emisoras de dióxido de carbono.

Los científicos que figuran a continuación, han hecho declaraciones, sobre todo desde la publicación del Tercer informe de evaluación del IPCC, estando en conflicto con al menos una de las anteriores tres conclusiones. Cada científico que se ha incluido, ha publicado al menos un artículo revisado por pares en el área de las Ciencias naturales, aunque no necesariamente en un campo relacionado con la climatología. Figuran sus frases más importantes entre comillas.

Will Happer

Wikimedia Commons. Author:Gage Skidmore. File: William Happer by Gage Skidmore 2.jpg . CC BY-SA 3.0. Converted to B& W

Prominente científico, profesor del Departamento de Física de la Universidad de Princeton y ex director de Investigación Energética del Departamento de Energía de EE.UU en 1990-1993, ha publicado más de 200 artículos científicos y es miembro de la Sociedad Americana de Física, la Asociación Americana para el Avance de la Ciencia y la Academia Nacional de Ciencias. Fue galardonado con el Premio Alexander von Humboldt, el Premio Broida y el Premio Davisson-Germer de la Sociedad Americana de Física en 1999.

"He pasado una larga carrera de investigación estudiando física que está estrechamente relacionada con el efecto invernadero, la absorción y emisión de radiación visible e infrarroja, y el flujo de fluidos. Basándome en mi experiencia, estoy convencido de que la alarma actual sobre el dióxido de carbono es errónea", "Los errores son comunes en la ciencia y pueden tardar mucho tiempo en corregirse, a veces muchas generaciones. Es importante que las decisiones políticas equivocadas no bloqueen la capacidad de autocorrección de la ciencia, especialmente en este caso en que la ciencia incorrecta se está utilizando para amenazar nuestras libertades y bienestar", "Los temores sobre el calentamiento global provocado por el hombre son injustificados y no se basan en la buena ciencia. El clima de la Tierra está cambiando ahora, como siempre lo ha hecho. No hay evidencia de que los cambios difieran cualitativamente de los del pasado. Actualmente estamos en un ciclo de calentamiento que comenzó a principios de 1800, al final de la pequeña edad de hielo. Gran parte del calentamiento actual ocurrió antes de que los niveles de dióxido de carbono en la atmósfera aumentaran significativamente por la quema de combustibles fósiles. Nadie sabe cuánto tiempo continuará el calentamiento actual y, de hecho, no ha habido calentamiento durante los últimos diez años", "El dióxido de carbono es un componente natural de la atmósfera, y llamarlo contaminante es inexacto. Los seres humanos exhalan aire que contiene entre un 4 y un 5 por ciento de dióxido de carbono, es decir, entre 40.000 y 50.000 partes por millón. Las plantas crecen mejor con más dióxido de carbono. Los niveles actuales de dióxido de carbono en la atmósfera son excepcionalmente bajos para los estándares de la historia geológica. Durante los últimos 500 millones de años desde el Cámbrico, cuando los fósiles de vida multicelular se hicieron abundantes por primera vez, los niveles de dióxido de carbono en la atmósfera han sido mucho más altos que los niveles actuales, aproximadamente 3 veces más altos en promedio. La vida en la Tierra floreció con estos niveles más altos de dióxido de carbono". "Los modelos informáticos utilizados para generar escenarios aterradores a partir de niveles crecientes de dióxido de carbono tienen poca credibilidad", "Hay poco debate sobre si los efectos directos de duplicar las concentraciones de dióxido de carbono serían muy pequeñas, tal vez de 1 a 2 °C de calentamiento. Para generar escenarios alarmantes, los modeladores computacionales deben inventar mecanismos de retroalimentación positiva que aumenten el efecto invernadero del vapor de agua, que es responsable de más del 90 por ciento del calentamiento del efecto invernadero. Las observaciones indican que la retroalimentación es muy pequeña y, de hecho, puede ser negativa. Los cambios en el vapor de agua atmosférico y la cobertura de nubes pueden disminuir, no aumentar, los pequeños efectos directos del dióxido de carbono".

Happer fue despedido por el vicepresidente del gobierno Clinton, Al Gore, por no adherirse a los puntos de vista científicos de Gore sobre el clima. "Tuve el privilegio de ser despedido por Al Gore, ya que me negué a aceptar su alarmismo".

William D. Nordhaus

Wikimedia Commons. Author: Bengt Nyman. File:William Nordhaus EM1B6043 (46234132921).jpg CC BY 2.0. Converted to black and white.

Economista ambientalista, escritor de varios libros y multitud de artículos. Premio Nobel de Economía en 2018, único laureado por la aplicación de esta disciplina al cambio climático por su desarrollo de modelos econométricos que estiman y predicen el impacto que las políticas de reducción de emisiones tendrían en el bienestar de la sociedad a medio y largo plazo. Rechaza las soluciones maximalistas del tipo "a cualquier precio" o "tan pronto como sea tecnológicamente posible", que no tienen en cuenta el coste para la sociedad; y defiende la necesidad de realizar un análisis coste-beneficio que permita identificar las medidas óptimas. Afirma que la reducción de emisiones no se puede dejar al "laissez faire" (libremente), de los mercados y propone la intervención de los gobiernos mediante un impuesto global al carbono como la herramienta más eficaz para marcar la pauta de la descarbonización progresiva de la economía mundial.

La frase de Nordhaus: "Que se discutan los costes de las políticas contra el cambio climático no solo es legítimo, sino que también es necesario", es de una lógica aplastante.

Nordhaus, asegura que la innovación tecnológica necesita del apoyo de incentivos económicos para despegar, porque de otro modo el capital privado, siempre temeroso, no se arriesgará a invertir en nuevas tecnologías de éxito incierto. Cómo será de difícil aplicar estas medidas cuando la Unión Europea, punta de lanza de la acción global contra el cambio climático, sólo ha sido capaz hasta ahora de imponer un impuesto a las emisiones de dióxido de carbono en el sector eléctrico. La prueba de que el impuesto funciona es que la única actividad industrial que ha hecho avances significativos en su descarbonización es la de generación de electricidad, gracias en gran parte a que China consiguiera reducir en un 80% el coste de producción de los paneles solares.

J.K. August: Ingeniero y físico, ex miembro del programa de energía nuclear de la Marina de los Estados Unidos y ex presidente del Comité de estándares profesionales, miembro de la Sociedad Nuclear Estadounidense y de la Sociedad Estadounidense de Ingeniería Mecánica, ha disentido de los temores climáticos.

"La película: Una verdad incómoda de Al Gore no tiene base científica, habría que llamarle: Un engaño calculado".

"Al Gore argumenta que estamos moralmente obligados a apoyar sus conclusiones, impidiendo la revisión objetiva con los mismos métodos científicos con que él afirma haber respaldado su trabajo ¿Deberíamos sorprendernos, entonces, cuando el Sr. Gore dice que cualquiera que dude de esto debe ser moralmente corrupto?".

"La única verdad que es inconveniente aquí es que el Sr. Gore vendió con éxito su mensaje como si fuera ciencia".

Tom Wysmuller: Meteorólogo y ex pronosticador del tiempo de la Real Oficina Meteorológica Holandesa de Ámsterdam, cuyo algoritmo de regresión polinómica está integrado en todas las calculadoras de alta gama de Texas Instruments, disintió de los temores de calentamiento global provocado por el hombre y predijo un enfriamiento global inminente. Wysmuller cree que los aumentos de temperatura de hoy en día no están relacionados con los niveles de dióxido de carbono.

"El dióxido de carbono está aumentando, pero no está elevando las temperaturas", "Si controláramos las emisiones ahora, no evitaríamos que la capa de hielo se derritiera", "El mayor contribuyente a la producción de dióxido de carbono en la atmósfera es el calentamiento de los océanos", "El aumento actual en la temperatura y los niveles de dióxido de carbono se están acercando a los niveles que existían justo antes de la edad de hielo más reciente. Lo que significa que nos estamos acercando a un período en el que las temperaturas comenzarán a disminuir y los patrones climáticos cambiarán drásticamente".

Robert Rose: Profesor y científico ingeniero de Materiales en el MIT (Massachusets Institute of Technology), con aproximadamente 50 años de experiencia en la enseñanza, vinculó los ciclos de calentamiento y enfriamiento con la órbita, la inclinación y el bamboleo de Chandler del eje de rotación de la Tierra.
"Claramente, las predicciones de los modelos climáticos no son hechos, son modelos informáticos", "Nos estamos esforzando mucho por desarrollar simulaciones por ordenador para predecir la contribución de nuestras actividades al calentamiento, y las cosas no son tan fáciles. Estos modelos no se pueden probar experimentalmente y se diseñan principalmente ajustándolos al comportamiento pasado", "El calentamiento global está ocurriendo como lo ha hecho muchas veces en el pasado y continuará durante algunos años antes de que comience el ciclo de enfriamiento y los glaciares tomen el relevo, como lo han hicieron en el pasado".

Craig Loehle: Licenciado en Ciencias forestales, investigador del Departamento de Energía y del Consejo Nacional para el Mejoramiento del Aire y las Corrientes de Estados Unidos. Ha publicado más de 100 artículos científicos revisados por pares, asistiendo a la escéptica Conferencia Internacional sobre el cambio climático en 2008 en la ciudad de Nueva York.
"Un obstáculo importante para la ciencia no es la ignorancia sino el conocimiento", "Lo que negaría es que los anillos de los árboles sean buenos termómetros, pero esta es una visión científica basada en mi conocimiento de los árboles, no una visión política", "Dentro de los Estados Unidos, la afirmación de que los efectos climáticos nocivos ya pueden ser detectados, es una hipótesis totalmente subjetiva y sin fundamento", "No soy un negacionista y mi reciente artículo... atribuye alrededor del 40% del calentamiento reciente a la actividad humana, estimando que es-

to equivale a una atmósfera sin retroalimentación", "El Período Cálido Medieval era 0,3 °C más cálido que el siglo XX".

William M. Gray: Profesor emérito de Ciencias Atmosféricas en la Universidad de Colorado y jefe del Proyecto de Meteorología Tropical, con 80 artículos y 60 informes de investigación. Ha mantenido una postura en contra del calentamiento antropogénico, afirmó que los científicos apoyaban el consenso científico sobre el cambio climático porque temían perder las subvenciones y que el cambio climático ha sido promovido por las elites de los gobiernos y los ambientalistas que buscan un gobierno mundial. Si bien ha estado de acuerdo en que el el calentamiento global ha estado ocurriendo, ha llegado a argumentar que los seres humanos solo son responsables de una pequeña parte y que en gran medida es una parte del ciclo natural de la Tierra.

Peter Webster

Wikimedia Commons. Author: Josh Meister. File: Peter-Webster-Summer-2016-Georgia-Tech-Alumni-Magazine-(Web).jpg .CC BY-SA 4.0. Converted to black and white

Profesor del Instituto de Tecnología de Georgia, meteorólogo y dinamista climático relacionado con la dinámica de los sistemas acoplados océano-atmósfera a gran escala en los trópicos. Rechazó la investigación sobre el calentamiento global porque creía que no estaba a la altura necesaria.

Sus frases: "Este pequeño calentamiento es probablemente el resultado de las alteraciones naturales en las corrientes oceánicas globales que son impulsados por las variaciones de salinidad de los océanos. Las variaciones de la circulación del océano son aún poco comprendidas. La especie humana tiene poco o nada que ver con los cambios de temperatura recientes. No somos tan influyentes".

"Soy de la opinión de que el calentamiento global es uno de los mayores engaños jamás perpetrado contra la sociedad". "Hay muchas personas con un interés personal en este asunto. La idea es asustar al público, para conseguir dinero y seguir investigando"

Michael Shellenberger

Wikimedia Commons. Author: Michael Shellenberger. File :Shellenberger2024.jpg CC BY 4.0. Converted to B&W

Ambientalista, antropólogo cultural y ecólogo, lleva décadas luchando por un planeta más verde. Ayudó a salvar las últimas secuoyas desprotegidas del mundo. Encabezó un esfuerzo exitoso de científicos y activistas del clima para mantener las plantas nucleares en funcionamiento, evitando un aumento de las emisiones. En 2019, cuando algunos afirmaron que "miles de millones de personas van a morir", lo que contribuyó al aumento del miedo y la ansiedad, incluso entre los más jóvenes, decidió que, como activista ambiental de toda la vida, destacado experto en energía y padre de una hija adolescente, necesitaba hablar para separar la ciencia de la ficción.

Sus frases: "Las muertes por clima extremo, incluso en los países pobres, disminuyeron un 80 % en las últimas cuatro décadas. Y el riesgo de calentamiento de la Tierra a temperaturas muy altas es cada vez más improbable gracias a la desaceleración del crecimiento de la población y la abundancia de gas natural", "Curiosamente, las personas más alarmistas sobre los problemas también tienden a oponerse a las soluciones obvias", "Detrás del ecologismo apocalíptico hay poderosos intereses financieros y deseos de estatus y poder. Pero sobre todo, hay un deseo de trascendencia entre muchas personas. Este impulso espiritual puede ser natural y saludable, pero al predicar el miedo sin amor y la culpa sin redención, la nueva religión no está satisfaciendo nuestras necesidades psicológicas y existenciales más profundas"."El cambio climático es real, pero no es el fin del mundo. Ni siquiera es nuestro problema ambiental más grave

John Clauser

Wikimedia Commons. Author: Peter Lyons. File :John Francis Clauser (cropped).jpg - CC BY-SA 4.0. Converted to B&W.

Científico estadounidense que ganó el Premio Nobel de Física en 2022, gracias a su trabajos en mecánica cuántica, sus trabajos condujeron al desarrollo de computadoras, redes, y comunicaciones crípticas cuánticas. En 2023, Clauser ofreció un discurso en el evento científico "Quantum Korea", donde dijo: "puedo decir con seguridad que no hay una crisis climática real, y que el cambio climático no causa eventos climáticos extremos". Su escepticismo se manifiesta firmando la declaración World Climate Declaration con el título "There is no climate emergency" en 2023 junto a 1.600 científicos, de la que ya hemos hecho mención, promovida por la organización CLINTEL (Climate Intelligence), que es una fundación independiente que opera en los campos del cambio climático y la política climática, fundada en 2019. Durante su discurso en Corea del Sur, manifestó su escepticismo frente al Grupo Intergubernamental de Expertos sobre el Cambio Climático (IPCC, por sus siglas en inglés), acusándolo de "generar ciencia incorrecta". A John Clauser, conocido por su trabajo en mecánica cuántica, se le negó la oportunidad de hablar en el Fondo Monetario Internacional (FMI) después de expresar puntos de vista disidentes sobre el cambio climático.

Su trabajo pionero en mecánica cuántica lo llevó a obtener recientemente el Premio Nobel de Física en 2022, en particular es conocido por la desigualdad Clauser-Horne-Shimony-Holt (CHSH) y la formulación de la teoría del Realismo Local (Clauser-Horne).

"No creo que haya una crisis climática", "El mundo en el que vivimos hoy está lleno de desinformación. Depende de cada uno de ustedes servir como jueces, distinguiendo la verdad de la falsedad en base a observaciones precisas de los fenómenos". "En mi opinión, no existe una verdadera crisis climática. Sin embargo, existe un problema muy real a la hora de ofrecer un nivel de vida decente a la mayoría de la población mundial y una crisis energética asociada. Esta última la están agravando con lo que, en mi opinión, es una teoría climática incorrecta".

Freeman Dyson

Wikimedia Commons. Author: ioerror..File :Freeman Dyson (2005).jpg . CC BY-SA 2.0. Converted to B&W

Físico teórico y matemático, profesor emérito en el Instituto de Estudios Avanzados en Princeton y miembro de la Royal Society. Fue un reconocido experto en asuntos climáticos y una de las figuras más célebres de la física del siglo XX. Fue autor de la teoría de la esfera Dyson que explica que ciertas civilizaciones podrían estar usando una megaestructura como cubierta esférica de talla astronómica alrededor de una estrella, la cual permitiría a una civilización avanzada aprovechar al máximo la energía lumínica y térmica del sol, a tenor por la inexplicable perdida de intensidad lumínica de ciertas estrellas.

Dyson ha realizado contribuciones significativas en diversos campos científicos como la teoría cuántica de campos, astrofísica, matrices aleatorias, formulación matemática de la mecánica cuántica, física de la materia condensada, física nuclear e ingeniería.

A pesar de todas sus dudas sobre la capacidad de los mortales para calcular algo tan complejo como los efectos del cambio climático, confiaba lo suficiente en nuestra fabricación de herramientas como para proponer una solución: si los niveles de dióxido de carbono se volvieran demasiado elevados, se podrían plantar bosques de árboles genéticamente alterados para eliminar el exceso de moléculas del aire. Eso liberaría a los científicos de problemas que él consideraba más inmediatos, como el alivio de la pobreza y la evitación de la guerra.

Descarto el consenso sobre los peligros del cambio climático provocado por el hombre como "pensamiento de tribu". Dudaba de la veracidad de los modelos climáticos diciendo que las predicciones de muchos expertos son optimistas y que se basan menos en la ciencia que en la ilusión.

En el libro "The Scientist as Rebel" (2006), fue publicado por Dyson, se cuestionó abiertamente el papel de la actividad humana en el calentamiento global y el cambio climático. Posteriormente desacreditó a la industria climática como una estafa: "Los problemas más urgentes y reales, como la sobrepesca de los océanos y la destrucción del hábitat de la vida silvestre en la tierra, se descuidan, mientras que los activistas ambientales pierden su tiempo y energía despotricando sobre el cambio climático", "El dióxido de carbono, temido por los alarmistas del clima, en realidad beneficia al planeta en lugar de perjudicarlo", "Los modelos climáticos utilizados por los defensores del calentamiento global solo son útiles para comprender el clima actual o pasado, no para predecir el futuro ambiental", "El dióxido de carbono en la atmósfera está fuertemente unido a otros reservorios de carbono en la biosfera, la vegetación y el suelo, que son tan importantes o más. Es un error considerar solo la atmósfera y el océano, como hacen los modelos climáticos, y pasar por alto los otros depósitos", "El clima de la Tierra es un sistema sumamente complicado y nadie se acerca a su comprensión", "El aumento del dióxido de carbono está resultando en un incremento en los rendimientos agrícolas, en la expansión de los bosques y en el crecimiento de la biología terrestre. Desde el espacio, se puede observar cómo toda la Tierra se vuelve más verde como consecuencia de esto", "El exceso de carbono en el aire es bueno para las plantas, y el aumento de temperaturas podría prevenir otra edad de hielo", "La ciencia es emocionante porque está llena de misterios sin resolver, y la religión es emocionante por la misma razón", "Los mayores misterios sin resolver son los misterios de nuestra existencia como seres conscientes en un pequeño rincón de un vasto universo".

Ross McKitric

Wikimedia Commons. Author:Ross McKittrick. File Ross McKitrick.jpg CC BY-SA 3.0. Converted to B&W

Profesor de Economía de la Universidad de Guelph (Ontario). Su investigación encontró una fuerte correlación entre los datos de temperatura de la superficie y el PIB (producto interior bruto) de una nación. Un análisis usando el método de regresión lineal, reveló que el PIB, es decir la actividad económica, explica solo casi la mitad del calentamiento observado durante el período. "He estado investigando el calentamiento global durante más de una década. En colaboración con una cantidad de excelentes coautores siempre he encontrado que cuando se extraen las capas de información, lo que está en medio es sistemáticamente erróneo, engañoso o simplemente inexistente", "Me exaspera ver que mis colegas académicos, y otros que deberían saber más, se alinean con el supuesto consenso del calentamiento global, sin molestarse siquiera en investigar cualquiera de las flagrantes discrepancias científicas y defectos de procedimiento"

Jennifer Marohasy: Bióloga australiana que fue directora de la Fundación Australiana para el Medio Ambiente, coinvestigadora junto al informático John Abbot. "El consenso actual sobre el cambio climático, está construido sobre una base defectuosa, decidida hace casi un siglo, cuando se trabajaba para conocer el potencial de absorción de calor del dióxido de carbono. Tan poco trabajo se ha hecho desde ese momento a nivel mundial que es imposible demostrar que el dióxido de carbono tiene la capacidad de impactar en las temperaturas mundiales", "Hubo una época conocida como Periodo Cálido Medieval, que se extendió desde aproximadamente 986 a 1234, en la que las temperaturas eran aproximadamente iguales a las de hoy. Con esto se hace evidente que el planeta se habría calentado, con independencia de las emisiones de dióxido de carbono por el ser humano a la atmósfera durante cien años".Ambos comenzaron a recolectar datos de estudios previos que ofrecían lecturas de la temperatura durante los últimos 2.000 años, en concreto datos de anillos de árboles y de núcleos de coral, e incorporaron esos datos en una red neuronal para predecir las precipitaciones en Australia. La computadora predijo que las temperaturas aumentarían en idéntica medida a como lo hubieran hecho en ausencia de dióxido de carbono añadido, lo que sugiere que el dióxido de carbono no es la causa, y una vez más, que haya cierta correlación no implica que haya causación. Sus resultados también mostraron que los promedios de temperatura global disminuyeron después de 1980, lo cual coincide con la desaceleración observada por otros científicos. Según estos, el calentamiento que ahora estamos experimentando es sobre todo natural y muy probablemente se reducirá tal como lo ha hecho en el pasado, independientemente de las emisiones de dióxido de carbono.

Chad Myers: Veterano meteorólogo de la CNN, certificado por la Sociedad Meteorológica Estadounidense. "Pensar que podríamos afectar tanto el clima es bastante arrogante" "La madre naturaleza es tan grande, el mundo es tan grande, los océanos son tan grandes, que creo que vamos a morir por falta de agua dulce o por la acidificación de los océanos, antes de morir por el calentamiento global, sin duda". "Tenemos 100 años de datos, no millones de años como tiene el planeta".

Bjorn Lomborg: Economista y ambientalista, profesor en la Universidad de Copenhage, que fue miembro de Greenpeace, muy conocido por su obra: "El ecologista escéptico".
"El pánico por el cambio climático está causando más daño que bien. Sabemos que los huracanes azotan nuestras costas. Los incendios forestales hacen estragos en todo el oeste de Estados Unidos. Los glaciares colapsan en el Ártico. Los políticos, los activistas y los medios de comunicación defienden un mensaje común: el cambio climático está destruyendo el planeta y debemos tomar medidas drásticas de inmediato para detenerlo. Los niños entran en pánico por su futuro, y los adultos se preguntan si es ético traer nuevas vidas al mundo", "El cambio climático es real, pero no es la amenaza apocalíptica que nos han dicho que es. Las proyecciones de la inminente desaparición de la Tierra se basan en mala ciencia y en una economía aún peor. Presos del pánico, los líderes mundiales se han comprometido a aplicar políticas tremendamente costosas pero en gran medida ineficaces que obstaculizan el crecimiento y desplazan las inversiones más apremiantes en capital humano, desde la inmunización hasta la educación", "Lo peor es que el relato ha sido adquirido por políticos, que gastan ingentes cantidades en remediar

los aumentos de temperatura que aun no sabemos, con energías alternativas que son ineficientes y con normas sobre alimentación y transporte, que ellos nunca cumplirán".

W. M. Schaffer: Profesor e investigador de Ecología y Biología Evolutiva de la Universidad de Tucson (Arizona), ex miembro de la Asociación Americana para el Avance de la Ciencia, autor de más de 80 publicaciones científicas y autor del artículo: "Población humana y dióxido de carbono". "Me preocupa la aplicación del pensamiento esencialmente lineal, a lo que podría decirse que es la madre de todos los sistemas dinámicos no lineales, es decir, el clima","Creo que es probable que los ciclos climáticos naturales sean las huellas dactilares de un comportamiento caótico que es impredecible a largo plazo", "La reciente falta de calentamiento frente a los continuos aumentos de dióxido de carbono, sugiere que los efectos del forzamiento de los gases de efecto invernadero han sido exagerados; se ha subestimado la importancia de la variabilidad natural y los aumentos del dióxido de carbono atmosférico y la temperatura en décadas anteriores pueden ser una coincidencia en lugar de una causa", "Me temo que las cosas podrían ir fácilmente en sentido contrario, que el clima podría enfriarse, tal vez significativamente; que las consecuencias de una nueva Pequeña Edad de Hielo serían catastróficas y que dichas consecuencias se podrían agravar si mientras tanto adoptamos prescripciones calentistas. Esta posibilidad, más la ley de las consecuencias no deseadas, me lleva a ver las soluciones de ingeniería global propuestas como una locura. En primer lugar, no hacer daño, debería ser la consigna de quienes proponen políticas", "Creo que el entusiasmo de muchos de mis colegas por la visión consensuada del cambio climático está motivado en parte por consideraciones ajenas a la ciencia. Si estoy en lo cierto, la verdad del asunto inevitablemente se conocerá ampliamente y las consecuencias para la ciencia, serán severas".

Nir Shaviv: Climatólogo y astrofísico en la Universidad Hebrea de Jerusalén. Basando su opinión en algunos servidores proxy de la actividad solar durante los últimos siglos: "Más o menos dos tercios del calentamiento durante el siglo XX puede atribuirse al aumento de la actividad solar y el resto a causas antropogénicas".

Lynne Balzer: Profesora e investigadora del Instituto Faraday de Londres, en su obra "Exponiendo la Gran Mentira del cambio climático" (2023), explica por qué las soluciones propuestas por los defensores del cambio climático antropogénico como: parques solares y eólicos, biocombustibles, vehículos alimentados por baterías,.. no solo son poco prácticos e insostenibles, sino que en realidad son destructivos para el medio ambiente y que durante años la gente que trabaja en agencias como la NASA y la NOAA (National Oceanic and Atmospheric Administration), han estado manipulando los datos de las temperaturas, bajando las temperaturas pasadas y elevando las cifras más recientes para dar la impresión de que las temperaturas han aumentado. "Un verdadero científico nunca manipula los datos, no habría necesidad de esto si las premisas fueran correctas","La narrativa del cambio climático no se basa en la ciencia real, siendo en una estafa, al usurpar la causa ambientalista, ya que el mundo no se está quedando sin petróleo y los parques eólicos y solares no son la respuesta a nuestra energía", "En realidad, no existe un consenso científico sobre el calentamiento global causado por el hombre, y se nos ha mentido repetidamente. Las personas en el poder que están impulsando esta narrativa admiten que no se trata de un problema ambiental, sino de un intento de obtener un control total de nuestras vidas, pero el conocimiento es poder, y cuanto más sepamos sobre este tema, mejor podremos resistir la propaganda".

Robert M. Carter: Paleontólogo, estratígrafo y geólogo marino inglés, fue profesor y director de la Escuela de Ciencias de la Tierra de la Universidad James Cook en Australia e investigador del Laboratorio Marino de Geofísica de esa misma universidad. "Las estadísticas aceptadas de temperaturas medias globales usadas por el IPCC, muestran que no hay datos con base firme, de calentamiento". "Es dudoso si algún calentamiento global esté ocurriendo en este momento, y menos aún que sea de origen humano".

Vincent R. Gray: Químico del carbón, fundador de la Coalición de la Ciencia Climática de Nueva Zelanda: "Las dos principales afirmaciones supuestamente científicas" del IPCC son: en primer lugar el planeta se está calentando, y en segundo lugar, el responsable del calentamiento es el incremento de las emisiones de dióxido de carbono. La evidencia correspondiente a ambas afirmaciones es fatalmente defectuosa"

Hendrik Tennekes: Director retirado de investigación en el Real Instituto Holandés de Meteorología: "La adhesión ciega a la idea disparatada de que tales modelos climáticos pueden generar simulaciones realistas del clima es la principal razón de por qué soy un escéptico climático".

Antonino Zichichi: Profesor emérito italiano de Física nuclear en la Universidad de Bolonia y presidente de la Federación Mundial de Científicos: "Los modelos usados por el IPCC son incoherentes e inválidos desde un punto de vista científico" "No es posible excluir que los fenómenos observados tengan causas naturales. Y podría ser que el humano poco o nada tenga que ver".

Khabibullo Abdusamatov: Matemático, astrofísico jefe del laboratorio de investigación espacial en el Observatorio de Pulkovo

(San Petersburgo), supervisor del proyecto "Astrometría" de la sección rusa de la Estación Espacial Internacional. Cree que el calentamiento global es causado principalmente por procesos naturales. "El calentamiento global no resulta de la emisión de gases de invernadero a la atmósfera, sino de una inusualmente alto nivel de radiación solar casi en todo el último siglo, que sigue aumentando en intensidad. Las propiedades del efecto invernadero de la atmósfera terrestre no están científicamente probadas. Al calentarse los gases de invernadero, volviéndose más livianos como resultado de la expansión, ascienden solo para absorber calor"

Sallie Baliunas: Astrónoma estadounidense, del Centro de astrofísica Harvard-Smithsonian: "Las recientes tendencias al calentamiento en la temperatura superficial no ha sido causada por el incremento de los gases de invernadero antropogénicos en el aire".

Ian Clark: Hidrogeólogo canadiense, profesor, Departamento de Ciencias de la Tierra de la Universidad de Ottawa: "La porción de la comunidad científica que atribuye la subida de temperaturas al dióxido de carbono emitido antropogénicamente, en la hipótesis de que ese incremento, que de hecho influye menos que otros gases en el efecto invernadero, desencadena como respuesta un gran aumento de vapor agua para calentar la atmósfera. Ese mecanismo nunca ha sido testado científicamente, más allá de los modelos matemáticos que predicen el calentamiento extensamente, y se confunden por la complejidad de la formación de las nubes, que tienen un efecto de enfriamiento", "Sabemos que el sol fue responsable de cambios climáticos en el pasado, y está claro que desempeña un papel principal en el presente y en futuros cambios climáticos. Es interesante, que la actividad solar ha comenzado recientemente un ciclo de baja radiación".

David Douglass: Físico del estado solido, profesor del Departamento de Física y Astronomía de la Universidad de Rochester: "El patrón observado de calentamiento, comparando la superficie y las tendencias de la temperatura atmosférica, no muestra la huella característica asociada con el calentamiento de efecto invernadero. La conclusión ineludible es que la contribución humana no es significativa y que los aumentos observados en el dióxido de carbono y otros gases de invernadero representan sólo una contribución insignificante al calentamiento climático".

Don Easterbrook : Profesor emérito de geología, de la Universidad Western Washington: "El cambio climático desde el año 1900 bien podría haber ocurrido sin ningún efecto del dióxido de carbono. Si los ciclos continuaran como en el pasado, la parte cálida del ciclo debe terminar pronto y las temperaturas globales deberían bajar ligeramente hasta alrededor de 2035".

William Kininmonth : Meteorólogo australiano, delegado en la Comisión de Climatología de la Organización Meteorológica Mundial: "Se ha producido un cambio climático real durante los siglos XIX y XX, que puede atribuirse a fenómenos naturales. La variabilidad natural del sistema climático ha sido subestimada por el IPCC para el que, hasta ahora, dominan las influencias humanas".

George Kukla : Profesor retirado de Climatología en la Universidad de Columbia e investigador en el Observatorio Lamont Doherty, afirmó en una entrevista: "Lo que pienso es esto: el humano es responsable de una parte del calentamiento global. La mayor parte es todavía natural"

David Legates: Profesor de Geografía y director del Centro de Estudios Climáticos de la Universidad de Delaware: "Alrededor de la mitad del calentamiento durante el siglo XX se produjo antes de los años cuarenta, y todo o casi todo el aumento de temperaturas, es natural".

Tad Murty: Oceanógrafo, experto en tsunamis y profesor del Departamentos de Ingeniería Civil y Ciencias de la Tierra de la Universidad de Ottawa: "El calentamiento global es el fraude científico más grande que se ha perpetrado a la humanidad. No hay calentamiento global debido a las actividades antropogénicas. El ambiente no ha cambiado mucho en 280 millones de años, y no siempre han sido los ciclos de calentamiento y enfriamiento. El período Cretácico fue el más cálido de la Tierra. Usted podría tener plantas de tomate en el Polo Norte".

Tie Paternóster: Paleoclimatólogo, profesor de Geología en la universidad de Carleton en Canadá: "No existe una correlación significativa entre los niveles de dióxido de carbono y la temperatura de la Tierra. De hecho, cuando los niveles de dióxido de carbono estuvieron diez veces más altos que hoy, hace alrededor de 450 millones de años, el planeta estaba en el periodo absolutamente más frío de los últimos 5.000 millones de años. Sobre la base de esta evidencia, ¿cómo podría alguien todavía creer que el aumento relativamente pequeño de los últimos niveles de este gas sería la causa principal del modesto calentamiento actual?".

Ian Plimer: Profesor emérito de Geología de Minas de la Universidad de Adelaida (Australia): "Solo tenemos que tener un volcán en erupción y habremos cambiado el clima del planeta entero. Parece como si el dióxido de carbono siguiera realmente al cambio climático en lugar de conducirlo".

Harrison Schmitt: Geólogo, senador y astronauta estadounidense, consejero del NASA Advisory Council, profesor adjunto de ingeniería física en la Universidad de Wisconsin Madison: "No creo que el efecto del ser humano sea significativo en comparación con el efecto natural".

Tom Segalstad: Director del Museo de Geología de la Universidad de Oslo: "La curva de temperatura del IPCC (curva tipo "palo de hockey") está en un error. La influencia humana sobre el efecto invernadero es mínima (máximo 4%).

Fred Singer: Físico, profesor emérito de Ciencias Ambientales en la Universidad de Virginia: "El efecto invernadero es real. Sin embargo, su efecto es minúsculo, insignificante, y muy dificultoso de detectar", "No es cierto que el calentamiento sea malo, yo creo que el calentamiento es bueno, y lo mismo piensan muchos economistas".

Willie Soon : Astrofísico malayo-estadounidense, del Centro de Astrofísica Harvard-Smithsonian: "Hay pruebas cada vez más contundentes de que las conclusiones de investigaciones anteriores, incluidos las de Naciones Unidas y del gobierno de Estados Unidos sobre la subida de temperaturas en el siglo XX, pueden haber sido influidas por la subestimación de las variaciones naturales del clima. La conclusión es que si estas variaciones son de hecho demostradas como ciertas, entonces, las fluctuaciones naturales del clima podrían ser un factor dominante en el calentamiento reciente. En otras palabras, los factores naturales podrían ser más importantes de lo que antes se creía".

Roy W. Spencer: Experto en mediciones de temperatura por satélite, científico principal, de la Universidad de Alabama en Huntsville: "Puedo predecir que en los próximos años habrá una creciente conciencia entre la comunidad científica de que la mayoría de los cambios climáticos que hemos observado son naturales, y que el papel de la humanidad es relativamente menor".

Philip Stott: Profesor emérito de Biogeografía de la Universidad de Londres: "El mito está comenzando a implosionar. Serios estudios de la Sociedad Max Planck, indican que el factor más significativo del calentamiento global es el Sol".

Henrik Svensmark: Físico investigador del Centro Espacial Nacional Danés: "Nuestro equipo ha descubierto que los pocos rayos cósmicos que alcanzan el nivel del mar juegan un papel importante en el clima todos los días. Ellos contribuyen a hacer nubes bajas, que en gran medida regulan la temperatura de superficie de la Tierra. Durante el siglo XX la entrada de los rayos cósmicos disminuyó, con la consiguiente reducción de la nubosidad, lo que permitió que el planeta se calentase. La mayor parte del calentamiento durante el siglo XX se explica por una reducción de la cubierta de nubes bajas".

Nigel Lawson: Ministro del gobierno de Margaret Thatcher, fue uno de los primeros disidentes de la teoría oficial atreviéndose en 2009 a calificar el "Calentamiento Global" como "la gran mentira".

Félix Rodríguez de la Fuente: Naturalista español: "Estos gigantes de hielo están avanzando porque vamos hacia una nueva glaciación" (en un viaje a Canadá).

Jan Veizer: Geoquímico ambiental, profesor emérito de la Universidad de Ottawa: "En esta etapa, parecen factibles dos escenarios posibles del impacto humano sobre el clima: en primer lugar el modelo estándar del IPCC, que aboga por el rol principal de los gases de efecto invernadero, particularmente del dióxido de carbono y en segundo lugar, los modelos y las observaciones empíricas, que son dos herramientas indispensables de la ciencia. Sin embargo, cuando surgen discrepancias, las observaciones deben tener más peso que las teorías. Si es así, hay una multitud de observaciones empíricas que indican que los fenómenos celestes son el piloto más importante del clima terrestre en la mayoría de las escalas del tiempo. El juez final será el tiempo".

Yungas-Ichi Akasofu: Climatólogo japonés, profesor retirado de geofísica y Director Fundador del Centro Internacional de Estudios Árticos de la Universidad de Alaska: "El método de estudio adoptado por el CLIP de que la mayoría del aumento observado en las temperaturas medias mundiales desde mediados del siglo XX es muy probable que sea debido al aumento observado en las concentraciones antropogénicas de gases de efecto invernadero; es fundamentalmente defectuoso, y genera conclusiones carentes de fundamento. Contrariamente a esta declaración, no hay hasta ahora ninguna evidencia definitiva de que la mayoría del calentamiento actual se deba al efecto invernadero. El IPCC debería reconocer que el rango de cambios naturales observados no debería ser ignorado, por lo que su conclusión debería ser muy provisional. El término "mayoría" en su conclusión no tiene fundamento".

Claude Allègre: Geoquímico francés, Instituto de Geofísica de París: "El incremento en el contenido de dióxido de carbono de la atmósfera es un hecho observado y la humanidad es ciertamente responsable. A largo plazo, ese incremento será sin duda dañino, pero su exacto papel en el clima global esta menos claro. Varios parámetros aparecen más importantes que el dióxido de carbono. Considerar el ciclo del agua y la formación de distintos tipos de nubes o las fluctuaciones de la intensidad de la radiación solar en la escala anual y de siglo, que parecen estar mejor correlacionadas con efectos de calentamiento que la variación del contenido de dióxido de carbono".

John Christy: Climatólogo, profesor de Ciencias de la Atmósfera y director del Centro de Ciencias del Sistema Tierra en la Universidad de Alabama, que fue colaborador de varios informes del IPCC: "Estoy seguro de que la mayoría (aunque no todos), de mis colegas del IPCC se avergüenzan con lo que digo aquí, pero no veo ni la catástrofe en desarrollo ni la pistola humeante que demuestre que la actividad humana es la culpable de la mayor parte del calentamiento que vemos. Más bien, veo una dependencia de los modelos climáticos (útiles, pero nunca una prueba) y la coincidencia de que los cambios en el dióxido de carbono y las temperaturas globales han tenido poca coincidencia".

Petr Chyleck: Climatólogo, investigador del Space and Remote Sensing Sciences (Los Alamos National Laboratory): "El dióxido de carbono no debería considerarse como una fuerza dominante detrás del calentamiento actual.¿Que parte del aumento de la temperatura puede adjudicarse al dióxido de carbono, a cambios en la actividad solar, o a la variabilidad natural del clima?. Se mantiene incierto".

William R. Cotton: Meteorólogo, profesor de Ciencias de la Atmósfera de la Universidad de Colorado: "Es una cuestión sin resolver si los cambios antropogénicos en el clima son lo suficientemente grandes como para ser detectados por el ruido de la variabilidad natural del sistema climático".

David Deming: Profesor de Geología en la Universidad de Oklahoma: "La cantidad de calentamiento climático que ha tenido lugar en los últimos 150 años es muy limitada, y se desconoce si su causa es humana o natural. No hay ninguna base científica sólida para predecir el cambio climático en el futuro con cierto grado de certeza. Si el clima se calentara, hasta es probable que fuera beneficioso para la humanidad en vez de perjudicial. En mi opinión, sería absurdo establecer la política energética nacional sobre la base de informaciones erróneas, irracionales e histéricas".

Chris de Freitas: Profesor asociado en la Escuela de Geografía, Geología y Ciencias Ambientales de la Universidad de Auckland (Nueva Zelanda): "Hay evidencia de calentamiento global, pero ese calentamiento no confirma que el dióxido de carbono lo cause. El clima ha sido siempre calentamiento o enfriamiento. Para apoyar el argumento de lo que el dióxido de carbono está causando la subida de temperaturas, la prueba tendría que distinguir entre los efectos causados por el ser humano y las causas naturales. Y eso no se ha hecho".

Richard Lindzen: Físico, meteorólogo, con varios libros y más de 200 artículos, profesor de la cátedra Alfredo P. Sloan de Ciencias Atmosféricas en el Massachusets Institute of Technology (MIT), y miembro de la Academia Nacional de Ciencias de Estados Unidos: "Estamos bastante seguros, de que la temperatura global media es de cerca de 0,5 °C más alta que hace 100 años; que en los últimos dos siglos han subido los niveles atmosféricos de dióxido de carbono; y que este es un gas de efecto invernadero, cuyo aumento podría calentar el planeta (es uno de muchos gases de invernadero, aunque el más importante es el vapor de agua y las nubes). Pero no estamos en condiciones de atribuir de manera coherente el cambio climático al dióxido de carbono o de pronosticar lo que el clima hará en el futuro".

Michael Crichton: Médico, ensayista, y novelista, en su libro "Estado de miedo", expresa explícitamente su postura exacta ante las cuestiones tratadas en el libro: "Nadie sabe en qué medida la actual tendencia al calentamiento podría ser un fenómeno natural o si podría deberse a la actividad humana". "Históricamente, la pretensión de consenso ha sido el primer refugio de los sinvergüenzas. Es una forma de evitar el debate alegando que el asunto ya está zanjado. Seamos claros, el trabajo de la ciencia no tiene nada que ver con el consenso, que es asunto de la política. Lo relevante son los resultados reproducibles. Los más grandes científicos de la historia, fueron grandes precisamente porque rompieron con el consenso".

Craig D. Idso: Climatólogo, investigador en la Oficina de Climatología de la Universidad de Arizona, fundador del Center for the Study of Carbon Dioxide and Global Change: "El aumento del contenido de dióxido de carbono en el aire debería incrementar drásticamente la productividad global de las plantas, permitiendo que la humanidad incrementara la producción de alimentos, fibra y madera y por lo tanto siguiera alimentándose, vistiéndose, y proporcionando cobijo para el incremento de la población. Esta atmósfera más rica en dióxido de carbono será un bendición".

Sherwood Idso: Físico investigador y profesor adjunto de la Universidad de Arizona: "Se ha demostrado que el calentamiento ha sido positivo en el impacto en la salud humana, y el enriquecimiento atmosférico del dióxido de carbono ha mostrado mejorar las propiedades de los alimentos, y estimular su producción. No tenemos nada que temer de las crecientes concentraciones de este gas en la atmósfera y del calentamiento global".

Ian Plimer: Veterano profesor de Geología de Adelaida (Australia), autor de alrededor de 60 artículos académicos y seis libros, incluyendo su libro: "Cielo y Tierra. El Calentamiento Global: La ciencia que falta" (2009). Se basa en el registro geológico para descartar la posibilidad de que las emisiones humanas de dióxido de carbono conduzcan a consecuencias catastróficas para el planeta y asegura que se han exagerado los niveles de calentamiento actual en comparación con las temperaturas previas en el registro geológico, confundiendo el impacto del dióxido de carbono sobre el clima, así como la contribución de la humanidad a los niveles de ese gas.

Robert Carter: Profesor paleontólogo y geólogo de la universidad James Cook (Australia), autor de más de 10 libros, varios premios e innumerables artículos, explica por qué la variabilidad natural del clima es mucho mayor que cualquier componente humano. Argumentaba que El Niño representó la mayor parte de la variación de la temperatura global de los últimos cincuenta años.

John Abbot: Doctor en Química por la Universidad McGill (Montreal) y licenciado en Derecho por la Universidad de Queensland (Australia), con más de 120 publicaciones revisadas por pares en revistas científicas internacionales y más de una docena de publicaciones recientes en ciencia climática. John está interesado en comprender cómo cambian los sistemas naturales y la aplicación de métodos de inteligencia artificial para pronosticar las precipitaciones.

Alan Moran: Economista australiano autor de cuatro libros, incluidos tres sobre economía ambiental, entre los que se encuentra :"Climate Change: the Facts" y ha publicado docenas de artículos y presentaciones sobre privatización, energía y otros asuntos de política económica. Compara los costos considerables de tomar medidas en comparación con los beneficios potenciales relativamente menores de hacerlo.

Garth Paltridge: Físico atmosférico profesor de la universidad de Tasmania, con multitud de libros y artículos: "La ciencia misma se verá dañada por el fracaso de los pronósticos climáticos".

Jo Nova: Bióloga australiana, cronista de las extraordinarias sumas de dinero público concedidas a los activistas del cambio climático, en contraste con aquellos que cuestionan sus advertencias alarmistas.

Christopher Essex: Profesor de Matemáticas Aplicadas y Física en la Universidad de Ontario. "El sistema climático es mucho más complejo de lo que se ha presentado y hay mucho que aún no sabemos".

Robert Balling : Antiguo Director de la Oficina de Climatología de la Universidad de Arizona: "El IPCC afirma que no ha habido una aceleración significativa detectada en el aumento del nivel del mar en el siglo XX, pero esto no aparece en el resumen final del IPCC".

John Christy: Profesor de Ciencias Atmosféricas de la Universidad de Alabama, coinventor del primer sistema de registro de temperaturas por satélite: "El público desconoce el hecho de que la mayoría de científicos en el IPCC no estamos de acuerdo en que el calentamiento global esté ocurriendo. Sus hallazgos han sido consistentemente malinterpretados y/o politizados en cada sucesiva conclusión".

Rosa Compagnucci : Doctora en Ciencias Meteorológicas de la Universidad de Buenos Aires: "Los humanos hemos contribuido muy poco al calentamiento en la Tierra. Es la actividad solar la clave del clima".

Willem de Lange: Experto e investigador en Oceanografía y cambio climático de la Universidad de Waikato en Nueva Zelanda: "En 1996 el IPCC me nombró como uno de los 3.000 científicos que estaban de acuerdo en que había una influencia discernible del ser humano sobre el clima. No existe evidencia para apoyar la hipótesis de un cambio catastrófico de clima debido a actividades humanas".

Oliver Fraunfeld: Profesor de Ciencias Ambientales de la Universidad de Virginia: "Necesitamos mucho más progreso en nuestra comprensión del clima para modelizarlo".

John Everett : Biólogo de la NOAA, National Oceanic and Atmospheric Administration de EE.UU: "Es hora de una revisión realista. Los océanos y las costas han estado mucho más frías y mucho más cálidas que los escenarios proyectados. He revisado los informes del IPCC y mucha literatura científica reciente y creo que no hay por ejemplo problemas con la acidificación de los mares, incluso hasta los niveles más catastróficos previstos".

Eigil Friis-Christensen: Geofísico de la Universidad de Copenhague: "El IPCC rechazó considerar el efecto de Sol sobre el clima de la Tierra como una causa importante. Concibió como única tarea investigar causas humanas sobre el cambio del clima".

Lee Gerhard: Geólogo de la Universidad de Arkansas: "Nunca acepté ni negué el concepto de calentamiento global antropogénico hasta el furor que inició la NASA a finales de los 80. Fui a la literatura científica a estudiar las bases de esas afirmaciones, comenzando desde el principio. Mis estudios me llevaron a concluir que esas afirmaciones eran y son falsas".

Vicent de Gray: Químico neozelandés fundador del New Zealand Climate Science Coalition: "Las afirmaciones del cambio climático en el IPCC son una letanía de fraudes"

Mike Hulme: Doctor en Climatología, profesor del King's Collegue de Londres: "Afirmaciones como que 2.500 de los mejores científicos del mundo han llegado a un consenso sobre que las actividades humanas están teniendo una influencia significativa sobre el clima son falsas. El número real de científicos que apoyan eso son apenas algunas docenas"

Kiminori Itoh: Doctor en Química por la Universidad de Tokio: "Hay muchos factores que causan cambios en el clima. Considerar sólo los gases de efecto invernadero no tiene sentido".

Yuri Izrael: Antiguo vicepresidente del IPCC, director del Global Climate and Ecology Institute: "No hay una asociación demostrada entre la actividad humana y el calentamiento global. Creo que el pánico sobre el calentamiento global es injustificado. No hay ninguna amenaza sobre el clima"

Chris Landsea: Meteorólogo de la Universidad de Colorado: "No puedo de buena fe seguir contribuyendo a un proceso que me parece totalmente motivado por agendas preconcebidas y sin sustento científico".

Philip Lloyd : Físico nuclear e ingeniero químico: "He hecho un repaso minucioso de los resúmenes del IPCC para su aplicación a políticas públicas identificando el modo en que han distorsionado la ciencia. Estos dicen exactamente lo opuesto a lo que decimos los científicos"

Nils-Axel Morner: Experto en Paleogeofísica y Geodinámica de la Universidad de Estocolmo: "Si uno va por todo el globo terrestre, no encontrará aumentos en el nivel del mar".

Johannes Oerlemans: Experto en Paleoclimatología, Meteorología dinámica y glaciares de la Universidad de Utrecht: "El IPCC ha llegado a ser demasiado político. Muchos científicos no han sido capaces de resistirse al poder de la fama, las subvenciones y las cumbres pagadas en exóticos lugares, que les esperan si son capaces de dejar de lado los principios científicos y la integridad para apoyar la doctrina del calentamiento global creado por el hombre".

Roger Pielke: Doctor en Meteorología por la Universidad de Pennsylvania e investigador de la National Oceanic and Atmospheric Administration (NOAA) de EE.UU: "Todos mis comentarios fueron ignorados sin ninguna justificación. Hasta tal punto que concluí que los sumarios del IPCC estaban prediseñados para encajar con acciones políticas concretas, pero no para producir una comprensión honesta y real del sistema climático".

Richard Tol :Profesor de Economía del Clima en la Universidad de Sussex: "El IPCC ha atraído a más personas con intereses políticos que académicos. En las conferencias, los activistas ecologistas consiguieron refrendar sus posturas, excluyendo cualquier otra voz".

Tom Segalstad: Geólogo de la Universidad de Oslo: "El modelo de calentamiento global del IPCC no está apoyado por datos científicos".

Martin Manning: Físico nuclear experto en clima: "Algunos delegados de gobiernos influyen tanto en los resúmenes del IPCC para políticas públicas que se acaba contradiciendo a los principales autores científicos".

Gerd-Rainer Weber: Doctor en Meteorología por la Universidad de Berlín y Doctor en Ciencias Atmosféricas por la Universidad de Virginia: "La mayoría de las visiones oficiales extremistas sobre el cambio climático no tienen casi ninguna o ninguna relación con fundamentos científicos".

Hans Labohm: Economista experto en clima: "Los pasajes alarmistas en los resúmenes del IPCC para políticas públicas han sido sesgados y exagerados a través de un elaborado y sofisticado proceso de relaciones públicas y políticas".

Un artículo publicado relativamente reciente, titulado: "Evaluación del rendimiento de las proyecciones de modelos climáticos pasados", llegaba a afirmar erróneamente que los modelos climáticos han sido notablemente precisos en la predicción de temperaturas futuras. Siendo los autores de este artículo, modeladores climáticos, que por supuesto tienen un interés personal en convencer a la gente de que los modelos climáticos son precisos y dignos de financiación gubernamental continua; el hecho de que los autores sean modeladores climáticos no invalida las conclusiones del artículo, pero debería indicar la necesidad de un análisis cuidadoso de las afirmaciones de los autores. El artículo examina las predicciones realizadas por 17 modelos climáticos que se remontan a 1970, afirmando que 14 de ellos fueron notablemente precisos, y solo tres predijeron demasiado calentamiento. Una de las afirmaciones clave del artículo es que las emisiones globales han aumentado más lentamente de lo pronosticado, lo que explica por qué las temperaturas son más frías de lo que predecían los modelos. Los autores han compensado esta desaceleración de las emisiones, ajustando a la baja las temperaturas del modelo, pronosticadas para reflejar menos emisiones de las esperadas. Sin embargo, las emisiones de gases de efecto invernadero más bajas de lo esperado no hacen más que desvirtuar la narrativa de la crisis climática.

El Grupo Gubernativamente de Expertos sobre el cambio climático (IPCC) de Naciones Unidas redujo su proyección inicial de 0,3º C de calentamiento por década a solo 0,2º C por década.

Teniendo en cuenta que los escépticos suelen predecir aproximadamente 0,1º C por década, Naciones Unidas ha admitido que los escépticos han estado al menos tan cerca de la verdad con sus proyecciones como Naciones Unidas. Además, es probable que las temperaturas globales solo aumenten a un ritmo de 0,13º C por década, lo que está aún más cerca de las predicciones escépticas.

Incluso después de que los autores ajustaron las predicciones del modelo para reflejar menos emisiones de gases de efecto invernadero de las esperadas, sigue habiendo al menos un problema muy importante en las afirmaciones del este artículo: la afirmación de esa "notable precisión del modelo" se basa en un aumento sustancial de la temperatura entre 2015 y 2017. Precisamente un fuerte fenómeno El Niño causó el aumento a corto plazo de las temperaturas globales en este lapso de tiempo.

Otro problema con el documento es que utiliza conjuntos de datos de temperatura controvertidos y dudosamente ajustados, lugar de otros más confiables y realistas, ya que las mediciones de la temperatura de la superficie y las mediciones tomadas por instrumentos satelitales de alta precisión muestran un calentamiento bastante menor de lo que afirman los autores.

Al contrario de lo que se ha escrito en muchos informes en los medios de comunicación, la conclusión a la que podemos llegar sobre las afirmaciones de este documento, es que las emisiones de gases de efecto invernadero están aumentando a un ritmo más modesto de lo previsto y que el modesto ritmo de aumento de la temperatura global refleja el modesto ritmo de emisiones. Por tanto los modelos climáticos han predicho sistemáticamente un calentamiento excesivo, incluso después de tener en cuenta menos emisiones de gases de efecto invernadero de lo esperado.

X. LA ONU: UNA ORGANIZACIÓN SIMBÓLICA Y DISFUNCIONAL

El antecedente de la ONU fue La Sociedad de las Naciones (SDN) o Liga de las Naciones, que fue un organismo internacional creado por el Tratado de Versalles, el 28 de junio de 1919, que aunque fue a iniciativa del presidente Woodrow Wilson, lo que hizo que se le concediera el premio nobel de la paz, Estados Unidos nunca fue miembro de esta organización. Se constituyó con la finalidad de establecer las bases para la paz y la reorganización de las relaciones internacionales una vez finalizada la Primera Guerra Mundial y aunque no logró resolver las graves crisis internacionales que se plantearon en los años 1920 y 1930, tuvo su importancia, porque fue la primera organización de ese tipo de la historia. La Sociedad de las Naciones ayudó a solventar pacíficamente algunos conflictos durante la posguerra, en concreto durante 1924-1929 cuando se firmó el Tratado de Locarno (1925) y el Pacto Briand-Kellog (1928), pactos destinados a reforzar la paz en Europa, después de la Primera Guerra Mundial (Alemania entró en la Sociedad de Naciones en 1926). Sin embargo, cuando la situación internacional se complicó después de la gran depresión de 1929, la Sociedad de las Naciones, que se enfrentaba a los dos grandes totalitarismos: Nacionalsocialismo y Socialismo, se mostró totalmente incapaz de mantener la paz, de hecho llegaría la Segunda Guerra Mundial.

Conferencia de San Francisco por la que se crea la ONU. Fuente: Naciones Unidas.

Después de la finalización de la Segunda Guerra Mundial en el escenario del Pacifico, en Septiembre de 1945, los aliados llegaron a un acuerdo el 24 de Octubre de 1945 fundándose, inicialmente con 55 países miembros (actualmente 193 países la componen), la Organización de las Naciones Unidas (ONU), en San Francisco con un doble objetivo: la paz y la seguridad.

De sus diversas intervenciones en conflictos bélicos, ninguna tuvo éxito, acusándose a las fuerzas de paz de esta organización, de afectar a los civiles que fueron a proteger, incluyendo acusaciones sobre abusos sexuales ocurridos en la República Centroafricana y la incapacidad para evitar una masacre en Sudán del Sur, por ejemplo. Incluso se ha acusado a los "Cascos Azules" de haber introducido el cólera en Haití, lo que costó la vida a más de 10.000 personas. Sin ir más lejos, el actual conflicto de Ucrania pone de manifiesto, una vez más, la poca capacidad de la ONU para dirimir las disputas entre países y asegurar la paz. En un mundo reacio al multilateralismo, donde se intensifican las amenazas globales, se agudizan las desigualdades y se multiplican los conflictos; la ONU se ha convertido en un actor cada vez más marginal y cuestionado.

No cabe la menor duda que a esa elite de funcionarios, les conviene seguir una hoja de ruta de viajes y banquetes exóticos. En el año 2000 en Nueva York se celebró la Cumbre del Milenio, donde se firmo la llamada "Declaración del Milenio", constando esta de 8 objetivos que se diseñaron para un plazo de 15 años, no cumpliéndose ninguno de ellos. Siendo uno de los objetivos que propusieron los altos funcionarios de la organización, además de vivir bien ellos, la erradicación de la pobreza, pero la pobreza no se puede erradicar, salvo que seamos todos iguales, cosa que no es difícil de entender. El objetivo de llegar a unos ingresos por habitante de 1,5 dólares/día, se consiguió básicamente por el gran desarrollo alcanzado por países emergentes como India y China que se implicaron en la globalización, ese fenómeno de comercio sin fronteras a nivel mundial (aunque hay que decir que España llego mucho antes, ya en el siglo XVI). A esta situación de desarrollo global, se llega básicamente con la educación de la población, permitiendo inversiones exteriores y eliminando trabas al comercio internacional. Se produjo un aumento de la riqueza a nivel mundial sin precedentes en la historia, saliendo la humanidad de la pobreza mediante la operativa del sistema de economía de mercado (Capitalismo).

La ONU creó como más arriba se refleja, el IPCC (Intergubernamental Panel of Climate Change), del que ya se ha hablado, que recoge la información de científicos funcionarios y la examina, habiendo emitido hasta ahora 8 informes sobre el calentamiento del planeta, pero siempre, según estos informes, con un solo origen: el hombre. En el último de estos informes, de 2022 se reflejaba la gran alarma ante los cambios en el clima que se avecinan, no faltando a día de hoy un gran numero de paginas en internet, organismos, universidades, blogs, estados,...que asumen a pies juntillas los dictados de esta organización supraestatal.

Con el paso de los años, se ha ido produciendo un activismo relacionado con la postura climática, que comenzó siendo liderado por Al Gore, vicepresidente de EE.UU del gobierno Clinton y que después los estados europeos en gran medida, el gobierno de EE.UU, muchísimos estados y organismos han seguido con fidelidad.

William Jasper, autor del libro "A New World Religion", describe la religión de la ONU de esta manera: "La religión de la ONU es una extraña y diabólica convergencia de Misticismo de la nueva era, Panteísmo, Animismo Aborigen, Ateísmo, Comunismo, Socialismo, Luciferanismo Ocultista, Cristianismo Apóstata, Islamismo, Taoísmo, Budismo e Hinduismo".

En la Cumbre de Rio en 1992 se creó la Convención Marco de las Naciones Unidas sobre el Cambio Climático (CMNUCC), también llamada Conferencia de las Partes (COP por sus siglas en inglés), de la que se han realizado 28 sesiones anuales (la COP28 fue en Dubai en 2023). En dicha Cumbre se advierte de que el peligro proviene de los países ricos que inundan de dióxido de carbono el medio ambiente, provocando un calentamiento a nivel global, y que debemos abandonar el uso de la energía basada en los combustibles fósiles, por lo que la civilización industrial podría colapsar. En lo sucesivo la estrategia de la organización se ha ido orientando hacia una política basada en la vulnerabilidad para las personas más afectadas por las anomalías ambientales, sobre todo fenómenos meteorológicos extremos, lo que con el tiempo ha provocado que en la actualidad existan movimientos catastrofistas, que sin fundamento alguno, predestinan a la humanidad, en una especie de mesianismo marxista, reencarnado de nuevo en el siglo XXI, esta vez usando el clima como excusa."La posibilidad de redención de las generaciones actuales, basada en una flaca fuerza mesiánica, pasa por el encuentro con las generaciones pasadas. La filosofía de la historia se configura como la conciencia de la necesidad de luchar desde el presente por sacar del olvido al pasado", en palabras del filosofo marxista Walter Benjamin.

En 1995 se celebra la Cumbre de Pekín, la más importante sobre las conferencias sobre la mujer, que apuntaría a la perspectiva de genero y el empoderamiento de mujeres y niñas. Como curiosidad en esta cumbre se produjeron eventos musicales en los que se representaba, mostrando el feminismo más radical, el sometimiento del hombre por parte de las mujeres.

Naciones Unidas, con el paso de los años ha seguido una trayectoria que al parecer desembocará, si no sucede otra cosa, en una "dictadura constitucional" (término que denota la forma de gobierno dictatorial en la que el poder se concentra de manera autoritaria o totalitaria en las manos de un dictador o en este caso de un grupo), como sucedió en Cuba, Bielorrusia o China.

En este régimen, el control de los poderes: legislativo, ejecutivo y judicial, se realiza de forma directa o indirecta, en base a una normativa que resulta conveniente para la elite gobernante, por lo que no existe separación de poderes. El mecanismo mediante el cual se mantiene el aparente respeto a los principios del Estado de Derecho se realiza a través de una fachada constitucional con normas que obligan a los estados, y aquellos estados que disienten son sancionados, como ha sucedido, por ejemplo en algunos países de Europa, por lo que cabe decir que es un fraude ya que la soberanía de las naciones desaparece, los ciudadanos no expresan su opinión y por consiguiente la democracia deja de existir. En palabras del secretario general de la ONU en la década de 1950, Dag Hammarskjöld: "la ONU no fue creada para llevar a la humanidad al paraíso, sino para librarla del infierno", aunque después de los graves problemas en el sector primario, esas normas que solo hacen que empobrecer y la perdida gradual de democracia por falta de soberanía, hay que temerse que nos manda al infierno. Pero una cosa es la razón por la que fue creada y su funcionamiento en sus orígenes, ya que se trataba de un foro para evitar otra guerra mundial y superar la confrontación geoestratégica de la Guerra Fría, y otra muy distinta es su deriva actual. La invasión rusa de Ucrania y la guerra de Gaza han demostrado que el Consejo de Seguridad de la ONU está paralizado y es disfuncional y que la Asamblea General de las Naciones Unidas es más una institución simbólica que una agencia ejecutiva.

La agenda estatista de Naciones Unidas, con el objetivo numero 13 de su famosa Agenda 2030: "Acción por el clima", pretende alcanzar un doble objetivo a través de una planificación centralizada: la clase política, por un lado, pretende racionar o regular qué actividades emisoras de dióxido de carbono tenemos permitido realizar los ciudadanos, es decir cuántos vuelos podemos efectuar cada año; qué tipo de vehículos podemos usar y por dónde; durante cuántas horas y a que temperatura debemos tener el aire acondicionado, y por otro, también desean ser ellos quienes escojan cuáles han de ser las tecnologías que resultan más prometedoras para el avance de la transición energética (los combustibles fósiles quedan prescritos) y cuáles de todas ellas merecen ser financiadas con fondos públicos.

Dos problemas se derivan de esta planificación: En primer lugar los políticos o sus burócratas delegados no pueden disponer de toda la información necesaria para minimizar los errores en cada una de sus decisiones, ni conocen cuáles son las actividades generadoras de dióxido de carbono que cada individuo querría priorizar. Si se prefiere realizar x vuelos al año a cambio de no usar el coche o si se prefiere tener la temperatura de casa en una temperatura óptima a cambio de no viajar. Ni siquiera se dispone de la información necesaria para saber que tecnologías permiten impulsar de forma adecuada la transición energética. En segundo lugar la clase política se puede aliar o ser capturada por ciertos lobbies que desvíen sus intervenciones hacia la apropiación de rentas o parasitismo. Las elites de burócratas en Europa, siguiendo el programa de empobrecimiento, diseñado por la élite mundial, son las que han decidido la confrontación con las clases trabajadoras y clases medias en toda Europa; las que han destrozado el pequeño comercio, estableciendo zonas de bajas emisiones en las ciudades, imponiendo la obligación de entrar con coches caros, cuya tecnología no esta desarrollada, pero por otro lado beneficiando a los manteros, exentos de pagar impuestos y a las grandes superficies comerciales a las que se les conceden beneficios fiscales.

Esas directrices diseñadas por las elites desde Naciones Unidas son también las que han destrozado la industria, dinamitando centrales térmicas, desmantelando la industria nuclear en el continente europeo, incluida desde luego España y deslocalizando la industria del automóvil, porque han decidido que en el año 2035, habrá que comprar un coche eléctrico; son las que han traicionado al campo, permitiendo la entrada masiva de productos de fuera de Europa; son las que condenan a los jóvenes de los barrios humildes a vivir con inseguridad, mientras ellos viven protegidos; son las que suben los impuestos a todas las clases medias y trabajadores, pero luego crean normas fiscales para que los poderosos puedan dejar de pagar impuestos; son las que miran con desprecio al que tiene las manos encallecidas por el trabajo humilde o al que enarbola una bandera nacional; son las que cuando llegan pateras a las costas de España, llaman por teléfono a salvamento marítimo, en lugar de ir a recogerlas y enviarlas al sitio de procedencia, dejando a los ilegales sin identificar en puertos españoles para en tres horas estar en la calle, con sus necesidades cubiertas sin que tengan una orden de expulsión, inmigración que actúa por efecto llamada en connivencia con los traficantes de personas como bomba de succión de los bolsillos de los trabajadores; son las que quieren reescribir la historia inventando mentiras sobre nuestros héroes y nuestros mártires; son las que como ha sucedido recientemente, nombran a relatores especiales, una especie de cuasimodos de Naciones Unidas, independientes de esta, que investigan y se encargan de dar recomendaciones y hacer sondeos, como es el caso, de como fue la historia de España, validando la ley de Memoria Democrática y atacando las leyes autonómicas de Concordia. Francesca Albanese "relatora especial de la ONU sobre la situación de los derechos humanos en los territorios palestinos ocupados", casada con un alto funcionario de la Autoridad Palestina, a pesar de ser condenada por diversos países, sigue en el mismo puesto. Estos relatores se comportan como activistas operando en una organización como la ONU, que da por sentada la narrativa de la izquierda antisemita, que hoy vandaliza las universidades del mundo, por el conflicto entre Israel y Palestina.

La sociedad actual es muy tolerante, las ideas son cambiantes y por tanto no hay una clara división entre el bien y el mal. Por esta razón es posible técnicamente, cambiar la actitud popular hacia ideas, que en un principio la sociedad las considera inaceptables. Se está utilizando la técnica política de la "Ventana de Overton", ideada por Joseph. P. Overton, que consiste en que como la opinión publica admite determinadas medidas de los políticos, es decir existe una ventana de posibilidades en la toma de decisiones para los gobiernos; ventana que se puede agrandar en una especie de conspiración con la que atravesando diversas etapas se consigue manipular a la población, consiguiendo así las elites satisfacer sus intereses. Para ilustrar esta técnica, que como otras, son aplicables a la política, veamos un ejemplo sobre el canibalismo que ideo el periodista, Evgueni Gorzhaltsan: En una primera etapa, se realizan conferencias y simposios donde se muestra cómo en ciertas culturas el canibalismo es habitual habiendo existido en la historia. En una primera etapa se aborda el concepto desde la ciencia, para suavizar la percepción sobre este. La comunidad intelectual analizaría las tradiciones y rituales de algunas tribus, a la vez que se crea un grupo radical de caníbales que son advertidos por los medios de comunicación. En una segunda etapa, se comienza a generar la idea de que se debe ser más abierto hacia el canibalismo, y a los que se resisten se les pone la medalla de "intolerantes". Se cambia el nombre, pasándose a llamar "antropofilia", y se va eliminando el concepto negativo a través de los medios de comunicación. En una tercera etapa, se promueve la justificación de la antropofilia y quienes sigan oponiéndose a la idea seguirán siendo criticados, pasando a ser consideradas radicales o con un discurso de odio, estando en contra de un derecho fundamental. La comunidad científica y los medios de comunicación insistirían en que la historia humana está repleta de casos de canibalismo, cumpliendo su función de difundir la normalidad de esa práctica en antiguas sociedades, sin que esto fuese extraño para estas. En una cuarta fase, la idea comienza a mostrarse en películas, series de televisión y en cualquier otro método de entretenimiento como algo positivo, ensalzándose a su vez a personajes históricos que hayan estado relacionados con estas prácticas y promoviéndose la empatía hacia los caníbales, al señalarse que son victimas incomprendidas de la sociedad. El fenómeno es cada vez más multitudinario, y continúa reforzándose su imagen positiva, y en la quinta fase se llega al objetivo político, comenzando a prepararse la maquinaria legislativa que legalizará la "antropofilia". Los partidarios del canibalismo se consolidan en la política y comienzan a buscar más poder y representación. Se divulgan encuestas falsas, mostrando el apoyo popular, y se establece el nuevo dogma: "La antropofilia no puede ser prohibida".

Como vemos, son fases que van introduciendo de forma gradual e imperceptible en la mente colectiva, en la que se va abriendo una ventana para inducir una idea que va desde ser repudiable a ser atractiva, desde una ventana cerrada a una ventana abierta de par en par.

Para llevar a cabo este proceso de lavado mental, se usan cuidadosamente los medios, las redes y la opinión de personajes conocidos, generalmente de la política, para ir lanzando ideas que van calando en la mente popular. De este modo, poco a poco, la gente, como una rana en el agua, que va poco a poco hirviendo, va aceptando una idea que antes rechazaba por ser inmoral, fea, criminal y pecaminosa. Esta idea, empieza siendo tolerable, luego aceptable y al final es deseable, de buen gusto y hasta irrefutable. Incluso quien se oponga a ella, es descalificado y catalogado como portador de discursos de odio. Esta técnica, se está practicando por parte de muchos gobiernos no democráticos en todo el mundo y Naciones Unidas, como decidido aspirante a un gobierno mundial, formado por una mayoría de países con regímenes autoritarios, que presentan bajos índices de Estado de Derecho y elevados grados de corrupción; esta en ello.

Para descarbonizar el medio ambiente no se trata de restringir nuestro consumo, empeorando nuestros estándares de vida, sino de mantener o aumentar nuestros estándares de vida mediante la investigación, el desarrollo y la promoción de energías renovables y sobre todo limpias. Es decir no solo hace falta penalizar relativamente las energías contaminantes, sino además recompensar los esfuerzos dirigidos a descubrir nuevas energías, más eficientes y limpias.

ALIANZA DE CIVILIZACIONES

La Alianza de Civilizaciones, United Nations Alliance of Civilitations (UNAOC por sus siglas en inglés), es el nombre del programa adoptado por la ONU el 26 de abril de 2007 bajo la secretaría general de Ban Ki-moon, siendo nombrado Jorge Sampaio como alto representante en este programa. Desde febrero de 2019, el alto representante es el español Miguel Ángel Moratinos.

La idea fue propuesta por el presidente español José Luis Rodríguez Zapatero en la 59.ª Asamblea General de la ONU, el 21 de septiembre de 2004, que defendía una alianza entre Occidente y el mundo árabe y musulmán con el fin de combatir el terrorismo internacional por otro camino que no fuera el militar, lejos de atajar el problema por la vía de la negociación. La propuesta de desarrollar un diálogo entre civilizaciones formulado por primera vez por Mohammad Jatami, presidente de Irán, quien en 1998 introdujo la idea contraria a la teoría de Samuel P. Huntington, que en su libro "Choque de civilizaciones" (1996), planteaba que los principales conflictos del mundo de la posguerra fría serían producto del choque entre las diferentes culturas, más que conflictos entre estados o entre superpotencias.

XI. OBJETIVOS DE DESARROLLO SOSTENIBLE (AGENDA 2030)

Los ODS tienen sus antecedentes en los objetivos del milenio (Declaración del milenio), acordada por 189 Jefes de Estado y de Gobierno, reunidos en la sede de Naciones Unidas en Nueva York, el 8 de septiembre de 2000, mediante la cual se reafirmó la fe en esta organización y en sus acuerdos como cimientos indispensables de un mundo más pacífico, más próspero y más justo. Los ODS o agenda 2030 se refieren también a lo que se viene en llamar Nuevo Orden Mundial (NWO), aspecto del que ya en el siglo XVII se hablaba, por los cambios dramáticos en las ideas políticas producidos en aquella época. Los ODS fueron programados en 2015, en la Conferencia de La Naciones Unidas de Nueva York, siendo en total 17, que se analizarán. Sin embargo estos suponen una estrategia para conseguir una serie de objetivos internos como objetivos globales o estratégicos a largo plazo coherentes con la ideología de la organización. Como criticas en general a estos objetivos:

- Son más deseos que metas reales.
- En caso de incumplimiento por los países, nadie sería responsable de su aplicación.

- Muy pocos países se implican en ellos a la hora de elaborar sus presupuestos nacionales, excepto Europa, que se ha ido implicando especialmente, aunque cabe decir que en exceso, cuando el resto del mundo va a otro ritmo.
- Escasa financiación tanto pública como privada con un déficit de 4,2 billones de dólares al año (4% de la economía mundial o el doble del gasto mundial en defensa).
- Al cambiar su horizonte a 2030, los funcionarios han ido reduciendo su urgencia.
- Son una lista de deseos de la escuela secundaria sobre cómo salvar el mundo, tan enciclopédicos, que todo es prioritario, lo que significa que nada es prioritario.
- Los datos de estos son de poca utilidad para orientar a los responsables políticos, sin que se realicen estragos en las economías de muchos países, agravándose el problema al presentar cada país sus propias cifras.
- Han recibido poca validación desde la comunidad científica.
- Con 17 objetivos desarrollados en 169 metas, con temas tan diversos como la igualdad de género, el agua limpia o el consumo responsable; los ODS siempre iban a ser una carga pesada para muchos países africanos con problemas de liquidez, de hecho la pandemia COVID-19, no ha hecho más que poner al descubierto la urgente necesidad de que África dedique más recursos a revertir su dependencia científica y tecnológica.
- Al dejar la acción en manos de los gobiernos nacionales, el marco de estos objetivos, deja en las manos de los políticos, qué objetivos priorizar, si es que los hay.
- Se necesita una presión pública sostenida por parte de los medios a los ciudadanos para mantenerlos alerta en su cumplimiento.
- En ellos se establecen objetivos en lugar de derechos, de esta manera los líderes mundiales pueden atribuirse el mérito del

progreso, aunque sea dudoso, hacia un mundo mejor, permitiendo que los pobres continúen quedándose rezagados hasta 2030, momento en el que el crecimiento de los ingresos del 40% más pobre de la población debería aumentar a un ritmo superior al promedio.
> Fomentan la desigualdad global al poderse cumplir por los más ricos y no por las pobres.
> Requieren de una cooperación mundial, cosa que no se produce, ya que mientras algunos países gastan miles de millones de dólares por ejemplo en el Fondo de Naciones Unidas para la Infancia o el Programa Mundial de Alimentos, otros como China o Rusia, contribuyen de forma insignificante.
> Su lentitud y falta de progreso, no hace más que producir apatía en los gobiernos.

ANÁLISIS DE LOS DIVERSOS OBJETIVOS (ODS)

La agenda 2030 fue firmada por prácticamente todos los países con la idea de transformar el mundo. Del documento donde se contienen los ODS (objetivos globales o Agenda 2030), pactados en 2015 en la cumbre de Naciones Unidas en Nueva York, realmente se sabe bien poco, quizás por su complejidad, falta de definición programática o porque son más bien deseos en un intento criminal de manipularnos y empobrecernos, al prever una reducción de la producción en los países occidentales para aumentarla en los países en vías de desarrollo. Las dos consecuencias de esta Agenda son las siguientes: En primer lugar las clases medias occidentales pasarán a ser más pobres y en segundo lugar el ataque a la soberanía de las naciones, ya que para el establecimiento de estos objetivos, transformados en normas, ni ha habido ni hay, referéndum, ni consulta, ni debate alguno.

Si leemos los enunciados de los 17 "Objetivos de Desarrollo Sostenible", resulta difícil no estar de acuerdo, desarrollándose cada uno de ellos mediante una serie de metas, subobjetivos o acciones para su consecución, totalizando 169 metas. De una lectura de estas metas, podemos empezar a sentir ciertas inquietudes, ya que en ellos aparecen 223 referencias a un concepto, tan manoseado por parte de todo el mundo como es la "sostenibilidad", dando esto a entender que el caballo de Troya por el que se pretende imponer toda la agenda es por el objetivo numero 13, "Acción por el clima"; también aparecen innumerables referencias al concepto "inclusivo", pero sin embargo solo se pueden ver en ellos, tres referencias a la palabra "libertad", una referencia a la palabra "familia" y ninguna referencia al concepto "propiedad privada", lo que desde luego, da que pensar.

Los 17 objetivos son perfectamente inocuos, y completa y absolutamente aceptables para la inmensa mayoría de la población, entre otras cosas porque lo que están mostrando son cosas, que aunque se pretendan imponer de manera antidemocrática, como es el caso, sin contar con los ciudadanos mediante una planificación centralizada, al más puro estilo soviético; se pueden conseguir con éxito con el libre mercado o capitalismo, con la competencia y con la innovación. Con el marxismo (como máximo exponente del socialismo), no se pone ni fin a la pobreza, ni se genera trabajo decente, ni crecimiento económico, ni hambre cero, ni salud, ni bienestar, ni mucho menos educación de calidad, que no sea otra cosa que cierto adoctrinamiento. Es decir con el capitalismo y el libre mercado es de la única manera con la que se pueden realmente conseguir estos objetivos, habiendo ejemplos históricos que lo avalan.

El documento de la Agenda 2030 reúne todas las características de un documento utópico, como también lo ha sido, desde su nacimiento el organismo gestor del mismo, por ejemplo con la paz, motivo este por el cual fue creada Naciones Unidas. En general se trata de misiones utópicas, por lo menos en los plazos fijados para su logro, e indiscutiblemente y sobre todo, tal y como se están aplicando en Europa, nos pueden convertir en masas controladas de consumidores.

Estos objetivos los compartimos todos, si bien con algunos de ellos, utópicos e idealizados como salvar al planeta de la pobreza y acabar con el hambre en el mundo, deberíamos ser cautos, porque sabemos cómo acabaron ciertos postulados ideológicos en el siglo XX; cautela también con convertir las utopías en religión de Estado y también mucha cautela con herramientas como el decrecimiento económico para la consecución del objetivo "Acción por el clima", que supongan desmontar la civilización.

Todos compartimos la protección del medio ambiente y que tenemos que avanzar hacia una sostenibilidad, pero si esa sostenibilidad se centra solo en lo social y ambiental y no en la sostenibilidad económica, siendo esta última la que financia la tecnología y el avance, nos estaremos suicidando como países, y desde luego como continente en Europa. La elevación de impuestos en general y las medidas restrictivas a la industria y al sector primario, en particular, porque "contaminan mucho"; la voladura de presas; la inacción por los transvases hídricos; el ataque frontal a la principal fuente de energía como es la nuclear, hoy segura, son medidas de un totalitarismo e intervencionismo evidentes.

Es claro que la Agenda 2030, subestima a la Economía, no dándole la importancia debida, es decir no pone en valor el cálculo económico, como lo han hecho y lo hacen ciertas sociedades con regímenes irracionales y totalitarios, donde se administra a una masa en la que el ciudadano no cuenta. Sin embargo en los países en desarrollo, no parece tenerse en cuenta la idea del decrecimiento, por lo que siendo estos la mayoría de países en Naciones Unidas, al parecer, desean arrimar el ascua a su sardina. La frase: "no tendrás nada y serás feliz" o el uso de la expresión "economía verde", son significativos. No ignoramos que el término verde en la expresión "economía verde", no tiene otra finalidad que anular a la ciencia económica, llevando a los estados a un alto endeudamiento y a los números rojos en sus cuentas nacionales por el enorme gasto. Habiendo tantos problemas por resolver estamos pasando de la racionalidad económica a creer en la "pachamama", por lo que estamos ante una temeridad que produce pasmo.

Estamos hablando de un dirigismo mundial, una autocracia, que dista mucho de ser una democracia liberal, porque nadie ha elegido a esos funcionarios que monopolizan las decisiones, que emiten normas y que aspiran a una gobierno mundial, que de forma lamentable, ya ha comenzado.

El lenguaje de los mensajes que utiliza este organismo, suele estar muy cuidado, para que no se produzca sospecha alguna de la filosofía que los inspira. Con solo leer la normativa por encima, sin profundizar en detalles, leyendo las metas de cada uno de los 17 objetivos y conociendo la historia de las declaraciones e informes de las diferentes conferencias, uno entra en escepticismo con tales postulados tan utópicos como perversos.

A continuación se desarrollan cada uno de los objetivos, figurando al principio de cada uno de ellos un breve resumen de las metas para su desarrollo y el análisis correspondiente:

Objetivo 1. "Erradicación de la pobreza", teniendo como límite 2030: erradicar para todas las personas y en todo el mundo la pobreza extrema (actualmente se considera que sufren pobreza extrema las personas que viven con menos de 1,90 dólares al día); Implementar a nivel nacional sistemas y medidas apropiados de protección social para todos, incluidos los niveles mínimos y lograr una amplia cobertura de las personas pobres y vulnerables; garantizar una movilización significativa de recursos procedentes de diversas fuentes, incluso mediante la mejora de la cooperación para el desarrollo, a fin de proporcionar medios suficientes y previsibles a los países en desarrollo, en particular los países menos adelantados, para que implementen programas y políticas encaminadas a poner fin a la pobreza en todas sus dimensiones.

Esta idea le suena muy bien a todo el mundo, pero cuando se profundiza en las metas y la filosofía de este objetivo (como ocurre con los demás objetivos), uno se da cuenta que la pobreza nunca se podrá erradicar, aunque si se podrá reducir, como se ha ido haciendo y que siempre habrá desigualdades, porque no somos iguales, ni aspiramos a lo mismo, ni tenemos las mismas capacidades.

Durante muchas décadas determinados grupos políticos, han pretendido un importante trasvase de fondos a países en desarrollo, al no ser suficientes: las ayudas, los mecanismos de desarrollo, las ong o los préstamos.

Lo que es evidente es que todas estas políticas van a ir desembocando en una gran reducción de la soberanía de los

estados, produciéndose una concentración de poder sin precedentes en la historia, con un gobierno único, que será el que tome las decisiones autocráticas en esa ingeniería social de distribución de la riqueza. En 1974, aunque mucho después de las ideas de Malthus (quería poner remedio a la superpoblación); el informe Kissinger presentado al presidente Richard Nixon, en la época del caso Gatera y de la primera crisis del petroleo, proponía un extenso control de la población, mediante el control de la natalidad y la producción de alimentos como herramienta de control que permitiera reducir la población mundial, que se consideraba una amenaza. Aun hoy día esta política de reducción de la población, sigue siendo aplicada a través de la ayuda internacional de Estados Unidos, principalmente a través del Banco Mundial, hacia países que estén dispuestos a tomar medidas para el control de natalidad.

Erradicar la pobreza nunca ha sido ni sera posible, porque tendríamos que ser todos iguales y nadie destacar sobre los demás. Por tanto para aumentar la renta de los más pobres, cosa que ya ha sido posible con el comercio mundial o globalización (no confundir con el globalismo), cabrían dos soluciones: o estimular el crecimiento económico o reducir la población, pero lo primero a muchos parece no gustarle, prefiriendo el decrecimiento en la producción y el consumo o lo que es lo mismo, el retroceso de la civilización.

Visto lo sucedido en el siglo XX con ciertos regímenes autoritarios, y de una atenta lectura de las metas de los primeros objetivos, la pobreza se puede reducir, reduciendo el numero de personas, con lo cual la porción de tarta que correspondería a cada persona, aumentaría. Esto se puede conseguir a través del bloqueo de la natalidad; a través de políticas de "genero" (ODS 5); a través de la salud reproductiva de la mujer (ODS 3), que no es otra cosa que promover el aborto; con el enfrentamiento de sexos o con la eutanasia.

Objetivo 2 "Hambre cero". Lograr la seguridad alimentaria y la mejora de la nutrición y promover la agricultura sostenible asegurando el acceso a una alimentación sana nutritiva y suficiente; duplicar la productividad agrícola y los ingresos de pequeñas explotaciones, pastores y pescadores; mantener la diversidad genética de semillas, plantas y animales de granja; aumentar las inversiones para mejorar la capacidad de producción agrícola y ganadera.

En un contexto de reducción de la productividad, de fuertes inversiones en la "economía verde", de distribución de la riqueza desde el primer mundo; en definitiva de decrecimiento o como mínimo de economía estacionaria (población constante y no crecimiento, lo que cabe esperar, destruyendo el campo, los recursos hídricos y energéticos en Europa; el hambre cero, ¿para quien?, ¿a que precio saldría no pasar hambre?, ¿no sería mejor confiar con los dictados de la ciencia económica y la innovación?

Objetivo 3: "Salud y bienestar". Garantizar una vida sana y promover el bienestar para todos en todas las edades; reducir la tasa de mortalidad materna y la tasa de mortalidad de los nacidos y menores de 5 años; poner fin a enfermedades como el SIDA, la tuberculosis, la malaria y las enfermedades tropicales; la protección de la salud, tomando decisiones bien informadas y mejorando el acceso a la misma, practicando relaciones sexuales seguras y vacunando a los hijos, entre otras metas. Con este objetivo, también cualquiera estaría muy de acuerdo, aunque es problemático, ya que en 2021 solo 4 países de los 37 de la OCDE logran la consecución de este objetivo al 11% de su cumplimiento. Junto a diversos problemas, ciertamente se está produciendo en Europa, una "inmigración" masiva, a la que deberíamos llamar invasión, ilegal y sin identificar, lo que entre otros problemas que conlleva, supone un colapso sanitario en los países de recepción y a la que no se acierta a dar una solución.

También tienen un gran papel en este objetivo las empresas, debiendo estas implementar medidas pertinentes para la protección de los derechos humanos, y la adopción de medidas ambiciosas para reforzar la salud y la seguridad de sus empleados. Este objetivo se diseño pensando también en la comunidad LGBTI, a la vista de las desigualdades sanitarias excepcionales de ésta.

Objetivo 4: "Educación de calidad". Garantizar una educación inclusiva, equitativa y de calidad para todos, promoviendo oportunidades de aprendizaje a lo largo de toda la vida; lograr el conocimiento de la literatura y aritmética para todos; fomentar la igualdad de género en la educación y mejorar la calidad de los sistemas educativos; crear un ambiente de aprendizaje que sea seguro, no violento, inclusivo y efectivo.

Es necesario garantizar que todos y cada uno de los, y las estudiantes aprendan, porque de nada sirve estar escolarizado si no se aprende. Se centra fundamentalmente en la igualdad de género, que es plausible, pero es insuficiente. Todas las personas, independientemente de su origen social, grupo cultural de pertenencia, lugar de nacimiento, capacidad u orientación sexual deben tener esa igualdad educativa.

Objetivo 5: "Igualdad de género". La no discriminación de mujeres y niñas; eliminar el matrimonio infantil, el forzado y la mutilación genital femenina; eliminar todas las formas de violencia y explotación contra todas las mujeres y las niñas utilizando los medios para promover el empoderamiento; acceso universal a la salud sexual y reproductiva y a los derechos reproductivos; aumento de cuotas en cargos políticos y públicos de las mujeres.

Si se leen atentamente las metas de este objetivo, nos encontramos con que no se le da importancia a la familia, tal y como la entendemos en nuestra cultura, no mencionándose en ningún caso, despertando esto sospechas de una intención de reducción de la natalidad. Se habla del aborto seguro, aunque este no es menos aborto, como lo hace el director de Salud Sexual y Reproductiva en la OMS de Naciones Unidas, Craig Lissner: "Poder obtener un aborto seguro es una parte crucial de la atención de salud. Por eso recomendamos que las mujeres y las niñas puedan acceder a servicios de aborto y planificación familiar cuando los necesiten". También la Dra. Bela Ganatra, Jefa de la Unidad de Prevención del Aborto Seguro de la OMS, define la filosofía de esta organización: "Al igual que con cualquier otro servicio de salud, la atención al aborto debe respetar las decisiones y necesidades de las mujeres y las niñas y garantizar que sean tratadas con dignidad y sin ser estigmatizadas ni juzgadas". Se habla de derechos de reproducción sexual, cuando el aborto, realmente no es un derecho, sino un deseo egoísta, salvando excepciones, siendo desde luego, lo contrario al Derecho a la vida, no solo por su reconocimiento por algunos grandes pensadores como Locke en el siglo XVII, sino por estar reconocido en el art. 3 de la Declaración Universal de los Derechos Humanos y las constituciones de muchos países como Estados Unidos, en concreto en su enmienda 14ª; siendo lo que hemos entendido siempre como base de los Derechos Humanos. Curiosamente se habla del derecho de reproducción, pero no hay reproducción, ya que, estamos hablando en realidad, del "derecho a la satisfacción sexual" y no de reproducción. El mensaje en el fondo es: "Lo importante es satisfacer los impulsos y deseos sexuales y seas como seas, te sientas como te sientas, puedas encontrarte con quien necesites". Los ODS no mencionan explícitamente los derechos LGBT, pero el principio de inclusión de "no dejar a nadie atrás" es relevante para las personas lesbianas, gays, bisexuales y transgenero (LGBT), para llegar a todos, independientemente de su orientación sexual o "identidad de genero". El Programa de las Naciones Unidas para el Desarrollo (PNUD), es el que lidera los esfuerzos para desarrollar un Índice de Inclusión LGBT, teniendo como objetivo medir resultados para este grupo e informar sobre políticas, programas e inversiones para reforzar la inclusión y los derechos de estos grupos.

Objetivo 6: "Agua limpia y saneamiento". Lograr el acceso a servicios de saneamiento e higiene adecuados y equitativos para todos y poner fin a la defecación al aire libre, prestando especial atención a las necesidades de las mujeres y las niñas y las personas en situaciones de vulnerabilidad; aumentar considerablemente el uso eficiente de los recursos hídricos en todos los sectores y asegurar la sostenibilidad de la extracción y el abastecimiento de agua dulce para hacer frente a la escasez de agua y reducir considerablemente el número de personas que sufren falta de agua; mejorar la calidad del agua reduciendo la contaminación, eliminando el vertimiento y minimizando la emisión de productos químicos y materiales peligrosos, reduciendo a la mitad el porcentaje de aguas residuales sin tratar y aumentando considerablemente el reciclado y la reutilización sin riesgos a nivel mundial.

También este es un objetivo que todo el mundo desea, representando una de las partes de la Agenda 2030 más fáciles de conseguir y una de las más fundamentales. Pero no hay duda, que se complica a tenor de la política de algunos gobiernos, concretamente en España, derribando presas (Más de 100 hasta 2022), con el propósito de que el agua siga su curso fluvial hacia el mar, sin que se aproveche el agua de lluvia donde hace falta.

Se vierte el agua de los ríos al mar, después se desala produciéndose un coste de millones de euros para transportarla en barco. Incluso con escenario de sequía, no se construyen desaladoras y no se hacen transvases, aunque curiosamente, si se hacen obras en los países en desarrollo. Las empresas en este objetivo, juegan un papel importante, debiendo gestionar de forma sostenible los recursos hídricos disponibles en el entorno que son utilizados para la creación, producción y distribución de sus productos y servicios.

Objetivo 7: "Energía asequible y no contaminante". Ampliar la infraestructura y mejorar la tecnología para prestar servicios energéticos modernos y sostenibles para todos en los países en desarrollo, en particular los países menos adelantados, los pequeños estados insulares en desarrollo y los países en desarrollo sin litoral, en consonancia con sus respectivos programas de apoyo; aumentar considerablemente la proporción de energía renovable en el conjunto de fuentes energéticas; aumentar la cooperación internacional para facilitar el acceso a la investigación y la tecnología relativas a la energía limpia, incluidas las fuentes renovables, la eficiencia energética y las tecnologías avanzadas y menos contaminantes de combustibles fósiles, y promover la inversión en infraestructura energética y tecnologías limpias.

En general los ODS parecen más deseos de estudiantes de secundaria, que objetivos firmes y posibles. Las energías renovables como la energía solar y la eólica, no son suficientes para atender la demanda de energía sin un respaldo, como ya se trata en otro apartado anterior. Esta letanía supone un ataque frontal contra la energía nuclear, que no se menciona en absoluto, siendo la más eficiente, al no emitir dióxido de carbono, ser rentable y ya bastante segura. En la actualidad todavía más del 20% de la electricidad procede de esta fuente.

Objetivo 8: "Trabajo decente y crecimiento económico". Promover el desarrollo, la creación de puestos de trabajo decentes, el emprendimiento, la creatividad y la innovación, y fomentar la formalización y el crecimiento de las microempresas y las pequeñas y medianas empresas; lograr niveles más elevados de productividad económica mediante la diversificación, la modernización tecnológica y la innovación; fortalecer la capacidad de las instituciones financieras nacionales para fomentar y ampliar el acceso a los servicios bancarios, financieros y de seguros para todos; "de aquí a 2030", reducir considerablemente la proporción de jóvenes que no están empleados y no cursan estudios ni reciben capacitación.

Son cosas ideales que todos deseamos y en eso estamos siempre, pero en este caso hay que hablar de colisión entre objetivos. Este objetivo impide la consecución de ciertos objetivos, por la incoherencia del concepto crecimiento económico, como lo conocemos, entrando en conflicto con los siguientes objetivos: Objetivo 7 (Energía asequible y no contaminante); objetivo 10 (Reducción de las desigualdades); objetivo 13 (Acción por el clima); objetivo 14 (Vida submarina) y objetivo 15 (Vida de ecosistemas terrestres).

Objetivo 9: "Industria, innovación e infraestructura". Modernizar las industrias e infraestructuras para que sean sostenibles; potenciar la investigación y mejorar la tecnología industrial; aumentar el acceso a los servicios y mercados financieros; desarrollo de infraestructuras sostenibles para países en desarrollo. Todo es aparentemente deseable, pero el modus operandi pasa por acabar con las fuentes energéticas que nos han llevado al desarrollo (precisamente el nivel de la civilización se refiere a la energía disponible en cada momento), como se está haciendo en Europa: desmantelando las centrales térmicas, la industria y el sector primario y con la energía nuclear estacionaria, cuando en China se esta emitiendo más dióxido de carbono que en el resto del mundo, y el. A todo esto quizás se le pueda llamar sostenibilidad ecológica, pero se olvidan de la sostenibilidad económica y social, quizás pensando en aquella "Edad de oro" en la remota antigüedad, plagada de guerras y hambrunas.

Objetivo 10: "Reducción de la desigualdad, en y entre los países". Lograr progresivamente y mantener el crecimiento de los ingresos del 40% más pobre de la población a una tasa superior a la media nacional; adoptar políticas, especialmente fiscales, salariales y de protección social, y lograr progresivamente una mayor igualdad; garantizar la igualdad de oportunidades y reducir la desigualdad de resultados, incluso eliminando las leyes, políticas y prácticas discriminatorias y promoviendo legislaciones, políticas y medidas adecuadas a ese respecto; facilitar la migración y la movilidad ordenadas, seguras, regulares y responsables de las personas, incluso mediante la aplicación de políticas migratorias planificadas y bien gestionadas.
La ingeniería social para lograr la "igualdad", implica reducir la libertad, es decir el aumento en el pago de impuestos a las clases medias, la reducción de la soberanía de las naciones mediante leyes únicas, favorecer una migración masiva, que ya se esta

produciendo y restringir y controlar la movilidad de los ciudadanos, según dicen estas metas, son medidas que restringen claramente la libertad. El hecho, como ya se ha dicho antes, es que no somos iguales y reducir la libertad, sería algo muy complicado, y la prueba la tenemos en los totalitarismos históricos.

Objetivo 11: "Ciudades y comunidades sostenibles". Proporcionar acceso a sistemas de transporte seguros, asequibles, accesibles y sostenibles para todos y mejorar la seguridad vial, en particular mediante la ampliación del transporte público, prestando especial atención a las necesidades de las personas en situación de vulnerabilidad, las mujeres, los niños, las personas con discapacidad y las personas de edad; reducir el impacto ambiental negativo per cápita de las ciudades, incluso prestando especial atención a la calidad del aire y la gestión de los desechos municipales y de otro tipo; proporcionar apoyo a los países menos adelantados, incluso mediante asistencia financiera y técnica, para que puedan construir edificios sostenibles y resilientes utilizando materiales locales.

La idea de estas metas es crear núcleos de población en las que los ciudadanos pueden moverse durante unos minutos (ciudades de 15 minutos), no pudiéndose traspasar un determinados limites, cosa que dará lugar a la formación de ghettos, con escuelas y todo tipo de servicios, incluyendo cámaras que actúen como frontera para evitar el movimiento más allá de lo establecido. Estas medidas se van introduciendo lamentablemente en algunas ciudades de Europa, alardeando los políticos de ecológicos, cuando nos quieren tratar como ganado, restringiendo nuestras libertades.

Objetivo 12: "Producción y consumo responsables". Lograr la gestión sostenible y el uso eficiente de los recursos naturales; reducir a la mitad el desperdicio de alimentos per cápita mundial en la venta al por menor y a nivel de las personas consumidoras y reducir las pérdidas de alimentos en las cadenas de producción y suministro; lograr la gestión ecológicamente racional de los productos químicos y de todos los desechos a lo largo de su ciclo de vida; reducir la generación de desechos; alentar a las empresas que adopten prácticas sostenibles e incorporen información sobre la sostenibilidad.

La verdad es que todo esto, por imperativo ambiental, en buena práctica económica y en aras de la eficiencia en la empresa, ya se esta llevando a cabo en una gran cantidad de países en el mundo desarrollado.

Objetivo 13: "Acción por el clima". Si bien este objetivo se desarrolla en otro apartado extensamente, es clave en la política de Naciones Unidas y es a través de el por el que estratégicamente las elites ejercen un control mundial. Literalmente las metas son:

13.1 Fortalecer la resiliencia y la capacidad de adaptación a los riesgos relacionados con el clima y los desastres naturales en todos los países

13.2 Incorporar medidas relativas al cambio climático en las políticas, estrategias y planes nacionales.

13.3 Mejorar la educación, la sensibilización y la capacidad humana e institucional respecto de la mitigación del cambio climático, la adaptación a él, la reducción de sus efectos y la alerta temprana.

13.a) Cumplir el compromiso de los países desarrollados que son partes en la Convención Marco de las Naciones Unidas sobre el cambio climático de lograr para el año 2020 el objetivo de movilizar conjuntamente 100.000 millones de dólares anuales procedentes de todas las fuentes a fin de atender las necesidades de los países en desarrollo respecto de la adopción de medidas concretas de mitigación y la transparencia de su aplicación, y poner en pleno funcionamiento el Fondo Verde para el Clima capitalizándolo lo antes posible.

13.b) Promover mecanismos para aumentar la capacidad para la planificación y gestión eficaces en relación con el cambio climático en los países menos adelantados y los pequeños Estados insulares en desarrollo, haciendo particular hincapié en las mujeres, los jóvenes y las comunidades locales y marginadas.

La premisa de la que parte la ONU para el establecimiento de este objetivo, es que en el mundo hace mucho calor. Según la Agencia para el Desarrollo de la ONU, "el cambio climático afectará a todas las personas de todos los países, de todos los continentes de alguna forma", "el tiempo se agota y conviene tomar medidas inmediatas para evitar consecuencias catastróficas y garantizar un futuro sostenible a las generaciones futuras", "provocará migraciones masivas que derivarán en inestabilidad y guerras". Ante estas declaraciones, ante ese miedo, solo cabe añadir, que habrá un desorden caótico y que no perdamos tiempo y que corramos porque llega el fin del mundo. Los informes del IPCC hablan de reducir las emisiones de gases de efecto invernadero a la mitad para 2030 y llegar a cero neto para 2050, así como reducir la vulnerabilidad de las personas y los ecosistemas al cambio climático. Todo esto través de desmontar la industria, por cierto para ponerla en países en desarrollo; acabar con la agricultura y la ganadería, porque según dicen sus grandes hallazgos, contaminan y que los espacios deben ser ocupados por bosques, y ningunear a la energía nuclear que realmente no contamina. En Europa ya ha habido una fuerte oposición por parte del sector primario, lo que podría suponer la ruina de muchas familias cuya fuente de ingresos provienen del sector primario, y un ataque frontal a la energía nuclear, que no interesa, aunque sea eficiente y segura. En Holanda, por ejemplo, se expropiaron 3.000 granjas, lo que ha provocado una fuerte oposición, incluyendo el surgimiento de un partido político. Con la meta 13.2 se incorpora el cambio climático en la legislación nacional; con la meta 13.3, se esta colando la agenda en las aulas y con la 13b, nos dicen como debemos pensar y vivir. Además nos dicen que la movilidad y los viajes también contaminan, así que el control en el uso de los vehículos (que nos produce independencia), de la población en las ciudades y la reducción de los vuelos domésticos o de corta distancia, como es el caso de Francia, son tácticas clarificadoras del camino hacia un gobierno mundial.

Objetivo 14: "Vida submarina". Prevenir y reducir significativamente la contaminación marina de todo tipo, en particular la producida por actividades realizadas en tierra, incluidos los detritos marinos y la polución por nutrientes; minimizar y abordar los efectos de la acidificación de los océanos, incluso mediante una mayor cooperación científica a todos los niveles; prohibir ciertas formas de subvenciones a la pesca que contribuyen a la sobrecapacidad y la pesca excesiva; eliminar las subvenciones que contribuyen a la pesca ilegal, no declarada y no reglamentada y abstenerse de introducir nuevas subvenciones de esa índole, reconociendo que la negociación sobre las subvenciones a la pesca en el marco de la Organización Mundial del Comercio debe incluir un trato especial y diferenciado, apropiado y efectivo para los países en desarrollo y los países menos adelantados.

Objetivo 15: "Vida de ecosistemas terrestres". Proteger, restaurar y promover el uso sostenible de los ecosistemas terrestres; gestionar de manera sostenible los bosques; combatir la desertificación y detener la pérdida de biodiversidad; promover la conservación de los ecosistemas naturales y el uso sostenible de los recursos naturales.

Todo esto es muy atractivo, pero a costa de destruir en los países desarrollados, la industria y el sector primario, es decir los medios de subsistencia

Objetivo 16 "Paz, justicia e instituciones solidas". Reducir significativamente todas las formas de violencia y las correspondientes tasas de mortalidad en todo el mundo; poner fin al maltrato, la explotación, la trata y todas las formas de violencia y tortura contra los niños; promover el Estado de Derecho en los planos nacional e internacional y garantizar la igualdad de acceso a la justicia para todos; reducir considerablemente la corrupción y el soborno en todas sus formas.

Los conflictos actuales en todo el mundo, están haciendo descarrilar el camino global hacia la paz y hacia la consecución de este objetivo, como ya hicieron descarrilar el objetivo inicial de la ONU.

Resulta alarmante que en el año 2022 se produjera un aumento en más del 50 % en el número de muertes de civiles relacionadas con conflictos, debido en gran medida a la guerra de Ucrania, primer gran conflicto desde la adopción de la Agenda 2030. El Estado de Derecho que se calcula con un índice que tiene en cuenta los derechos fundamentales, la seguridad, la corrupción, la justicia penal y civil y otros parámetros. Este índice se deterioró durante la pandemia no existiendo en algunos países como Venezuela, Irán o Bolivia y tambaleándose en otros, ocupando España en 2022 el puesto 23 del mundo. En cuanto a la corrupción, los últimos indices, como ya se ha reflejado, indican que dos tercios de todos los países empeoran. África y Oriente Medio y algunos países de Asia, también son lideres en corrupción y en Europa se esta produciendo un aumento.

Objetivo 17 "Alianzas para conseguir los objetivos". Fortalecer los medios de implementación y revitalizar la asociación mundial para el desarrollo sostenible.

Pretende revitalizar la alianza mundial para el desarrollo "sostenible". Entre las organizaciones mundiales comprometidas: Programa de Naciones Unidas para el Desarrollo (PNUD), Programa de Naciones Unidas para el Medio Ambiente (PNUMA), Banco Mundial, Fondo Monetario Internacional (FMI), UNICEF, Organización Internacional del Trabajo (OIT), Organización Mundial de la Salud (OMS), Programa Mundial de Alimentos (PMA), Comisión Económica para África (CEPA), ONU Mujeres, Organización Mundial del Comercio (OMC),..

La Agenda 2030 es universal y exige que se impliquen todos los países, tanto los desarrollados como en desarrollo (aunque especialmente los desarrollados), y requiere la colaboración entre los gobiernos, el sector privado y la sociedad civil. Los países de ingresos bajos y medios afrontan enormes deudas que les van a impedir el avance en la agenda 2030, por lo que esta en el punto de mira de las elites, rebajar el PIB per cápita del primer mundo para aumentar el de los países en desarrollo y uno de las primeras medidas que la mayoría no acierta a ver es la inmigración masiva acelerada por el efecto llamada, innecesaria y desintegradora para los países de destino y con el tiempo también los refugiados climáticos, como ya se están ocupando de difundir las élites.

XII. LA UNIÓN EUROPEA Y EL CAMBIO CLIMÁTICO

En la Unión Europea, para sorpresa de todos, dirigida por un grupo de burócratas activistas que nadie ha elegido, intentan convencer a los ciudadanos de que lo que ya tienen no va a empeorar, cuando no es cierto. Han decidido que ellos son los que tienen que implementar la Agenda 2030, que debe aceptar cualquier ciudadano, como excusa para introducir el totalitarismo y el intervencionismo de una forma reprobable, cuando lo que hacen es destruir lo que están fingiendo proteger. Los ODS, con el sistema económico que no se consiguen es con el socialismo, porque este sistema, no utiliza el cálculo económico, por lo que se mueve en un plano de irracionalidad económica y es muchísimo menos responsable con el medio ambiente; porque se sabe que los mayores desastres ecológicos de la historia se han dado en regímenes socialistas. Este sutil activismo al negar el cálculo económico, la realidad industrial, la experiencia y la opinión de los expertos en energía y de los expertos a pie de explotación en el sector primario, lo que esta consiguiendo es: Empeorar el crecimiento económico, empobreciendo a la población y destruir el medio ambiente, cuando están fingiendo protegerlo, aplicando una política energética equivocada por la que dependemos más del carbón, del gas ruso o de las tierras raras de China.

Los burócratas de la Unión Europea, a pesar de lo que ocurre en China o Estados Unidos, se han olvidado del ciudadano y de la democracia liberal y han decidido aplicar el intervencionismo y una buena muestra de ello es el proteccionismo inverso (comprar fuera y no a nuestros agricultores, aunque el producto no cumpla las normas de calidad requeridas) y la aplicación de políticas destructivas, en lugar de apostar por la innovación, la apertura económica o la creación de riqueza. Para que creamos en el proyecto europeo, se deben e dejar de imponer medidas que nos condenan al estancamiento y a empeorar económicamente, con programas de inmigración ilegal, con una política energética absurda, que hace que las industrias europeas paguen casi el doble por la electricidad que las norteamericanas, con una política industrial no menos absurda, que hace que las industrias no solamente no vengan a Europa sino que se vayan de Europa y con una política en el sector primario, que está consiguiendo que la excelencia de este sector, lo más eficiente de nuestro tejido productivo, esté sufriendo como nunca antes. Se puede y se debería cambiar, pero escuchando a los ciudadanos, para devolverles su soberanía, no escuchando a un grupo de activistas comandados por elites, que reprimen al ciudadano para imponer sus ideas a toda costa.

Según el proyecto Maddison, el crecimiento económico hasta el siglo XVI, era muy lento, pero a raíz de la Revolución industrial y la puesta en valor de la trilogía: competencia, tecnología e innovación, la humanidad ha experimentado sobre todo en los últimos años, un progreso espectacular con una reducción importante de la pobreza, la reducción de las desigualdades y la mejora de las condiciones de vida a nivel mundial.

En la Unión Europea se está produciendo un derroche en el gasto, del que se benefician multitud de terceros países, cuando en este continente tenemos graves problemas sin resolver. Los burócratas siguen muy convencidos de que el gasto no es negativo para Europa, cuando la principal causa de la inflación, es la emisión de dinero por parte del Banco Central Europeo, para cubrir todo ese exceso y despilfarro de gasto público. El activismo realizado desde Bruselas, es una infame forma de imponer el totalitarismo y aunque los ODS puedan ser plausibles y aceptables para todo el mundo, se utilizan para imponer la represión social.

El Consejo Europeo reconoció en 2021 que la pandemia de COVID-19 amenazó los avances hacia la consecución de los ODS y por esto se apelaba a un mayor diálogo y a acciones operativas concretas para acelerar la aplicación de la Agenda 2030.

Las palabras de la presidenta de la Comisión de la Unión Europea, Ursula von der Leyen, en 2023, cuando recibió al jefe de la ONU en Bruselas, son esclarecedoras de la pérdida de la soberanía de las naciones europeas: "Nuestras instituciones trascienden las fronteras y los intereses nacionales. El mundo necesita más que nunca a la ONU".

Del total de la financiación obtenida por Naciones Unidas en el período 2014-2020, el 42% tuvo como origen Europa, destinándose desde este continente en proyectos relacionados con el clima, un 20 % de su presupuesto en este mismo período, ascendiendo al 30% para el período 2021-2027.

En 2021 se creó "Global Gateway", una iniciativa de la Comisión Europea en política exterior, con el objetivo de invertir hasta 300.000 millones de euros, durante el periodo 2021-2027, en países en desarrollo y emergentes en todo el mundo, en los sectores digital, energético y de transporte y para fortalecer los sistemas de salud, educación e investigación. Como dijo Ursula von der Leyen: "Apoyaremos inversiones inteligentes en infraestructuras de calidad, en el respeto de las normas sociales y medioambientales más estrictas, y conforme a los valores y las normas de la Unión Europea"; "La Estrategia Global Gateway es un modelo de la forma en que Europa puede construir conexiones más resilientes con el resto del mundo".

La Ayuda Oficial al Desarrollo (AOD), procedente de Europa, vinculada a la agenda 2030, en 2021 fue alrededor de 70.200 millones de dólares, frente a los 67.300 millones de euros de 2020, siendo la más importante del mundo (43% de la AOD mundial).

La respuesta de la secretaria general de Naciones Unidas, Amina Mohammed, que asistió al foro de "Global Gateway", a finales de 2023, como no podía por menos de suceder, fue: "Es hora de tomar acciones audaces".

La Unión Europea, sus Estados miembros y el Banco Europeo de Inversiones realizaron en 2021 la mayor aportación de fondos públicos a las economías en desarrollo para la lucha contra el cambio climático, con una contribución de 23.040 millones de euros. Nótese como el objetivo numero 13 de la Agenda 2030, "Acción por el clima", es decir el cacareado cambio climático esta siendo el caballo de Troya de las intenciones de las élites.

En 2022, la Unión Europea aportó 28.500 millones de euros procedentes de fuentes públicas y otros 11.900 millones de euros de financiación privada para apoyar a los países en desarrollo a reducir sus emisiones de gases de efecto invernadero y adaptarse a los efectos del cambio climático.

XIII. ACTIVISMO, EVENTOS Y POLÍTICA CLIMÁTICA

La historia de la política del cambio climático se refiere a una serie acciones políticas, tendencias, controversias y esfuerzos de los activistas en cuanto al clima. El cambio climático surgió como un problema político en la década de 1970, cuando se realizaron esfuerzos para garantizar que las crisis ambientales se abordaran a escala mundial. Ya en 1970 veinte millones de personas tomaron las calles en Estados Unidos para crear conciencia acerca del impacto de las actividades humanas sobre el medio ambiente.

En 1968 se reunieron en Roma, científicos, políticos e investigadores de diferentes países, ligados a las potencias occidentales, con la excusa de buscar soluciones a los "cambios en el clima que se estaban produciendo en el planeta". Según estos, dichos cambios se deberían, exclusivamente a la "acción humana", siendo este grupo el primero en plantearse una situación de cambio en el clima en el planeta Tierra como consecuencia de la acción humana; por lo que se les debe considerar, sin ninguna duda, como los padres fundadores de la actual doctrina del cambio climático. Dos años después de la citada reunión, se constituyó el llamado "Club de Roma", formado por tecnócratas, dirigentes de empresas e investigadores; entidad que fue legalizada bajo legislación suiza. El Club de Roma ha ido contando con el apoyo financiero del mundo empresarial y de diversas fundaciones, entre ellas la Fundación Rockefeller. Eran los primeros años de la década de 1970 y aunque el futuro de la civilización humana nunca había sido más brillante, un problema se desprendía de una investigación financiada por el Club de Roma, iniciada por Jay Wright Forrester un ingeniero informático, pionero del MIT y padre de la dinámica de sistemas. Forrester había desarrollado un modelo matemático para predecir cómo sería el futuro del crecimiento mundial dados los recursos planetarios finitos en su libro "World Dynamics" (1971). Este modelo sirvió de base para el estudio realizado por la investigadora ambiental, Donella Meadows, biofísica y científica ambiental, junto con Dennis Meadows, publicado en su popular libro en 1972 "The limits to Grow" (Los limites del crecimiento), del que se vendieron 30 millones de ejemplares. El resultado de esta investigación fue tan aterrador que marcaba el fin de la civilización humana en la Tierra.

El Club de Roma ha elaborado múltiples informes sobre las medidas a tomar para frenar lo que ellos llaman "crisis ambiental" y entre las instituciones que han participado en su elaboración, resulta curioso que hayan sido el Departamento de Estado de los EE.UU. y la CIA.

El mensaje final de todos estos informes es "que el Planeta está en peligro", no por culpa de los países ricos sino porque los países más pobres tienen un gran crecimiento de población y talan demasiados árboles. En definitiva, se sitúa la causa principal de los problemas en la explosión demográfica y la pobreza del "Sur", y no en la concentración de riqueza y formas de vida del "Norte".

Tras la publicación del mencionado informe, se desató el inicio de un movimiento que sería conocido como "Ecología Política" y otras corrientes político-filosóficas derivadas, tales como el Ecofeminismo y el Ambientalismo.

A continuación a modo de efemérides y sin animo de exhaustividad, se exponen una serie de hechos y eventos relevantes que se han ido produciendo desde la década de los años 70 en adelante básicamente referidos al medioambiente y desastres naturales:

1971

Un grupo de activistas antinucleares canadienses se embarcaron a bordo del viejo pesquero Phyllis Cormack para protestar contra las pruebas nucleares que Estados Unidos estaba llevando a cabo en el archipiélago de Amchitka, en Alaska, siendo su objetivo impedir que una bomba fuese detonada, colocándose los activistas en el centro de la zona de pruebas. Un año después, Estados Unidos se vio forzado a anunciar que detendría las pruebas nucleares en la zona, que sería declarada desde entonces, reserva ornitológica.

Años más tarde, en 1978, las oficinas de este grupo de activistas, de Europa, Estados Unidos y el Pacífico, decidieron poner en común sus recursos y crear Greenpeace Internacional, que en la actualidad es una de las organizaciones ambientalistas más importantes del mundo, cuya sede central se encuentra en Ámsterdam, contando con oficinas en 55 países en todo el mundo.

La ecología se convirtió en una parte central de la política mundial ya en 1971, cuando la UNESCO lanzó un programa de investigación llamado "Hombre y Biosfera", con el objetivo de aumentar el conocimiento sobre la relación mutua entre los seres humanos y la naturaleza, definiendo unos años más tarde el concepto de Reserva de la Biosfera.

Un terremoto en La Ligua en Chile deja 85 muertos y más de 200.000 damnificados.

1972

Anteriormente, en 1968 por primera vez el Consejo Económico y Social de las Naciones Unidas (ECOSOC), programó celebrar una conferencia de las Naciones Unidas centrada en las interacciones humanas con el medio ambiente, lo que condujo a la celebración en 1972 de la Conferencia de Naciones Unidas sobre el Medio Ambiente Humano (CNUMAH), también llamada **Conferencia de Estocolmo**, cuyos preparativos duraron 4 años, con una participación de 114 países y un coste de 30 millones de dólares; siendo la primera conferencia mundial en abordar el tema del medio ambiente. Suecia sugirió esta conferencia a instancias del profesor de Climatología Bert Bolin, que años más tarde (1988-1997), fue el primer presidente del IPCC y que había trabajado en el Institute for Advanced Study de Princeton, con John Von Neumann y otros, en el primer sistema de pronóstico computarizado del clima, usando la maquina ENIAC, la primera computadora electrónica de la historia.

Uno de los temas fundamentales que surgieron en la Conferencia de Estocolmo fue el reconocimiento del alivio de la pobreza para proteger el medio ambiente, siendo el planteamiento del discurso de la primera ministra india, Indira Gandhi, la conexión entre la gestión ecológica y el alivio de la pobreza. Esta conferencia, motivó a los países de todo el mundo a vigilar las condiciones ambientales, así como a crear ministerios y organismos ambientales, dando como resultado la creación del Programa de las Naciones Unidas para el Medio Ambiente (PNUMA). En los sucesivo las diversas conferencias científicas, tuvieron un impacto real en las políticas medioambientales de la Comunidad Europea (que más tarde se convirtió en la Unión Europea). Por ejemplo, en 1973, la UE creó la Dirección de Medio Ambiente y Protección del Consumidor y creó el primer Programa de Acción Ambiental. Este mayor interés y colaboración en la investigación medioambiental allanó el camino para una mayor comprensión del "Calentamiento Global", lo que llevó a acuerdos posteriores como el Protocolo de Kioto y el Acuerdo de París, sentando las bases del ecologismo actual.

Se prohibió el DDT (dicloro difenil tricloroetano), que se utilizaba en la época de la posguerra para aumentar la productividad agrícola y para combatir a los mosquitos.

1973

El estallido de un conflicto entre Israel, Siria y Egipto interrumpió las exportaciones de petróleo y disparó de forma alarmante el precio del combustible en todo el mundo, dando lugar a la primera crisis del petróleo.

Se firma en Oslo el Acuerdo Internacional para la Conservación de los Osos Polares.

1974

Se acordó la Convención sobre la Protección y Uso de Cursos de Agua Transfronterizos y Lagos Internacionales, también conocida como la Convención del Agua.

La Agencia de Protección Medioambiental de EE.UU logró que se dejara de incluir plomo en la gasolina.

En Suiza, es elegido el primer diputado verde en un parlamento estatal.

1975

El Secretario General de la ONU Kurt Waldheim convoca el Congreso Mundial sobre Alimentación para examinar el problema a nivel global de la producción de alimentos y el consumo, que tiene como resultado la Declaración Universal sobre la Erradicación del Hambre y la Desnutrición.

Fin de la caza de ballenas a gran escala, comenzando la mayoría de las especies una lenta recuperación a pesar de que siguió la caza pirata y científica.

1976

Se produjo una ruptura en un reactor de la planta ICMESA (Industrie Chimiche Meda Società) en la localidad italiana de Seveso. Unas tres toneladas de substancias tóxicas formaron una nube que devastaría más de 1.800 hectáreas de terreno.

1977

Se celebra la Conferencia Intergubernamental sobre Educación Ambiental organizada por la UNESCO en cooperación con el PNUMA en la ciudad de Tbilisi, ex República Socialista Soviética de Georgia. Fue un acontecimiento de gran magnitud, por la asistencia de 66 delegados de Estados miembros de la UNESCO y observadores de estados no miembros.

1978

Hundimiento del petrolero liberiano "Amoco Cádiz" construido en los astilleros de Cádiz en las costas de Bretaña, produciendo una impresionante marea negra que invadió la zona. Un potente terremoto de magnitud 7,4 en Irán deja 20.000 muertos.

1979

Se produce la segunda crisis del petróleo después de la de 1973 que tuvo un impacto significativo en la economía mundial. La subida de precios del petróleo causada por el embargo de la OPEP generó un fuerte desequilibrio económico en diversos países, siendo su principal efecto, la inflación.
El Consejo de Administración del Programa de las Naciones Unidas para el Medio Ambiente solicitó a su Director Ejecutivo, en el contexto del programa Earth Watch, el seguimiento y evaluación del transporte a larga distancia de contaminantes atmosféricos, y fue entonces cuando se adoptó el primer instrumento internacional en materia de clima: la "Convención sobre la contaminación atmosférica transfronteriza a larga distancia".

1980

El Consejo de Administración del Programa de las Naciones Unidas para el Medio Ambiente (PNUMA), expresó su preocupación por la destrucción de la capa de ozono y recomendó medidas para limitar la producción y el uso de clorofluorocarbonos F-11 y F-12, las cuales desembocaron en la negociación y adopción en

1985 de la Convención de Viena para la Protección de la Capa de Ozono y la finalización del Protocolo de la Convención sobre la contaminación atmosférica transfronteriza a larga distancia de 1979, cuyo objetivo era reducir las emisiones de azufre en un 30%.

Erupción del monte Santa Helena en 1980, una de las más catastróficas del siglo XX en EE.UU, dejando 57 muertos y daños materiales por 1.000 millones de dólares.

Un terremoto catastrófico en Italia de magnitud 6,9 deja 4.689 muertos.

1981

Conferencia de las Naciones Unidas sobre los países menos adelantados, celebrada en París.

Tres años después del último caso conocido de viruela, la OMS anuncia oficialmente la erradicación de esta enfermedad.

1982

Se produce un evento de El Niño en 1982 que duró hasta 1983, uno de los eventos de El Niño más potentes desde que se llevan registros. Este fenómeno provocó sequías en Indonesia y Australia, inundaciones en el sur de los Estados Unidos, falta de nieve en el norte de los Estados Unidos y un invierno anormalmente cálido en todo el mundo.

1983

Un terremoto en Japón de magnitud 7,7 desencadena un tsunami que mata al menos a 104 personas y causa miles de heridos. En Gärmersdorf bei Amberg (Alemania) se registra la temperatura más alta en la historia de ese país: 40,2°C.

Frente a la isla de Helgoland, en el mar del Norte, la organización Greenpeace impide el vertido de ácido al mar por parte del consorcio químico Kronos Titan.
El huracán Alicia arrasa las costas de Texas, causando 21 muertes y daños valorados en 2.600 millones de dólares.
Un terremoto en Turquía deja 1.330 muertos.

1984

El secretario General, Javier Pérez de Cuéllar, establece la Oficina de las Naciones Unidas para las Operaciones de Emergencia en África para ayudar en la coordinación de los esfuerzos por mitigar el hambre.
Según los Verdes Alemanes, "la ecología no está ni a la izquierda ni a la derecha, sino que va por delante." Esto más tarde se demostró que no era cierto.
La planta de pesticidas de la empresa Union Carbide India Limited (UCIL) en Bhopal (India), sufría un accidente que provocaba fugas de diversos gases y productos químicos tóxicos, provocando entre 3.000 y 4.000 muertos.

1985

España firma el 12 de Junio el tratado de adhesión a la Comunidad Económica Europea (actual Unión Europea). Francia, a través de sus servicios secretos, ordena el hundimiento del buque Rainbow Warrior de la organización ecologista Greenpeace.
Un terremoto en Chile de magnitud 8 deja 177 muertos y a un millón de personas sin hogar y otro en Ciudad de México de magnitud 8,1, que tuvo una replica días después, destroza la ciudad, dejando un total de más de 10.000 muertos.
Un incendio devasta las Islas Galápagos.

Un par de ciclones en Bangladesh dejan unos 50.000 muertos y varias decenas de miles de desaparecidos.

El volcán Nevado del Ruiz en Colombia, erupciona y derrite un glaciar, generando un alud volcánico de barro que sepulta la población de Armero, dejando 23.000 muertos.

1986

Se produce un accidente con consecuencias desastrosas en la central nuclear Vladimir Ilich Lenin (Chernobyl), el mayor accidente nuclear de la historia.

España y Portugal entran en la Comunidad Económica Europea (CEE).

1987

Se publica el informe Brundtland por la Comisión Mundial sobre el Medio Ambiente y el Desarrollo de las Naciones Unidas (UNWCED). Su título se deriva del nombre de la jefa de la comisión, Gro Harlem Brundtland. Su título original es "Nuestro futuro común". El informe tenía como objetivo proporcionar una perspectiva para el desarrollo humano sostenible y respetuoso con el medio ambiente a largo plazo (comienza a usarse el término sostenible), para abordar las preocupaciones ambientales internacionales sobre el desarrollo económico.

Los esfuerzos del PNUMA culminan con el Tratado sobre la Protección de la Capa de Ozono, conocido como el Protocolo de Montreal, que es una continuación del Convenio de Viena para la Protección de la Capa de Ozono.

1988

En el marco de la ONU, la Organización Meteorológica Mundial (OMM) y el Programa de las Naciones Unidas para el Medio Ambiente (PNUMA), crean el Grupo Intergubernamental de Expertos sobre el Cambio Climático (IPCC). Conocido por el acrónimo en inglés IPCC (Intergovernmental Panel on Climate Change), es una organización intergubernamental de la ONU cuya misión es proveer de información al mundo con una opinión objetiva y científica sobre el cambio climático, sus impactos y riesgos naturales, políticos y económicos y las opciones de respuesta posibles.

Los informes del IPCC cubren la "información científica, técnica y socioeconómica relevante para entender la base científica del riesgo del cambio climático inducido por el hombre, sus potenciales impactos y opciones para la adaptación y mitigación". El IPCC no realiza investigación primaria, ni monitoriza el clima o fenómenos relacionados por sí misma. En su lugar, evalúa la literatura publicada, incluida las fuentes revisadas por pares. Los capítulos de sus informes en los que colaboran miles de científicos, a menudo cierran con secciones sobre las limitaciones y vacíos de conocimiento o investigación, y el anuncio de un informe especial para centrar la actividad de investigación sobre el área pendiente de estudio.

El científico de la NASA James Hansen testifica en este mismo año ante el Senado de EE.UU que el calentamiento global provocado por el hombre ha comenzado.

En Huelva, cientos de obreros y sus familias decidieron hacerle frente a una empresa británica minera en Rio Tinto que trabajaba en la zona y que provocaba con su actividad gases de ácido sulfúrico que intoxicaban los pulmones de sus trabajadores, envenenaban al ganado y destruían las cosechas.

1989

El petrolero Exxon Valdez encallaba en el arrecife Bligh (Alaska) y derramaba más de 40 millones de litros de petróleo en una zona de alto valor ecológico, siendo considerada una de las peores mareas negras de la historia.
Un terremoto acompañado de tsunami en Loma Prieta (California) de magnitud 6,9 deja 62 muertos y grandes pérdidas.

1990

Se emite el Primer Informe de evaluación del IPCC, confirmando este los elementos científicos que suscitaban preocupación acerca del cambio climático. A raíz de este informe, la Asamblea General de las Naciones Unidas decidió establecer el Comité Intergubernamental de Negociación (CIN) para la Convención Marco sobre el Cambio Climático (CMNUCC). Este comité celebró cinco sesiones en las que más de 150 estados debatieron compromisos vinculantes y objetivos, fijándose los calendarios para la reducción de emisiones, los mecanismos financieros, la transferencia de tecnología y las responsabilidades, que aunque comunes, se diferenciaban los países desarrollados de los países en vías en desarrollo.
Segunda Conferencia de las Naciones Unidas sobre los países menos adelantados (PMA), en París.

1991

En la Guerra del Golfo, el ejercito iraquí incendió más de 600 pozos de petroleo causándose una fuerte contaminación del suelo

y del aire, teniendo que invertirse para extinguir el fuego, más de 1.000 millones de dólares.
Un terremoto en Georgia de magnitud 7 deja 270 muertos.
Violenta explosión del volcán Pinatubo en Filipinas, que elevó la temperatura global.

1992

Se establece la Fuerza de Protección de las Naciones Unidas (UNPROFOR).
Se funda la mayor coalición transnacional sobre el cambio climático, la Red de Acción Climática, en la que entre sus principales miembros se encuentran: Greenpeace, WWF, Oxfam y Amigos de la Tierra. Posteriormente se unieron Climate Justice Now! y Climate Justice Action, dos importantes coaliciones, que se fundaron en el período previo a la Cumbre de Copenhague de 2009. Todo este despliegue en pro de una toma de decisiones centralizada sobre el clima.
Se celebra la Conferencia de las Naciones Unidas sobre Medio Ambiente y Desarrollo (CNUMAD), llamada Cumbre de la Tierra en Rio de Janeiro, veinte años después de la Conferencia sobre el medio humano de Estocolmo (1972), siendo Maurice Strong el secretario general. Aproximadamente 4.000 representantes de organizaciones no gubernamentales estuvieron presentes, asistiendo más de 17.000 personas al Foro de ONG celebrado paralelamente a la Cumbre. En esta cita el concepto de Biosfera fue reconocido por las principales organizaciones internacionales y se reconocieron públicamente los riesgos asociados a la reducción de la biodiversidad. Se firma en esta cumbre la Convención Marco de las Naciones Unidas sobre el Cambio Climático (CMNUCC), para frenar las emisiones de gases de efecto invernadero y para la adaptación al cambio climático. La CMNUCC tiene dos convenciones hermanas también acordadas en Río, el Con-

venio de las Naciones Unidas sobre la Diversidad y la Biología y la Convención de la Lucha contra la Desertificación.

1993

Veinticinco años después de la Conferencia Internacional de los Derechos Humanos en 1968, las Naciones Unidas convocaron la histórica Conferencia Mundial de Derechos Humanos en Viena.
Una oleada de 100 tornados en Buenos Aires deja 7 muertos y cientos de heridos.
La tormenta tropical Bret en Venezuela deja 200 muertos y pérdidas de más de 40 millones de dólares.

1994

Entra en vigor la Convención Marco de las Naciones Unidas sobre el Cambio Climático (CMNUCC) creada dos años antes en Río. Los países que firman el tratado se conocen como "Partes". Con 196 Partes, la CMNUCC tiene una composición casi
universal. Las Partes se reúnen anualmente en la Conferencia de las Partes (COP) para negociar respuestas multilaterales al cambio climático.
Se celebra la COP 1 en Berlín, presidiendo esta la entonces ministra de Medio Ambiente de Alemania, Angela Merkel, donde las Partes acordaron que los compromisos eran inadecuados para cumplir los objetivos de la Convención. Los acuerdos de Berlín establecieron un proceso para negociar compromisos reforzados para los países desarrollados, sentando así las bases para el Protocolo de Kioto.
Se celebra en El Cairo la Conferencia Internacional sobre la Población y el Desarrollo a la que asisten representantes de 179

países y en la que intervienen 249 oradores. La Conferencia tiene como temas generales la población, el crecimiento económico sostenido y el desarrollo sostenible.

1995

Un grupo internacional de científicos argumentó por primera vez "la influencia humana indiscutible" del llamado "efecto invernadero". Por primera vez se habla del riesgo de un agujero en la capa de ozono, ocasionado por los gases industriales, que permite una mayor entrada al planeta de la radiación emitida por el Sol.
Se emite el segundo informe de evaluación del IPCC, que fue publicado en 1996, con el fin de evaluar la información conocida respecto al cambio climático, desde los puntos de vista científico, técnico y socioeconómico, sus efectos potenciales, y las alternativas de mitigación y adaptación a este.
Se celebra en Copenhague la Cumbre Mundial sobre Desarrollo Social, una de las mayores reuniones de líderes mundiales
de la historia, para renovar el compromiso de la lucha contra la pobreza, el desempleo y la exclusión social.

1996

Se celebra la COP2 en Ginebra, aprobándose en esta los resultados del segundo informe de evaluación del IPCC, el cual se había creado el año anterior; informe que proporcionó material para las negociaciones del Protocolo de Kioto. En esta conferencia se estableció además que los países miembros podrían dejar de implementar soluciones globales, pudiendo cada país ser libre de implementar las soluciones más relevantes para su realidad.

La Asamblea General de Naciones Unidas adopta el Tratado de prohibición completa de los ensayos nucleares, hecho crucial en la historia de las campañas para el desarme nuclear y la no proliferación de armamento nuclear.
Kofi Annan es elegido secretario general de Naciones Unidas.

1997

Los peligros a los que se enfrentaba la biosfera fueron reconocidos en todo el mundo en la COP3 en Kioto, conferencia que condujo al Protocolo de Kioto, aunque este no entro en vigor hasta 2005 por problemas de tramitación. Esta conferencia puso de relieve los crecientes peligros del efecto invernadero, relacionados con el aumento de la concentración de gases de efecto invernadero en la atmósfera, lo que conduce a cambios globales en el clima. En Kioto, la mayoría de las naciones del mundo reconocieron la importancia de la Ecología desde un punto de vista global o a escala mundial, y de tener en cuenta el impacto de los seres humanos en el medio ambiente de la Tierra.
La secretaría de la CMNUCC se traslada de Ginebra a su sede actual en Bonn, allanando el camino para que la ciudad se convierta en un centro internacional de sostenibilidad y en la sede de las 18 organizaciones de la ONU que emplean a alrededor de 1.000 personas, de las cuales la CMNUCC es la más grande.
Se descubre un "mar" de basura en el Océano Pacifico, en una especie de sopa con desechos diseminados, en especial trozos pequeños de plástico, pero también otros restos de todo tipo.
Se produce el fenómeno El Niño, que fue considerado como uno de los eventos de este tipo más poderosos en la historia registrada. Como resultado de este, se produjeron sequías generalizadas, inundaciones y otros desastres naturales en todo el mundo, causando la muerte de aproximadamente el 16% de la fauna de

los arrecifes del mundo, haciendo subir temporalmente la temperatura en 1,5°C.
Un terremoto en Irán de magnitud 7,2, deja 1.728 muertos.

1998

Se celebra la COP4 en Buenos Aires, en la que se programó un periodo de dos años para clarificar y desarrollar herramientas de aplicación del Protocolo de Kioto, aprobándose en esta el "Plan de Acción de Buenos Aires" para reducir los riesgos del cambio climático. Este Plan estableció fechas límite para finalizar los detalles clave del Protocolo de Kioto, de manera tal que el acuerdo fuera completamente funcional cuando entrara en vigor en alguna fecha posterior al año 2000.
La Asamblea General añade la "igualdad de género" (cuotas) al proceso de selección de Secretario General.
Un terremoto de magnitud 6,6 mata a 5.000 personas en el norte de Afganistán.
Un maremoto en las costas del norte de Papúa Nueva Guinea, hace desaparecer a unas 3.000 personas.
Las fuertes crecidas del río Yangtze en China, derrumban uno de sus diques y causan más de 2.000 muertos y medio millón de evacuados.
Los huracanes Georges y Mitch arrasan la República Dominicana y Honduras respectivamente, causando grandes daños materiales y pérdidas de vidas.

1999

En Bonn concluye la V Conferencia Internacional del Clima, con más de 4.000 participantes reunidos con el objetivo de estable-

cer las normas que permitan reducir las emisiones de gases de efecto invernadero a la atmósfera. Se creó la corte Internacional de Roma, un tribunal internacional permanente para juzgar crímenes de guerra, crímenes contra la humanidad y el genocidio.
El 1 de Enero, el euro se convirtió en la moneda única de 12 estados que componían la Unión europea, un hito importante en la integración económica europea.
Un terremoto de magnitud 6,4 en la escala de Richter destruye las ciudades colombianas de Armenia y Pereira, dejando más de 2.500 muertos.
Un terremoto en Taiwan de magnitud 7,3 dejando más de 2.417 muertos.
En Bruselas, unos 40.000 agricultores protestan por la reducción de ayudas tras la reforma de la Política Agrícola Común. Un terremoto en Turquía de magnitud 7,6 deja 17.118 muertos y otro catastrófico en Taiwan de magnitud 7,6 deja 2.297 muertos.

2000

Se acuerda la "Declaración del Milenio" por los Jefes de Estado y de Gobierno de 189 países, reunidos en la sede de Naciones Unidas en Nueva York, el 8 de septiembre de 2000, mediante la
 cual se reafirmó la fe en la Organización y en su Carta (Tratado de fundación), como cimientos indispensables de un mundo más pacífico, más próspero y más justo. Los diversos países reafirmaron su adhesión a los propósitos y principios de la Carta, que "han demostrado ser intemporales y universales". Los Objetivos de Desarrollo del Milenio, también conocidos como Objetivos del Milenio (ODM), son ocho propósitos de desarrollo humano que los miembros de las Naciones Unidas acordaron conseguir para el año 2015. Una vez se llegó a este horizonte temporal, los progresos realizados en la consecución de dichos objetivos fueron

evaluados, desarrollándose una nueva y ambiciosa lista de objetivos, en la Cumbre de Desarrollo Sostenible de Nueva York celebrada en 2015, pasando a llamarse Objetivos de desarrollo Sostenible (ODS).

En la Declaración del Milenio se recogen 8 objetivos: la erradicación de la pobreza, la educación primaria universal, la igualdad entre los géneros, la mortalidad infantil, la mejora de la salud materna, el avance del VIH/sida, garantizar la sostenibilidad del medio ambiente y fomentar una asociación mundial para el desarrollo.

En respuesta a aquellos que demandaban un cambio hacia posturas más sociales de los mercados financieros mundiales, se añade el objetivo 8: "Fomentar una asociación mundial para el desarrollo", promoviendo que el sistema de ayuda oficial y de préstamo garantice la consecución en 2015 de los primeros siete objetivos.

Cada objetivo se divide en una serie de metas, un total de 28, cuantificables mediante 48 indicadores específicos. Es la primera vez, que la agenda internacional pone una fecha para la consecución de acuerdos concretos y medibles.

Un terremoto en Enggano (Sumatra) deja más de 100 muertos.

2001

Se celebra la COP 6-1ª parte en La Haya cuyo objetivo era establecer los detalles operativos de los compromisos para reducir las emisiones de gases de efecto invernadero en virtud del Protocolo de Kioto de 1997. Los delegados de los distintos país acordaron suspender esta Conferencia, expresando su disposición a reanudar su trabajo después de no poder llegar a ningún acuerdo.

Se celebra en Bruselas la tercera conferencia sobre los Países Menos Adelantados (PMA), cuyo desarrollo social y económico estaba representando "un enorme desafío"; desarrollándose en esta un programa que atiende a 7 aspectos socio-económicos relevantes como son:

- El fomento de un marco normativo centrado en el ser humano
- El buen gobierno.
- La capacidad de los recursos humanos e institucionales.
- El fortalecimiento de la capacidad de producción.
- Aumento de la función del comercio.
- La protección del medio ambiente.
- La movilización de los recursos financieros.

Se celebra la COP 6-2ª Parte Bonn en la que se logró un gran avance, ya que los gobiernos alcanzaron un amplio acuerdo político sobre el reglamento operacional del Protocolo de Kioto. Se emite el tercer informe de evaluación del IPCC: "Cambio climático 2001", que consta a su vez de tres informes de los grupos de trabajo: "La base científica", "Efectos, adaptación y vulnerabilidad", y "Mitigación", así como un Informe de síntesis en el que se abordan diversas cuestiones científicas y técnicas útiles para el diseño de políticas gubernamentales.
Tras este informe, se consideró la necesidad de un nuevo protocolo más severo y con la ratificación de más países; por esta razón más tarde en 2005, se reunieron en Montreal todos los países que hasta el momento habían ratificado el protocolo de Kioto y otros países responsables de la mayoría de las emisiones de gases de efecto invernadero, incluyendo Estados Unidos, China e India. En 2001 se celebra además la COP 7 en Marrakech en la que se firmó un acuerdo para cerrar tres años de trabajo para el cumplimiento del Plan de Acción de Buenos Aires que

buscaba reducir los riesgos del cambio climático, estableciendo fechas limite para concretar detalles del Protocolo de de Kioto, detalles que se terminaron de perfilar. Según el boletín desarrollado por el Instituto Internacional para el Desarrollo Sostenible (IISD), el acuerdo se produjo después de negociaciones prolongadas que dejaron a muchos delegados agotados.

Un terremoto de magnitud 7,7 dejó 20.000 muertos y un número mucho mayor de heridos en Guyarat (India).

2002

Se celebra la COP 8 en Nueva Delhi, conferencia en la que se adoptó la Declaración Ministerial de Delhi que, entre otras acciones, hizo una llamada a los esfuerzos de los países desarrollados para transferir tecnología y minimizar el impacto del cambio climático en los países en vías de desarrollo.

El boletín del Instituto Internacional para el Desarrollo Sostenible informaba: "Se reafirma el desarrollo y la erradicación de la pobreza como prioridad en los países en desarrollo y la aplicación de los compromisos de la CMNUCC de acuerdo con las responsabilidades, prioridades de desarrollo y circunstancias comunes pero a la vez diferenciadas de la Partes".

Se celebra la tercera cumbre de la Tierra en Johannesburgo, una cumbre mundial del desarrollo sostenible organizada por la ONU, con la asistencia de más de un centenar de Jefes de Estado y alrededor de 60.000 personas, incluidos los delegados, los representantes de ONG, los periodistas y las empresas.

Este encuentro pretendía ofrecer un discurso ecologista como parte de la labor de concienciación sobre la importancia del desarrollo sostenible, para que todas las personas puedan satisfacer sus necesidades presentes y futuras, sin dañar el medio ambiente. Se constituyó como un instrumento de coordinación entre los distintos actores de la sociedad internacional, con el propósito de compatibilizar la protección ambiental con el crecimiento económico y el desarrollo social. Se trataba de la tercera edición de la Cumbre de la Tierra que sirvió para hacer un balance de la anterior cumbre con este mismo nombre, celebrada en Río de Janeiro en 1992. Se centró en el desarrollo sostenible y su objetivo era la adopción de un plan de acción de 153 artículos divididos en 615 puntos sobre diversos temas: la pobreza y la miseria, el consumo, los recursos naturales y su gestión, la globalización, el cumplimiento de los derechos humanos, entre otros.

Se celebra la primera Conferencia Internacional sobre la Financiación para el Desarrollo en Monterrey (México) en la que fue discutida la movilización de recursos financieros para el desarrollo, participando el FMI, el Banco Mundial y la Organización Mundial del Comercio (OMC).

El petrolero Prestige se partió en dos y se hundió a 250 kilómetros de la costa gallega, derramando toneladas de petróleo y causando una marea negra y costando alrededor de 1.573 millones de euros.

2003

Se celebra la COP9 en Milán, que bautizada como "La COP de los bosques". En ella se llegó a un acuerdo en las definiciones y las modalidades para la inclusión de actividades de forestación y reforestación bajo el Mecanismo de Desarrollo Limpio.

Se emite el Cuarto informe de evaluación del IPCC, en el que se señalaba una tendencia creciente en los fenómenos metereológicos extremos observados en los últimos 50 años, considerándose probable que las olas de calor y las fuertes precipitaciones continuarán siendo más frecuentes en el futuro, y que en lo sucesivo, estos eventos podrían ser desastrosos para la humanidad.

Por primera vez en la historia del Programa de Naciones Unidas para el Desarrollo (PNUD), los recursos totales superaron los 3.000 millones de dólares, una cifra que ilustraba elocuentemente el apoyo y la confianza que suscitaba la Organización tanto entre los donantes como en los países donde se ejecutaban programas, después de cuatro años de estrictas reformas.

Ola de calor en Europa que dejó más de 40.000 muertos, que afectó especialmente en Francia.

2004

Se celebra la COP10 en Buenos Aires, para ultimar puntos pendientes de los acuerdos de Marrakech, y en la que las partes discutieron los avances logrados desde la primera Conferencia de las Naciones Unidas sobre el cambio climático en 1995 y sus desafíos futuros, con especial énfasis en la mitigación y adaptación. Se adoptó el Plan de Acción de Buenos Aires para promover que los países en desarrollo se adaptaran mejor al cambio climático. El representante de la delegación norteamericana Har-

Ian L. Watson, ratificó: "Estados Unidos ha elegido un camino diferente".
Un tsunami en el sudeste asiático deja más de 200.000 muertos.

2005

Se lanza el Régimen de Comercio de Derechos de Emisión de la Unión Europea, el primer y mayor régimen de comercio de derechos de emisión del mundo, convirtiéndose en uno de los principales pilares de la política climática de la UE. Las empresas reguladas por este régimen son colectivamente responsables de cerca de la mitad de las emisiones de dióxido de carbono de la UE.
Se celebra la COP11 en Montreal, que fue una de las conferencias sobre cambio climático más importantes de la historia con la asistencia de más de 10.000 delegados, marcando la entrada en vigor del Protocolo de Kioto el 16 de febrero de 2005. Se adoptó el Plan de Acción de Montreal, un acuerdo para extender la duración del Protocolo de Kioto más allá de su horizonte en 2012 y así conseguir una reducción superior en las emisiones de gases de efecto invernadero. Rusia ratificó el Protocolo de Kioto.
El peor desastre natural de la historia en EE.UU, el huracán Katrina, dejó más de 1.800 muertos.
El terremoto de Cachemira (India), de magnitud 7,6 deja 85.000 muertos.

2006

Se celebra la COP12 en Nairobi, a la que acudieron representantes de 189 países y en la que se acordó que la reducción de las emisiones de gases de efecto invernadero debía ser superior a la acordada en 2000. Se divulgó un nuevo informe que revelaba que la vulnerabilidad del Continente Africano al cambio climático es superior de lo que se había supuesto.

Se produjo un campaña del vicepresidente del gobierno Clinton, Al Gore, bajo el titulo "Una verdad incomoda", para educar a los ciudadanos sobre el cambio climático a través de un documental. Este documental se exhibió en el Festival de Cine de Sundance y se estreno en las ciudades de Nueva York y Los Ángeles en 2006, logrando el éxito por parte de la crítica y el público, además de ganar dos premios Óscar por mejor documental y mejor canción original.

A este documental, incluido en los programas de Ciencias de las escuelas de todo el mundo, se le atribuye el despertar la conciencia del público internacional sobre el cambio climático y de potenciar el movimiento ecologista, convirtiéndose en el décimo documental más taquillero de la historia.

2007

Se celebra la COP13 en Bali, Indonesia en la que los gobiernos adoptaron una hoja de ruta llamada "Plan de Acción de Bali", en la que se acordó un cronograma y una negociación estructurada sobre el marco posterior a 2012 (el final del primer período de compromiso del Protocolo de Kioto). Este Plan Incluía políticas sobre deforestación; sobre tecnología para los países en desarrollo y el establecimiento de la Junta del Fondo de Adaptación y revisión del mecanismo financiero, lo que suponía ir más allá del Fondo para el Medio Ambiente Mundial existente.

El 12 de octubre de 2007, el ex vicepresidente de los Estados Unidos, Al Gore y el Grupo del Panel Intergubernamental del Cambio Climático, cuyo presidente era Rajendra Pachauri, obtuvieron el Premio Nobel de la Paz, "por sus esfuerzos por aumentar y propagar un mayor conocimiento sobre el cambio climát causado por el hombre y poner los cimientos para las medidas que son necesarias para contrarrestar dicho cambio".

2008

Se celebró la COP14 en Poznan, Polonia, en la que se acordaron los principios para la financiación de un fondo para ayudar a las naciones más pobres a hacer frente a los efectos del cambio climático y se aprobó un mecanismo para incorporar la protección forestal en los esfuerzos de la comunidad internacional para combatir el cambio climático.

Comienza el mecanismo de "Aplicación conjunta" del Protocolo de Kioto, que permite que un país con un compromiso de reducción o limitación de emisiones según el Protocolo obtenga unidades de reducción de emisiones (URE) de un proyecto de reducción o eliminación de emisiones en otro país con compromisos similares.

En plena crisis financiera mundial se celebra la segunda Conferencia Internacional sobre la Financiación para el Desarrollo en Doha (Qatar) como seguimiento de la anterior celebrada en Monterrey en 2002.

El ciclón Nargis en Birmania deja 84.000 muertos y 50.000 desaparecidos.

Un terremoto en Sichuan (China) dejo 85.000 muertos.

2009

Se celebró la COP15 en Copenhague, por la que se llegó al "Acuerdo de Copenhague", que expresaba claramente una intención política de restringir el dióxido de carbono, marcando la culminación de un proceso de negociación de dos años para la mejora de la cooperación internacional en torno al cambio climático en el marco de la Hoja de ruta de Bali. Fue la primera cumbre de la CMNUCC en la que el movimiento climático comenzó a mostrar su poder de movilización a gran escala, aumentando el número de nuevas ONG registradas en la CMNUCC en el período previo a la Cumbre.

Entre 40.000 y 100.000 personas asistieron a una marcha en Copenhague el 12 de diciembre para pedir un acuerdo global sobre el clima. El activismo no se quedó solo en esta ciudad, ya que se produjeron más de 5.400 mítines y manifestaciones simultáneas en todo el mundo. Sin duda el clima se puso de moda.

2010

Se celebra la COP16 en Cancún, México, cuyo resultado resultado fueron los "Acuerdos de Cancún", adoptados por las partes de los Estados que exigían un "Fondo Verde para el Clima'" de 100.000 millones de dólares por año, y un "Centro de Tecnología del Clima", para que países con menores recursos pudieran aplicar medidas contra el cambio climático, aunque no se llegó a acordar la financiación de este Fondo.

La plataforma petrolífera Deepwater Horizon, perteneciente a British Petroleum (BP), explotaba a unos 75 kilómetros de la costa de Luisiana, en el golfo de México.

Un terremoto en Haití de magnitud 7 dejo a 225.270 muertos y número superior de heridos y otro terremoto de magnitud 9 y un tsunami con olas de 40 metros de altura, arrasaron Japón, dejando 18.000 muertos.

Erupción del volcán del Monte Merapi, Indonesia, dejando 400 muertos, la cifra más alta del presente siglo.

Erupción del volcán Eyjafjallajökull, Islandia, provocando el cierre de gran parte del espacio aéreo europeo, bloqueando a 95.000 pasajeros.

Ola de calor en Rusia en la que fallecieron más de 56.000 personas.

2011

Se celebra la COP17 en Durban, Sudáfrica, decidiéndose adoptar un acuerdo legal universal sobre el cambio climático lo antes posible, y a lo más tardar en 2015. Canadá, Japón y Rusia informaron su intención de no renovar su compromiso con el Protocolo de Kioto.

Se celebra la cuarta Conferencia de las Naciones Unidas sobre los Países Menos Adelantados (PMA) 2011 en Estambul.

Japón fue sacudido por el que se conocería como el gran terremoto del Japón oriental (Tohoku), tras el cual un tsunami trajo consigo olas de más de 10 metros de altura. A continuación de este evento se produjo un accidente en la central nuclear de Fukushima Daiichi, considerado de nivel 7 (accidente grave) conforme a la Escala Internacional de Sucesos Nucleares y Radiológicos.

2012

Se celebra la COP18 en Doha, Qatar, siendo la primera vez que las negociaciones sobre cambio climático tuvieron lugar en Oriente Medio. Se creó el denominado, "Doha Climate Gateway", en el que figuraban nuevos compromisos para el Protocolo de Kioto en un segundo fase del compromiso hasta el 2020, avanzándose también en la financiación del "Fondo Verde".

Un incendio forestal arrasó casi 30.000 hectáreas en Valencia debido a una negligencia, causando grandes daños ambientales.

Inundaciones en Filipinas que dejaron sin hogar a 10.000 personas.

2013

Se celebra la COP19 en Varsovia, en al que se concretó una hoja de ruta hacia un pacto global y vinculante, de tal forma que todos los Estados deberían eliminar las emisiones tan pronto como fuere posible, pero preferentemente para el primer trimestre del 2015. También se propuso el Mecanismo de Varsovia. Sorpresivamente, a un día del cierre de la COP, las ONG y los sindicatos abandonaron el evento.
La secretaría de la CMNUCC se traslada a su nueva sede en el Campus de las Naciones Unidas en Bonn, junto al antiguo edificio del Parlamento alemán. Tras importantes mejoras, el edificio es ahora un símbolo de rendimiento medioambiental con ciertas características como la energía solar y la iluminación inteligente.

2014

Se celebra la COP 20 en Lima, siendo su principal objetivo consolidar el acuerdo definitivo para sustituir el protocolo de Kioto y aunque finalmente se avanzó en un borrador, quedaron muchos temas por resolver. Estados Unidos y China anunciaron un compromiso conjunto para la reducción de emisiones de gases de efecto invernadero por primera vez en la historia.
Se emite el quinto informe de evaluación del IPCC, por el que se aumenta el grado de certidumbre de que la actividad humana esté detrás del calentamiento que el mundo ha experimentado, un aumento que ha pasado de "muy posible" con un grado de confianza del 90% en 2007, a "extremadamente posible" o un nivel de confianza del 95% en esta fecha.
En este informe se idearon las llamadas RCP "Representative Concentration Pathways", (Trayectorias de Concentración Re-

presentativa por sus siglas en inglés), que son unas proyecciones teóricas de posibles trayectorias de concentración de los GEI para los próximos años. Se utilizaron cuatro trayectorias para la modelización del clima, describiendo cada una diferentes futuros climáticos posibles, dependiendo del volumen de GEI emitidos en futuro. Las RCP originalmente: RCP 2.6, RCP 4.5, RCP 6 y RCP 8.5 están etiquetados a partir de un posible rango de valores de forzamiento por la radiación solar en el año 2.100 : 2.6, 4.5, 6 y 8.5 W/m2 (Vatios por metro cuadrado).

La Convención Marco de las Naciones Unidas sobre el Cambio Climático (CMNUCC) celebra su 20 aniversario.

Se produce un evento El Niño provocando que las aguas inusualmente tan cálidas en el Océano Pacifico influyeran en el clima mundial de varias maneras, ocasionando condiciones de sequía en varios países incluyendo Venezuela, Australia y varias islas del Pacífico, mientras que también se registraron inundaciones significativas y más ciclones tropicales de lo normal dentro del Océano Pacífico.

2015

Se celebra la COP21 París. En esta nace el Acuerdo de París, dentro del marco de la CMNUCC, por el que se establecen medidas para la reducción de las emisiones de GEI. Se establecen las siguientes medidas: Mantener el aumento de la temperatura media mundial muy por debajo de 2 °C con respecto a los niveles preindustriales; proseguir con los esfuerzos para limitar el aumento de la temperatura a 1,5 °C; aumentar la capacidad de adaptación a los efectos adversos del cambio climático; elevar la financiación a un nivel compatible con una trayectoria que conduzca a un desarrollo sostenible, estableciendo medidas de mitigación, adaptación y resiliencia al cambio climático, lo antes posible. Se celebra la tercera Conferencia Internacional sobre la Financiación para el Desarrollo en Addis Abeba (Etiopía). En esta fue adoptada la llamada "Agenda de Addis Abeba" por las delegaciones de 174 estados miembros, la Organización Mundial del Comercio (OMC), el FMI, el Banco Mundial, además de lideres empresariales y otras partes interesadas. Como seguimiento del Consenso de Monterrey de 2002 y de la anterior en Doha en 2008, se estableció un marco de políticas para realinear los flujos financieros con el fin de implementar la Agenda 2030 y sus 17 Objetivos de Desarrollo Sostenible (ODS).

Se celebra la Cumbre de Desarrollo Sostenible de la ONU en Nueva York siendo Secretario General de las Naciones Unidas, Ban Ki-Moon, para adoptar formalmente una nueva y ambiciosa agenda de desarrollo sostenible. Se presentaron 193 jefes de gobierno que se comprometieron con 17 "Objetivos de Desarrollo Sostenible" (ODS), más conocidos como Agenda 2030, que sucedieron a los Objetivos del Milenio, fijándose su fecha de consecución (aunque no en todos), en 2030. Los ODS son una serie objetivos globales interconectados, diseñados para ser un "plan para lograr un futuro mejor y más sostenible para todos".

Aunque los objetivos son amplios e interdependientes, dos años después de su aprobación, en julio de 2017, se hicieron más accionables mediante una resolución de la ONU adoptada por la Asamblea General, que identificaba metas específicas para cada objetivo, junto con una serie de indicadores para medir el progreso hacia cada meta.

Un terremoto en el Nepal de 7,8 dejó 8.600 muertos.

2016

Se celebra la COP22 en Marrakech, llamada "Alianza de Marrakech", en la que se avanzó en los planes y preparativos para la entrada en vigor del Acuerdo de París. El propósito de la conferencia fue discutir e implementar planes para combatir el cambio climático y "demostrar al mundo que la implementación del Acuerdo de París estaba en marcha".

Se celebra la primera Conferencia Mundial sobre Transporte Sostenible en Ashgabat (Turkmenistán), que se centro en las necesidades de los países en situaciones especiales y la movilización de recursos financieros para lograr medios de transporte sostenible a fin de avanzar en la lucha contra el cambio climático.

2017

Se celebra la COP23 en Bonn, que se organizó bajo el concepto de "una conferencia, dos zonas" y pese a ser en Alemania, fue presidida por Fiji. En ella se desarrolló "el Diálogo de Talanoa" para permitir a los países acercarse a un objetivo de mayor ambición climática antes de 2020, de mantener el aumento de la temperatura global con un máximo de 1,5º C.

Se celebra la primera Cumbre One Planet a instancias de la ONU, Francia y el Banco Mundial que reunió a jefes de estado y de gobierno de 77 países del mundo con el objetivo de encontrar mecanismos para proteger la biodiversidad y revertir su declive.

Somalia atraviesa la peor sequía de los últimos 60 años.

Erupción del volcán Etna en Sicilia.

2018

Se celebra la COP24 en Katowice (Polonia), en la que se estableció una fecha límite para terminar de acordar y poner en práctica las medidas tomadas en el acuerdo de París de limitación de la temperatura. Estados Unidos, Rusia y Arabia Saudita bloquearon la negociación y criticaron el informe elaborado por el IPCC, aunque la comunidad internacional logró fijar las reglas para la implementación del Acuerdo de París. El acuerdo conseguido en esta Cumbre :"Paquete Climático de Katowice" ponía en práctica el régimen de cambio climático del Acuerdo de París.

Se celebra la segunda Cumbre One Planet en Nueva York para hacer balance de la implementación de los compromisos tomados en la anterior Cumbre, para reforzar la confianza y la colaboración en favor del clima.

Se lanza el Informe de evaluación especial del IPCC, que confirma la necesidad de mantener el compromiso firme con los objetivos del Acuerdo de París de limitar el calentamiento global a 1,5 º C para evitar los peores impactos del cambio climático, que incluyen sequías, inundaciones y tormentas más frecuentes y severas.

Erupción del volcán Anak Krakatoa en Indonesia, dejando 400 muertos y miles de heridos.

Erupción del volcán de Fuego en Guatemala, obligando a evacuar a 1,7 millones de personas y dejando 109 muertos y 197 desaparecidos.

2019

Se produjeron las manifestaciones más multitudinarias de la historia en al menos 150 países, llegando la cifra de manifestantes, en Septiembre de 2019 a 6 millones de personas concentradas para frenar el cambio climático.

A partir de este momento, Greta Thunberg, una activista sueca de 19 años, usada por diversos intereses, se convirtió en una figura emblemática del movimiento estudiantil: "Fridays for future", activistas en su mayoría jóvenes que participaban en una huelga mundial por el clima para criticar la falta de acción internacional para abordar los impactos del cambio climático.

El Club de Roma emitió un comunicado oficial en apoyo a Greta Thunberg y las huelgas escolares por el clima, llamando al mundo a la acción para reducir las emisiones de dióxido de carbono.

Esta chica no deja de ser la misma que hace poco tiempo (nos salimos de la cronología regresando al futuro en 2024), se manifestó en Malmöe en favor de Palestina, en las afueras del hotel donde estaba la representante de Israel que se iba a presentar al Festival de Eurovisión. Una persona con problemas, que ponía cara de fanática, que en realidad no llegó a mostrar ningún cálculo real y que hizo mucho daño a muchos jóvenes necesitados de referentes, y que cuando hacía sus huelgas por el clima iba a un colegio de educación especial, por tener trastorno del espectro autista.

Ya el 8 de octubre de 2023, justo después de producirse el atentado de Hamás en Israel, ya se leía en las redes "Palestina libre". Los luchadores por la libertad intoxicados, acampaban en España en la "Uni", sin hacer el mínimo gesto cuando se produjo la masacre de muchos jóvenes israelíes, en una fiesta. Así es esa forma de pensar inmadura (siempre en el lado de la izquierda), por ser los jóvenes a menudo, el vehículo del activismo y del victimismo cuando interesa, y cuando no interesa, nos ponemos de perfil.

Se celebra la tercera Cumbre One Planet en Nairobi a instancias de Emmanuel Macron y Uhuru Kenyatta, presidente de Kenia, para abordar cuestiones como la promoción de las energías renovables y reforzar la resiliencia, la adaptación y la biodiversidad.

A partir de esta fecha, la ONU con su poder centralizado, ha ido imponiendo su agenda 2030; los estados la han ido siguiendo en su mayoría y los medios de comunicación, han ido sembrando esta agenda globalista, mediante un fenómeno mediático medioambiental sin precedentes.

Se produce la pandemia del COVID19 que ha supuesto hasta 2024, 7.000.000 de muertos.

La COP 25, en principio se iba a celebrar en Brasil, pero su gobierno desistió; después se decidió que fuera en Chile, pero por diversas protestas no se celebró, siendo al final el escenario, Madrid. Tras varios intentos de negociación, los resultados demostraron la desconexión entre los gobiernos y la comunidad científica respecto a la urgencia de actuar ante la crisis climática, convirtiéndose en la conferencia sobre el clima más larga de las historia, puesto que se prorrogó dos días por falta de acuerdo.

Se celebra la Semana Africana del Clima en Accra, que fomentará la aplicación de las contribuciones a nivel nacional de los países en el marco del Acuerdo de París y la acción climática para alcanzar los Objetivos de Desarrollo Sostenible para 2030.

Se celebra la Semana del Clima de América Latina y el Caribe en Salvador (Brasil) reuniendo a diversos actores de los sectores público y privado, lo que demostró un fuerte apoyo internacional para intensificar la acción climática.

Se celebra la Semana del Clima de Asia y el Pacífico en Shenzhen, China, para mostrar acciones innovadoras en la región.

Se celebra la Cumbre de la ONU sobre la Acción Climática que tuvo lugar en la Sede de Naciones Unidas en Nueva York, presidida por Antonio Guterres, cuyo objetivo fue adelantar las acciones para reducir las emisiones de efecto invernadero, con el objetivo de impedir el aumento de la temperatura global más de 1.5º C por encima del nivel preindustrial.

El ciclón Idai arrasa Mozambique, Zimbabue y Malawi causando 1.000 muertos y 1,5 millones de afectados en estos países.

Gran plaga de langosta en África, la mayor en 70 años.

Erupción del volcán de la isla italiana de Stromboli.

Erupción del volcán Whakaari en Nueva Zelanda, dejando 6 muertos y una veintena de heridos.

2020

La celebración de la COP 26 quedó plazada a 2021 por la pandemia del COVID-19.

Graves incendios en Australia devastan más de 10 millones de hectáreas y destruyen más de 2.500 edificios en todo el país, perdiendo la vida más de 1.000 millones de animales y 26 personas.

Incendios forestales en California, Oregón y Washington, dejando 46 muertos y arrasando 2,6 millones de hectáreas.

2021

Se celebra la COP26 en Glasglow, dando como resultado "El Pacto Climático de Glasgow", firmado por cerca de 200 países, acordándose trabajar más para combatir el cambio climático y ayudar a las naciones vulnerables, aunque se dejaron sin resolver algunas cuestiones críticas.

Es el primer Pacto que prevé explícitamente la reducción del uso y explotación del carbón, el combustible fósil que más gases de efecto invernadero genera. También fue incluido en el texto final la promesa de entregar más dinero a los países en desarrollo para ayudarles a adaptarse a los impactos climáticos.

Se celebra la cuarta Cumbre One Planet en París obteniendo como resultado: Protección de ecosistemas terrestres y marinos; fomento de la agroecología; movilización de financiación para la

biodiversidad y la protección de los bosques, las especies y la salud humana.
Erradicación oficial del uso de la gasolina con plomo tras una campaña de 19 años liderada por Naciones Unidas.
Erupción del volcán Cumbre Vieja en la isla de la Palma (Canarias), obligando a evacuar a miles de personas y dejando a su paso cientos de casas y edificaciones sepultadas por la lava.
Erupción del volcán Etna, en Sicilia, el más alto de Europa.
Se publica el sexto Informe de evaluación del IPCC: Impactos, adaptación y vulnerabilidad (1ª parte), en el que se proyectaban 5 escenarios o " Shared Socioeconomic Pathways" SSP (Trayectorias socioeconómicas compartidas, por sus siglas en ingles), hasta el el año 2.100. Desde este informe del IPCC, las trayectorias RCP "Representative Concentration Pathways", (Trayectorias de Concentración Representativa por sus siglas en inglés), del 5º informe que son unas proyecciones teóricas de posibles trayectorias de concentración de los GEI, se están considerando junto con estas trayectorias socioeconómicas compartidas (SSP). Las 5 Trayectorias Socioeconómicas Compartidas que proyectó el informe fueron:
- SSP1 "Camino verde": Escenario de total sostenibilidad, en el que el énfasis en el crecimiento económico se desplaza hacia un más amplio bienestar humano, reduciéndose la desigualdad, tanto entre los países como dentro de ellos. El consumo está orientado hacia un bajo crecimiento de materiales y una menor intensidad de recursos y energía. En términos económicos, estamos hablando de decrecimiento, es decir nada que no conlleve restringir la propiedad privada ("No tendrás nada y seras feliz").
- SSP2 "A medio camino": Escenario de avance lento, en el que unos países cumplen los objetivos de sostenibilidad y otros no.
- SSP3 "Rivalidad regional": Escenario en que los países se preocupan por la competitividad y la seguridad, y los conflictos regionales empujan a los países a centrarse cada vez más en

cuestiones internas de seguridad energética y alimentaria.
- SSP4 "Desigualdad": Escenario en el que se amplía la brecha entre una sociedad conectada a nivel internacional, que potencia a los sectores intensivos en conocimiento y capital de la economía mundial, y un conjunto fragmentado de sociedades de bajos ingresos y escasa educación que trabajan en una economía intensiva en mano de obra y baja tecnología.
- SSP5 "Desarrollo de combustibles fósiles": Escenario de rápido crecimiento de la economía mundial, acompañado de la explotación de abundantes recursos de combustibles fósiles y la adopción de estilos de vida intensivos en recursos y energía en todo el mundo, gestionándose los problemas ambientales locales, como la contaminación del aire, con éxito. También hay voluntad de gestionar eficazmente la ecología, incluso mediante la geoingeniería.

2022

Se celebra la COP27 en Sharm el-Sheikh Egipto, en la que se adoptó un acuerdo por el que se establece un fondo para ayudar a los países pobres azotados por las catástrofes climáticas.
Se publica el sexto informe de evaluación del IPCC: Impactos, adaptación y vulnerabilidad (2ª parte).
Erupción del volcán submarino Hunga Tonga en las islas Tonga del Océano Pacífico, que creó una enorme columna de vapor de agua que llenó la estratosfera de agua a una altura de 58 kilómetros, suficiente para llenar más de 58.000 piscinas olímpicas. Muy probablemente el intenso calor reciente tuvo como causa este evento al ser el vapor de agua el más potente gas de efecto invernadero, especialmente en una zona sensible para generar calor como es la estratosfera.

Erupción del volcán Mauna Loa en Hawai, el volcán activo más grande del mundo.

2023

Se celebra la Cumbre One Forest anunciada en la COP27 por Emmanuel Macron y Ali Bongo, presidente del Congo, sobre la protección y la gestión sostenible de las cuencas de los bosques tropicales del Congo, el Sudeste Asiático y la Amazonia.

Se celebra la COP28 en Dubai, presentándose 200 países con el mismo voto, a pesar de su muy distinto peso económico o de población, y 80.000 asistentes entre funcionarios, empresas, consultores, banqueros y ONG. En esta Conferencia se acuerda el principio del fin de la era de los combustibles fósiles, sentando las bases para una transición justa, rápida y equitativa, con profundos recortes de emisiones y una mayor financiación. Se aprueba triplicar la potencia de la energía renovable a nivel mundial, y duplicar las mejoras de eficiencia energética para 2030; se pone en marcha un fondo para pérdidas y daños, con aportaciones iniciales de 700 millones de dólares para comunidades vulnerables y también se aprueba un marco con objetivos sobre adaptación climática. Se firmaron además diversos compromisos como el de reducir a cero en 2050 las emisiones en las operaciones de 50 empresas petroleras, aunque solo en sus operaciones, no de los productos que ofrecen, con las ausencias entre otros de Irán, Rusia, México y China. La risa de los chinos se podía oír perfectamente en Europa. También se firmó en Dubai un acuerdo por 20 países para multiplicar por tres la potencia nuclear hasta el año 2050, y como ya sabemos por el suicidio energético y por tanto económico que vivimos, España no firmó ese acuerdo.

En esta Conferencia el pesimista secretario general de Naciones Unidas, Antonio Guterres lanzaba las siguientes soflamas: "tenemos el planeta en llamas", "hemos abierto las puertas del infierno", "la era del hervidero global ha comenzado", para describir el estado actual de la Tierra. Este señor al parecer quería decir que frente a las penas del infierno cualquier coste es escaso y la más tímida discusión es imprudente, cerrando el paso a cualquier debate o análisis razonado. Esto no es otra cosa que una claudicación de su responsabilidad, ya que sigue aferrándose al escenario extremo del IPCC (RCP8.5 y SSP5-8.5), escenario que en la actualidad no apoya la comunidad científica y que prevé un futuro para el año 2.100 con un consumo ingente de combustibles fósiles, que multiplica por más de 6 veces el consumo actual de carbón, disparándose las emisiones de dióxido de carbono y superando la temperatura en más de 5°C la media de la era preindustrial (ahora estamos 1,1°C por encima). Sin embargo la opinión del director del IPCC, Jim Skea, es que esas expresiones apocalípticas no sólo no reflejan el "consenso" científico, sino que erosionan la solidez de sus conclusiones frente a los ciudadanos y dificultan la puesta en práctica de las medidas apropiadas.

La Organización Metereológica Mundial (OMM) declaró el inicio de un evento El Niño para julio de 2023, siendo este mes, de acuerdo a los investigadores de NASA, el mes más caluroso de todos los que se han registrado en el registro de temperaturas mundiales desde 1880.

Erupción del Volcán Sundhnjúka en Islandia y del Kilauea en Hawai.

Se celebra la primera cumbre internacional dedicada a la protección de los glaciares y los polos, en París.

XIV. ACTIVISMO ECOLÓGICO ANTINUCLEAR EN ESPAÑA

En torno al año 1968 se producen una serie de movilizaciones sociales en todo el planeta que van a tener un profundo impacto ideológico y social. Entre ellas destacan las movilizaciones estudiantiles en Francia; las protestas contra la Guerra de Vietnam, el Movimiento por los derechos civiles de Martin Luther King y el Festival de Woodstock en Estados Unidos; la Primavera de Praga en la antigua Checoslovaquia; la matanza de la plaza de Tlatelolco en México; el otoño caliente de 1969 en Italia; las movilizaciones laborales de 1972 en Gran Bretaña; la Revolución Cultural de 1966 en China.

El ecologismo para convertirse en un movimiento aglutinador, necesita unos mitos fundacionales cuyas referencias y valores permitan que las diferentes corrientes de la familia ecologista se sientan identificadas. Estos mitos fundacionales proceden en gran medida de las movilizaciones de 1968 donde conviven corrientes pacifistas, feministas, medioambientalistas, libertarias o autogestionarias contrarias a la cultura del progreso ilimitado, consumista, jerárquico y patriarcal.

Así mismo, a partir de 1968 sucederán catástrofes que reforzarán la conciencia ecológica. Entre ellos los vertidos de los petroleros: Torrey Canyon, Taxanita, Oswego, Olimpyc Brabeary, Urquiola; el hundimiento del Rainbow Warrior de Greenpeace, por los servicios secretos franceses para evitar las protestas en contra de las pruebas nucleares en el atolón de Mururoa (océano Pacífico); los accidentes nucleares de Three Mile Island en 1979 y de Chernóbil en 1986; la fugas químicas de Seveso y Bhopal; o el encogimiento del mar de Aral.

En 1972 el Club de Roma presenta su informe "Los límites del crecimiento", en el que se llega a la conclusión de que existe un límite al crecimiento económico, y que dicho límite se alcanzaría en un máximo de 100 años, lo que representaría un auténtico desastre para la civilización y pondrá en peligro a la especie humana. Este planteamiento tiene un profundo impacto en Europa y con él surge la ecología política, una corriente ideológica del ecologismo cuya base ideológica central es el antiproductivismo, frente a la dialéctica productivista del imperante capitalismo. En torno a esta idea van a nacer en los años 80 una serie de organizaciones políticas, los denominados "Verdes" en diversos países europeos.

En medio de esta situación de profundos cambios ideológicos y sociales, que llegan más tarde a nuestro país por la existencia de la dictadura franquista, surge a finales de la década de 1970, cuando el movimiento ecologista es muy débil, disperso y desorganizado; la CEAN (Coordinadora Estatal Antinuclear), que integra a los sectores más militantes y que mantiene una actividad regular de coordinación, logrando impulsar grandes movilizaciones y consiguiendo importantes victorias, que no solo fueron del ecologismo antinuclear, sino de un gran movimiento popular, aunque impulsado este por el ecologismo, que veía la energía nuclear como algo peligroso e incontrolable; además de la recesión económica provocado por la primera crisis del petroleo en 1973.

A finales de los años 70 se produjeron numerosas movilizaciones populares contra las centrales nucleares, como: Lemoniz (Euskadi), Valencia de Don Juan (León), L´Ametlla del Mar (Tarragona) o Valdecaballeros (Extremadura). En muchas de ellas participan grupos con cierta solera como AEPDEN (Asociación de Estudios y Protección de la Naturaleza), escindiéndose después y cambiando a AEDENAT, que en 1986 se convierte en la casa común de la izquierda alternativa anti-OTAN, para desembocar después en la actual "Ecologistas en acción"; CANC (Comité Antinuclear de Cataluña) o la Comisión de Defensa de una Costa Vasca no Nuclear.

Por otro lado, en 1977 estaba presente dentro de los grupos ecologistas un activismo militante muy activo, que salía de la lucha contra la dictadura y que buscaba una renovación de los conceptos ideológicos de la izquierda tradicional. A lo que hay que sumar el planteamiento anti-imperialista y pacifista de este grupo de activistas, lo que les ponía frontalmente en contra de EE.UU y de su financiación de las centrales nucleares. Para el movimiento ecologista en lo concerniente a los problemas ecológicos y sus repercusiones sociales no había fronteras y además se había introducido en el ideario colectivo del ecologismo, el pensamiento de que era necesario garantizar la supervivencia humana en condiciones dignas y civilizadas. El ecologismo político desarrolló un análisis muy crítico del funcionamiento y de los valores de las sociedades industriales, que ponían precisamente en cuestión esta supervivencia. Era evidente que el motor del sistema producción y consumo era la energía barata, especialmente la que provenía de los combustibles fósiles, pero en el caso español la punta de lanza del desarrollismo era la energía nuclear, con los planes de construir 38 reactores nucleares.

En 1977, la economía española se encontraba en una situación de estancamiento con alto desempleo, además de alta inflación (escenario de estanflación). En esta situación con altos tipos de interés se hacia inviable invertir en un programa nuclear ambicioso, que se retrasaba continuamente por las exigencias de seguridad y que terminó por paralizar la construcción de la inmensa mayoría de las centrales, lo que se vio como una victoria del movimiento ecologista antinuclear, lo que le dio una enorme fuerza moral dentro del ecologismo y de la sociedad en su conjunto.

En los veranos de 1978 y 1980 el primer barco Rainbow Warrior se había enfrentado a la flota ballenera que aún se mantenía en España, tratando de impedir sus capturas. El hecho sirvió para que en 1985, España abandonara la caza de ballenas. En 1984, nació formalmente Greenpeace España, inaugurando una pequeña oficina en el centro de Madrid. Entre los principales logros está el cierre de la central nuclear de Zorita, la prohibición de la pesca con redes de deriva, la prohibición de minas antipersona y bombas de racimo, conseguir que España sea uno de los tres países en el mundo con mayor aprovechamiento de renovables, el despertar de la conciencia para actuar contra el cambio climático o la declaración de ilegalidad del hotel Algarrobico en el parque natural del Cabo de Gata en Almería.

XV. RELACIÓN ENTRE EL CAMBIO CLIMÁTICO Y LA ECONOMÍA

La ecología y la economía son dos campos de estudio que en apariencia pueden parecer muy diferentes, pero tienen más en común de lo que se podría pensar.
La Ecología enfoca su estudio en los organismos vivos y su relación con el medio ambiente. Por otro lado, la Economía enfoca su estudio en la producción, distribución y consumo de bienes y servicios. A simple vista, parece que estos dos campos no tienen mucho en común. Sin embargo, la realidad es que la economía está basada en los recursos naturales, los cuales son limitados y están sujetos a las leyes de la ecología.
Por esta razón, la relación entre Ecología y Economía es de suma importancia. La Economía depende de los recursos naturales para poder producir bienes y servicios, siendo la Ecología la
que provee estos recursos. Por tanto, la Economía debe ser capaz de entender cómo funciona la Ecología para poder asegurar una producción sostenible a largo plazo y evitar el agotamiento de los recursos naturales, aunque no tienen porque usarse siempre los mismos recursos naturales, ni las mismas combinaciones

entre estos, jugando un papel a tener muy en cuenta, la tecnología y la innovación.

La Ecología también se beneficia de la Economía, ya que esta última puede proveer la financiación necesaria para llevar a cabo proyectos de conservación del medio ambiente. Además, la Economía también puede proveer incentivos para que las empresas adopten prácticas más sostenibles, lo que a su vez beneficia al medio ambiente.

Relación entre ecología y economía	Beneficios mutuos
La Economía depende de los recursos naturales que provee la Ecología	La Economía puede asegurar una producción sostenible y evitar el agotamiento de los recursos naturales
La Economía puede proveer financiación para proyectos de conservación del medio ambiente	La Ecología se beneficia de la financiación para llevar a cabo proyectos de conservación del medio ambiente.
La Economía puede proveer incentivos para adoptar prácticas más sostenibles	Las prácticas sostenibles benefician al medio ambiente

Como podemos observar, la relación entre la Ecología y la Economía es estrecha y beneficiosa para ambas disciplinas.

La economía depende de los recursos naturales objeto de estudio de la Ecología y esta última se beneficia de la financiación y los incentivos que puede proveer la Economía. Entender cómo se relacionan ambas es fundamental para lograr una producción sostenible y evitar el agotamiento de los recursos naturales. La relación e integración entre estas dos disciplinas es fundamental para garantizar la sostenibilidad del desarrollo económico, es decir es importante tener en cuenta los límites del medio ambiente y buscar un equilibrio entre el desarrollo económico y la preservación del medio ambiente. La sostenibilidad ambiental puede traer muchos beneficios para la sociedad, como la innovación tecnológica, la creación de empleo y la mejora de la calidad de vida. Además, la relación entre la Ecología y la Economía puede fomentar la cooperación entre países y mejorar las relaciones internacionales.

Los beneficios de la integración de la ecología y la economía son:

> **Reducción del impacto ambiental:** Al utilizar prácticas ambientalmente responsables en la producción y el consumo de bienes y servicios, se puede disminuir el impacto negativo en el medio ambiente.
> **Desarrollo de tecnologías más sostenibles:** La integración de la Ecología y la Economía fomenta la investigación y el desarrollo de tecnologías más eficientes y sostenibles, lo que puede generar nuevos empleos y mejorar la competitividad empresarial.
> **Ahorro de recursos naturales:** Al utilizar recursos naturales de manera más eficiente, se puede reducir el desperdicio y disminuir los costos de producción y consumo.
> **Mejora de la salud humana:** Al reducir la contaminación ambiental y promover hábitos de vida saludables, se puede mejorar la salud y el bienestar de las personas.
> **Protección del medio ambiente:** Al incorporar criterios ambientales en las decisiones económicas, se puede proteger la biodiversidad y los ecosistemas del planeta.

La relación entre estas disciplinas es un tema complejo que presenta desafíos importantes, siendo importante que las empresas, los gobiernos y los ciudadanos trabajen juntos para encontrar soluciones sostenibles y responsables que equilibren la protección del medio ambiente con el crecimiento económico.

El cambio climático tiene el potencial de afectar no solo al medio ambiente, sino también de poner en riesgo a la economía mundial y a los resultados de las empresas.

Ha habido estimaciones clientelistas como la de Swiss Re, una compañía de reaseguros, que opina que el cambio climático representa la mayor amenaza a largo plazo para la economía mundial y que si no se cumplen los objetivos climáticos de cero emisiones netas para 2050, el mundo corre el riesgo de perder 23 billones de dólares en la producción mundial. Este es uno de los negocios que se están beneficiando del miedo climático, que ya está experimentando una fuerte expansión.

Cuando las temperaturas globales han ido aumentando, fenómenos meteorológicos extremos han ocurrido con mayor frecuencia, causando destrucción y grandes costes. Países del sur de Asia, como Sri Lanka, India, Pakistán y Bangladesh, están más expuestos a inundaciones, escasez de agua, incendios forestales y tormentas. Un informe de la calificadora de riesgos S&P Global, estima que el sur de Asia puede perder entre el 10% y el 18% de su PIB debido a los fenómenos meteorológicos extremos, 10 veces más que Europa. Los países de Asia Central, Oriente Medio y África también se enfrentan a una amenaza similar, según el informe. Para ilustrar los beneficios económicos de invertir en la mitigación del cambio climático, un informe demasiado optimista de la auditora Deloitte demostraba que el cumplimiento de los objetivos climáticos (limitar la temperatura global a 1,5°C y alcanzar el cero neto de emisiones, como recomienda el IPCC), podría aumentar el tamaño de economía mundial en 43 billones de dólares en 2070. Sería interesante ver si ese estudio es expresivo de las fuertes inversiones necesarias, si se tiene en cuenta el logro de la estabilización de la temperatura con esa "descarbonización", si se trabaja con magnitudes reales o nominales y si podría haber crecido más la economía sin esos proyectos climáticos.

Para mejorar la relación entre Ecología y Economía, es necesario tomar una serie de acciones que permitan un equilibrio entre ambos aspectos, ya que ambas áreas están interconectadas y un enfoque integrado es necesario para lograr un equilibrio sostenible. Algunas de estas acciones son:

- **Implementación de políticas públicas:** Es fundamental que los gobiernos implementen políticas públicas que fomenten el desarrollo sostenible y la protección del medio ambiente. Estas políticas pueden incluir incentivos fiscales para empresas que utilicen energías renovables, regulaciones ambientales más estrictas y programas de educación para la ciudadanía.
- **Uso de tecnologías limpias:** Las empresas pueden utilizar tecnologías limpias para reducir su impacto ambiental y mejorar su eficiencia energética. Esto puede incluir el uso de energías renovables, la implementación de sistemas de reciclaje y la reducción del consumo de agua y energía.
- **Promoción del consumo responsable:** Los consumidores pueden contribuir a mejorar la relación entre Ecología y Economía optando por productos y servicios que sean más amigables con el medio ambiente. Esto puede incluir el uso de productos biodegradables, la reducción del consumo de energía y agua en el hogar y la utilización de medios de transporte más sostenibles.
- **Fomento de la economía circular:** La economía circular busca minimizar el desperdicio y maximizar el uso de los recursos naturales, lo que implica la reutilización y el reciclaje de materiales para reducir la cantidad de residuos producidos. Las empresas pueden adoptar este modelo de negocio para reducir su impacto ambiental y mejorar su rentabilidad.
- **Investigación y desarrollo:** La clave esta en seguir investigando y desarrollando tecnologías y soluciones que permitan una relación más sostenible entre Ecología y Economía y no mantenerse en la creencia de que se agotan ciertos recursos y estamos perdidos. Esto puede incluir la investigación de nuevas formas de generación de energía, la implementación de

sistemas de gestión de residuos más eficientes y la búsqueda de alternativas más sostenibles a los productos y servicios actuales.

Desde el comienzo de la Primera Revolución Industrial, las variables ambientales no fueron tenidas en cuenta como valores económicos, y en general, no se consideraban los costos sociales. Los bienes naturales se consideraban inagotables y no se preveía su agotamiento por degradación, salvo las ideas del malthusianismo, que iba en esa dirección de superpoblación y agotamiento de recursos. En cierta forma como respuesta a ese paradigma, que implicaba la maximización de las utilidades y el crecimiento económico constante, se constituyó el denominado Club de Roma, que aglutinó a catedráticos, intelectuales, y otras personalidades relevantes, cuya característica en común era la disconformidad con el grado de deterioro ambiental que en forma crecientemente acelerada, podía constatarse en diversas regiones del mundo.

El primer trabajo elaborado por el Club de Roma fue publicado en 1972, y a partir de ahí uno de sus postulados básicos fue el paradigma del "crecimiento cero" (economía estacionaria). Partiendo de la premisa (nunca demostrada científicamente), que el mundo alcanzó el grado máximo tolerable de utilización de los recursos naturales, puso como objetivo central detener por completo el crecimiento económico. De hecho, en muchos sectores de la población de diversos países, lograron reemplazar el paradigma del crecimiento económico como medio de incrementar el bienestar; pasando al neoparadigma del conservacionismo. Se paso del crecimiento ilimitado y sin consideraciones ambientales, a la antítesis del "crecimiento cero" del Club de Roma y el movimiento ecológico fundamentalista. De alguna manera esa postura tan radicalizada fue una reacción ante el consumismo desenfrenado de la sociedad opulenta, en ese momento constituida básicamente por Europa Occidental, EEUU, Canadá y Japón.

La amplia difusión dada a esos nuevos postulados, la financiación directa o encubierta a las multinacionales de la ecología, que rápidamente se crearon y expandieron, y la difusión de estas nuevas ideas, dio origen a que catedráticos, intelectuales, pseudo intelectuales, disconformes con "el sistema", y personas de buena fe con o sin conocimientos para analizar en profundidad todo ese fenómeno; a una masiva proliferación de entidades ecologistas formales e informales, en prácticamente casi todo el mundo.

Lo que muy pocas personas tuvieron en cuenta es que el movimiento ecologista mundial se constituyó en base a postulados elaborados en el Primer Mundo, dejando absolutamente de lado temas de primordial importancia mundial, pero que a la vez no son de ningún modo prioridades para las sociedades desarrolladas u opulentas, pues la población de esos países vive otra realidad ajena a las necesidades y angustias del mundo subdesarrollado. La miseria socioeconómica, los gravísimos males del subdesarrollo, e incluso la abyecta contaminación, consecuencia del subdesarrollo extremo, ni siquiera han sido tenidos en cuenta en los análisis del Club de Roma, ni por las transnacionales de la ecología, ni por organizaciones ecologistas menores.

Se olvidaron incluso de analizar como compatibilizar el paradigma del crecimiento cero con las crecientes necesidades de la población en aumento del tercer y cuarto mundos, y menos aún de cómo elevar el nivel de vida de los millones de desposeídos, subalimentados y pobres del mundo.

Medir los efectos del cambio climático sobre la economía es complicado; podemos hacer suposiciones, pero no tenemos números exactos. No obstante, algunas simulaciones que solo relacionan dióxido de carbono y temperatura, de forma pesimista indican que el PIB mundial podría contraerse entre un 5% y un

20%, y el de España es de 1,3 billones, es decir que estaríamos hablando de pérdidas equivalentes para la economía española de más de 100.000 millones de euros; para ponerse a temblar, porque estamos hablando de algo muy contundente y preocupante. España perdería casi el 10% de su PIB en 2050 si se produce un aumento severo de la temperatura.

La contracción esperada en el PIB mundial para 2050, según los adivinos del clima la dividen en cuatro escenarios de impacto diferentes en comparación con un mundo sin cambio climático.

Estos son: 4% si se cumplen los objetivos del Acuerdo de París (un aumento muy por debajo de los 2°C); 11% si se toman más medidas de mitigación (aumento de 2°C); 14% si se toman algunas medidas de mitigación (aumento de 2,6 °C) y 18% si no se toman medidas de mitigación (aumento de 3,2 °C).

Según el Informe Stern de 2006 (economista en jefe del Banco Mundial de 2000 a 2003), sobre la economía del cambio climático, tomar medidas firmes y rápidas para reducir las emisiones, supera ampliamente los costes y si no se actúa a corto plazo el coste anual seria del 5% del PIB, mientras que tomar las medidas para frenar la tendencia solo costaría sobre el 1% del PIB. Este informe propuso para financiar el gasto, impuestos elevados por tonelada de dióxido de carbono, por contra el premio nobel de Economía, Nordhaus, ha sido de la opinión de reducir los impuestos al carbono. En el transfondo económico de estas dos posturas, tenemos que mientras Stern esta postulando que se debería poner en marcha el ciclo de reemplazo de capital, renovando equipos; Nordhaus postula que deberíamos trabajar con los equipos que hasta ahora han funcionado, sin reemplazarlos, ya que existen muy buenos equipos, que han costado mucho dinero y seguirán funcionando bien durante años o décadas. Estos equipos podemos eliminarlos y reemplazarlos con equipos nuevos con lo que se conseguiría no "emitir dióxido de carbono", o bien, podemos esperar hasta que agoten su vida útil o se amorticen, y luego reemplazarlos conforme vaya avanzando la tecnología, con equipos más modernos que mitiguen las emisiones.

Indiscutiblemente, es más económica la postura de Nordhaus, porque el costo de la parte sin emisiones solo serán los costos marginales de hacerla no emitiva, en lugar del costo total de un nuevo equipo. De todas formas habremos de esperar hasta tener que renovar de todos modos, que es lo que se esta haciendo con los coches, es decir no prohibir los coches de gasolina en las carreteras, dejando que la flota envejezca hasta la obsolescencia.

En 2023 los granjeros irlandeses se rebelaron contra una propuesta del gobierno, de sacrificar 65.000 vacas (el 10% de su cabaña de vacuno), al año, durante tres años, con un costo total de 200 millones de euros, para ayudar a Irlanda a cumplir sus objetivos de cambio climático, teniendo como objetivo reducir las emisiones de la ganadería en una cuarta parte para 2030.

Admitiendo que nuestro conocimiento de ganadería es muy limitado, sabiendo que las vacas lecheras tienen una vida útil de

6 a 7 años, por lo tanto, el capital (las vacas), se sustituirá por completo en 2030 de todos modos. Esto significa que comenzar a reducir ese stock de capital ahora mismo no es oportuno y desde luego la propuesta de Nordhaus es la correcta, porque por estos motivos existe la ciencia económica.

Por tanto, disponemos de una regla que se puede generalizar para toda la actividad económica: Trabajar con el periodo de maduración o ciclo del capital y no contra el, es más barato, más eficiente, que tratar de forzarlo, ya que significa que dispondremos de más recursos para realizar más acciones sobre el cambio climático, suponiendo un ahorro de 200 millones en el caso de las vacas.

El intervencionismo programado de la agenda 2030 está destruyendo la industria de la Unión Europea en particular de la eurozona y prosigue sin control a destruir también el sector primario.

Detrás de todo esto se persigue un objetivo constante de control y de represión por parte del poder político, que lo que desea, cada vez con mayor fervor es la destrucción de los sectores más independientes. Una sociedad que no tiene industria, agricultura y ganadería es una sociedad forzosamente dependiente y empobrecida.

En la Unión Europea, realmente es necesario defender el proyecto europeo, pero ello no significa defender ciertas decisiones, sobre todo cuando vienen de personas, a menudo funcionarios de cualquier parte del mundo que no tienen ningún contacto con la realidad y que se benefician de que la situación empeore, sobre todo para las economías occidentales, es decir burocracia en estado puro.

A menudo la gente se pregunta cómo puede ser que los líderes políticos con esas ideas intervencionistas, que nos está asfixiando constantemente, no se den cuenta de que están destruyendo sectores básicos como el sector primario, además de la

industria. Se dan cuenta, pero la gente no quiere entender que la razón por la que un grupo de políticos puede tener como objetivo que estos sectores empeoren, es precisamente porque así se crea un clientelismo rehén del poder político, que pasaría a conceder dispendios. La política energética concretamente esta siendo totalmente equivocada y lo único que ha conseguido es que países como Alemania que eran líderes mundiales en el sector industrial, si leemos en los medios como The economist o Bloomberg, ha perdido su posición de liderazgo industrial por llevar a cabo una política energética errónea que ha cerrado las centrales nucleares y que ahora depende mucho más del carbón y del gas ruso. Es lamentable comprobar que un país que podría ser líder mundial en cuanto a innovación, generación de bienes y servicios que en todo el mundo se demandan, ha quedado debilitado y como un país de hippies.

España se encuentra en una situación en la que se han destruido miles de empresas con la consiguiente destrucción del empleo privado, siendo el empleo público, el único que se ha ido creando, porque se han implantado una serie de medidas incorrectas, que solo buscan el control de los ciudadanos y que no tienen ninguna lógica ni medioambiental ni económica.

El objetivo buscado que al parecer muchos no entienden, es el decrecimiento de la producción y la destrucción de la demanda, como argumentos falsos de unos políticos sin ninguna formación en Economía, que nos venden los siguientes bulos:

- Que la riqueza es una especie de tarta que se puede repartir a gusto de los burócratas y esto es falso porque la riqueza o se destruye o se crea. Si no creamos riqueza la estaremos destruyendo.
- Que los políticos redistribuyen desde los ricos a los pobres, cosa que es falsa, porque lo que hacen los gobiernos intervencionistas es redistribuir desde la clase media a los políticos, que como intermediarios son los grandes beneficiados.
- Que la economía es un juego de suma cero que si alguien gana es porque alguien pierde, cosa que no es cierta, porque la economía genera riqueza y progreso y todo lo que vemos, sea público o privado, proviene de la actividad económica privada, gracias a que se producen beneficios para todas las partes que están cooperando de manera libre y sin coacción alguna.
- Que debemos avanzar hacia un decrecimiento económico (decrecentismo), lo que implicaría retroceder siglos de civilización. El reducir el PIB mundial además de ser algo inmoral, es una contradicción, ya que si esto sucede no habrá recursos, sobre todo tecnológicos con que dotar los diversos programas para solucionar los problemas de la humanidad, que no son pocos.

COSTES Y BENEFICIOS DE ADAPTACIÓN AL CAMBIO CLIMÁTICO

La adaptación al cambio climático como se ha ido disponiendo desde Naciones Unidas, y que hoy siguen muchos gobiernos, requiere una acción sistémica en todos los niveles de gobernanza y sectores para aprovechar las sinergias entre las diversas iniciativas y evitar la mala adaptación.

En 2022, todos los países miembros del Espacio Económico Europeo (EEE), contaban con una política nacional específica; además, muchos países han adoptado planes y programas de adaptación regionales y/o sectoriales (AEMA), que es necesario aplicar, supervisar, informar y evaluar aunque no es habitual tener una visión general a nivel nacional de los costes reales de las acciones de adaptación, lo que redunda en un descontrol aun mayor del gasto, que se está produciendo en inversiones improductivas.

A la hora de evaluar los aspectos económicos de las medidas de adaptación, se deberían comparar tres variables: el coste de la inacción, el coste de la adaptación y los beneficios totales de la adaptación.

COSTES DE INACCIÓN Y DE ADAPTACIÓN

Los costes de la inacción se refieren al gasto total para la lucha contra el cambio en el clima en ausencia de un plan de adaptación. Se trata de la valoración de los daños que resultarían de permitir que el cambio climático continúe, si es que continúa (Ackerman y Stanton, 2006).

Las pérdidas estimadas por fenómenos meteorológicos y climáticos pueden servir como indicador del coste de la inacción o de no tomar medidas, si bien el sesgo introducido puede ser grande, ya que se podrían producir tanto pérdidas como ganancias por diversos y múltiples conceptos.

Para definir el coste de la inacción, la base es la línea de la política actual, a partir de la cual, se elaboran modelos de impacto climático que incorporan escenarios socioeconómicos y climáticos para estimar el coste de la inacción en ausencia de opciones de adaptación, incluyéndose para su valoración diversas técnicas según el sector a estudio.

Aferrándose a la letanía de Naciones Unidas, un informe de la consultora Deloitte: "el cambio climático requiere una acción inmediata y una inversión importante, pero será mucho menor que las pérdidas que causará a largo plazo el coste de la inacción, ya que si el mundo mantuviera el rumbo actual, las consecuencias del cambio climático costarían 178 billones de dólares en los próximos 50 años y siendo la riqueza actual de la Tierra de unos 500 billones de dólares, esto supondría un recorte del 7,6% del producto interior bruto (PIB) mundial sólo en 2070".

El coste de la adaptación es el gasto total dedicado a realizar cambios y a veces se define como las necesidades totales de inversión o nivel de inversión requerido para implementar las medidas establecidas en un plan de adaptación determinado, sea nacional o supranacional. Es necesario diferenciar entre gasto real y presupuestado; el gasto presupuestado o previsto es con el que los gobiernos se comprometen a ejecutar el plan de adaptación, mientras que el gasto real es el que efectivamente se produce en el periodo de referencia, independientemente de si coincide o no con el gasto presupuestado (aunque nunca suele coincidir en la práctica presupuestaria), para realizar las medidas de adaptación.

Las necesidades de financiación como gran obstáculo para permitir la adaptación de los países en desarrollo son muy superiores a lo que pueden ofrecer las diversas fuentes públicas, tanto desde organismos internacionales como desde los gobiernos.

Y desde luego la financiación es necesaria para impulsar la inversión en toda la parafernalia de soluciones propuestas para la adaptación, para que los países puedan aprender qué iniciativas funcionan y ampliar aquellas que sean más eficaces, aunque habría que ver si esos programas de aprendizaje son o no productivos. Otra dificultad importante es la escasez de información y de conocimientos, incluido el conocer con exactitud la causa/s del aumento de temperaturas. Tampoco es fácil acceder en países en desarrollo a datos climáticos precisos, porque en general, no existen evaluaciones de riesgos regionales, estando los sistemas de seguimiento, aprendizaje y evaluación de la adaptación, dispersos, por lo que no es posible realizar una adecuada planificación de inversiones a partir de información fiable.

La mala adaptación se produce cuando en una intervención destinada a adaptar un lugar o sector en particular se produce un aumento de la vulnerabilidad, mediante un desplazamiento temporal o espacial del riesgo, pudiendo tener consecuencias contraproducentes, al aumentar la probabilidad de impactos negativos en otro lugar o sector o en otro momento. Por ejemplo unos diques o defensas costeras inadecuadas podrían provocan la erosión costera en otros lugares al provocar bloqueos a largo plazo que serían difíciles y costosos de cambiar. El IPCC, ha ido señalando que el proceso conlleva sus riesgos y cada vez se producen más evidencias de mala adaptación. En su sexto informe de evaluación, el IPCC hace énfasis, en que si bien la planificación y la implementación de la adaptación han avanzado, siguen siendo limitadas en alcance y efectividad, habiendo comunidades marginadas, sobre todo en el tercer mundo, excluidas de poder tomar decisiones y que sufren los peores impactos.

También, el "Informe sobre la brecha de adaptación" del Programa de Naciones Unidas para el Medio Ambiente (PNUMA), advierte que las prácticas actuales de adaptación no cumplen con lo necesario, perpetuando las vulnerabilidades existentes y aumentando las desigualdades.

En la COP 28 en Dubai (2023), los países acordaron un inédito objetivo mundial relativo a la adaptación, con el objetivo de mejorar sus capacidades, fortalecer la resiliencia y reducir la vulnerabilidad al cambio climático. Los objetivos incluían abordar la escasez de agua, la seguridad alimentaria, los impactos en la salud, la resiliencia de los ecosistemas e infraestructuras, la mitigación de la pobreza y la protección del patrimonio cultural. Como todo lo que sale de Naciones Unidas, muy bonito pero son más bien deseos que suelen superar lo factible.

Puesto que no todos los impactos del cambio climático pueden eliminarse mediante la adaptación, es necesario tomar una decisión sobre qué impactos económicos se pueden gestionar, o lo que es lo mismo elegir solo aquellos impactos para los que se pueda encontrar un equilibrio óptimo entre, de una parte, los costes y los beneficios de la adaptación, y de otra, de los costes de la inacción, o por lo menos todos aquellos a los que es posible adaptarse a determinadas restricciones presupuestarias. Una vez hecha la selección de impactos que es posible cubrir, será deberán definir los de objetivos que permitan la adaptación, para después identificar y seleccionar las medidas que sean idóneas. Por ejemplo las ciudades pueden reducir el efecto de isla de calor aumentando la cobertura verde con árboles y parques; los diseños arquitectónicos que promueven el confort térmico y la refrigeración pasiva pueden ayudar a combatir el aumento de las temperaturas; los gobiernos pueden proporcionar subsidios, préstamos y viviendas asequibles para alentar a los residentes a mudarse a áreas más seguras; invertir en infraestructura gris, como muros de contención, compuertas contra inundaciones y sistemas de drenaje para proporcionar protección inmediata contra eventos climáticos extremos, como los depósitos subterráneos y las tecnologías de pavimentos permeables. Hasta ahora se han realizado inversiones en muchos lugares del mundo, veamos algunos ejemplos, aunque no se refieran exactamente al relato del cambio climático

En lo que se considera como la llanura de inundación del rio Támesis se localizan 1,25 millones de residentes, 40.000 propiedades comerciales e industriales, 400 colegios, 16 hospitales, más de 500.000 casas, 35 estaciones de metro y 51 estaciones de tren.

Frente al riesgo de inundación entre las acciones que se pusieron en marcha, según plan presentado en 2012: Construcción de la "Thames Barrier" y otras barreras de protección a lo largo del rio; protección y análisis del estado de las infraestructuras de defensa existentes y evaluación de la necesidad de construir nuevas.

Desde que en 1992 Naciones Unidas emitiera un informe que situaba a Ciudad de México como la ciudad con más contaminación en 2011, el gobierno realiza un descuento del 10% a todas aquellas personas que construyan azoteas verdes en sus hogares y alienta a los ciudadanos a hacer más ecológicas sus casas. Entre 2007 y 2012, se crearon más de 12.000 metros cuadrados de azoteas verdes en edificios públicos, lográndose grandes beneficios económicos y ecológicos para esta ciudad.

En Vancouver, en 2014, se pusieron en marcha una serie de acciones con objetivos como: Aumentar los niveles de calidad del agua y reducir su consumo en un 33% con respecto a 2006 (en 2014 el consumo disminuyó un 14%); reducir los residuos sólidos que van al vertedero o incineradora en un 50% respecto a 2008 (en 2013 ya se habían reducido en un 18%); plantar 150.000 árboles en las poblaciones como estrategia forestal urbana y asegurar que cada persona viva a 5 minutos andando de un espacio verde, entre otras acciones.

En Polonia, se aplicó un enfoque híbrido de medidas de infraestructura verde y gris como: renaturalización de embalses y restauración de humedales; ampliación, reconstrucción y modernización de terraplenes fluviales; restauración de la funcionalidad de los diques; y reconstrucción de estaciones de bombeo de agua y canales de descarga de agua, para reducir el riesgo de inundación de los ríos. El coste total de estas medidas ascendió a unos 217 millones de euros. El coste de los daños evitados por las inundaciones en los edificios se estimó en unos 445 millones de euros. Tras las graves inundaciones del río Moldava en Praga (2002), se instalaron barreras fijas, barreras móviles y válvulas de seguridad en la red de canales a lo largo del rio, con un coste de 146 millones de euros. Los beneficios estimados se calcularon para un evento de inundación que se calculó que puede ocurrir una vez cada 500 años. Entre los costes evitados se incluyen los daños a edificios residenciales (cerca de 2.000 millones de euros), infraestructuras y edificios industriales (más de 600 millones de euros), equipamiento urbano (más de 200 millones de euros); bienes del patrimonio cultural (más de 50 millones de euros); y costes de evacuación de los ciudadanos, limpieza y otros costes, estimados (más de 70 millones de euros).

Recientemente en 2023 hubo una tormenta enorme llamada "Daniel", que ha provocó lluvias en Grecia, con una intensidad de 800 litros por metro cuadrado en 24 horas. En este país murieron 10 personas; en Turquía y otros países donde llovió sensiblemente menos murieron decenas de personas y en Libia, la misma tormenta se ha llevó la vida de unas 10.000 personas; ¿cuál es la diferencia entre estos países?: Indudablemente el nivel de desarrollo económico. Si una economía no se ha podido desarrollar por falta de crecimiento y las infraestructuras existentes son una ruina, como lo eran las dos presas que reventaron en Libia, que en 2022 ya se preveía que podría suceder; no hay duda de que se trata de un problema de desarrollo. Pero se ha dicho que la culpa es del cambio climático, cuando este como máximo, puede haber hecho que esta tormenta haya durado unas horas más de lo que hubiera durado sin cambio climático. Es decir de llover, en lugar de 600 litros, a llover 700 litros por metro cuadrado, pero lo que en ningún caso hace el cambio climático es matar a 10.000 personas, porque eso no hubiera ocurrido sí esa economía estuviera más desarrollada, y podría haberlo estado, con unas presas construidas por lo menos con tecnología del siglo XX.

La selección de medidas está en relación directa con los recursos financieros disponibles y la tecnología disponible y puede basarse en métodos de evaluación que incluyen un análisis coste-beneficio, evaluación del riesgo climático y un análisis utilizando diversos criterios conjuntamente. Las inversiones en adaptación disminuyen exponencialmente las pérdidas económicas derivadas del impacto climático y en buena lógica a mayores inversiones menores escenarios de pérdidas, sin embargo, siempre habrá costos por impactos residuales del cambio climático que serán inalcanzables con la adaptación.

Las inversiones que no tienen como objetivo principal la adaptación para reducir los impactos del cambio climático, como son: las dirigidas al desarrollo económico, la reducción de la pobreza y la atención sanitaria preventiva, hay que tener en cuenta que pueden dar lugar a beneficios colaterales de adaptación, al representar estas, avances sustanciales. En la Unión Europea no existe una cifra única que refleje la inversión total en la adaptación necesaria, estimándose según estudios realizados para ciertos sectores, una inversión anual de entre 35.000 y 56.000 millones de euros (euros constantes de 2015).

Estudios como COACCH (CO-designing the Assessment of Climate CHange costs o CO-diseño de la Evaluación de los Costos de la Crisis Climática, por sus siglas en inglés), con 13 centros de investigación en Europa; realizan estimaciones de las necesidades anuales de inversión para diversos sectores, considerando los impactos climáticos bajo diversos escenarios climáticos, como son: En el escenario de limitar el aumento de la temperatura global a 1,5 °C, las inversiones estimadas en adaptación se sitúan en torno a los 40.000 millones de euros al año (para la UE27 más el Reino Unido); para el escenario con un aumento de la temperatura global de 2°C, las necesidades totales de inversión se estiman entre 80.000 y 120.000 millones de euros al año y para el terrible escenario de un aumento de 3-4°C, las necesidades de inversión aumentarían de entre 175.000 y 200.000 millones de euros al año.

A nivel nacional, se han realizado evaluaciones de los costos de adaptación, como el proyecto PACINAS (Public Adaptation Costs: Investigating the National Adaptation Strategy in Austria o Costos Públicos de Adaptación: Investigación de la Estrategia Nacional de Adaptación en Austria), del gobierno federal de Austria. En Francia, la iniciativa de la OCDE "Colaboración de París sobre los presupuestos verdes", evalúa en qué medida los presupuestos nacionales son compatibles con los objetivos medioambientales, abarcando seis factores medioambientales que se utilizan para calificar cada una de las medidas en las cuentas de gasto. Sin embargo, los valores de estas evaluaciones no son extrapolables al resto de Europa. En el cuarto informe del IPCC en 2007, se estimaban los costos macroeconómicos para 2030 y para 2050, necesarios para la mitigación de los diversos gases de efecto invernadero (reducción de las emisiones de dióxido de carbono y otros gases, como el metano, CFC y otros), entre una disminución del 3% en el PIB mundial y un pequeño incremento, suponiendo una estabilización de los gases entre 445 y 710 ppm en el dióxido de carbono. Para 2050 estimó, para la misma estabilización atmosférica, que oscilarían entre un aumento de 1% y un descenso del 5,5% en el PIB mundial.

La Agencia internacional de la energía, estima que como mínimo se requieren 197 mil millones de dólares en los países desarrollados, para desplegar las inversiones necesarias en los distintos sectores, independientemente de las consideraciones climáticas, el doble de la cantidad acordada por los países desarrollados en la Convención Marco de Naciones Unidas para el Cambio Climático (COP16 celebrada en Cancún en 2010), lo que supondría un significativo endeudamiento, dadas las ayudas públicas necesarias para estimular la inversión privada, que por otra parte provocarían subidas de impuestos. Cada vez más se tiene en cuenta el riesgo climático en todos los sectores de la economía, en lo que se refiere a las decisiones de inversión pública (aunque también en la inversión privada); habiendo cada vez un mayor afán por el gasto en partidas presupuestarias novedosas, consideradas como necesarias, respecto a los presupuestos de desarrollo tradicionales, con la intención de financiar las medidas de adaptación al cambio climático.

Según previsiones, alrededor de 190 millones de personas viven en regiones que se pueden ver afectadas por el impacto de una subida en el nivel del mar, sin embargo, esa proyección es estática, porque asume que nadie construirá puentes, diques o infraestructuras de refuerzo que permitan amortiguar ese aumento del nivel del mar; por lo que no tiene sentido fijarnos en este tipo de estimaciones, debemos tener en cuenta que tenemos la capacidad de adaptarnos a las circunstancias, como siempre hizo la humanidad, realizando siempre cálculos sensatos.

BENEFICIOS

Los beneficios de la adaptación suelen evaluarse calculando el coste de oportunidad producido (pérdidas evitadas), es decir, teniendo en cuenta los daños directos e indirectos evitados a infraestructuras, negocios y servicios diversos, muertes evitadas y pérdidas de salud y bienestar. También cabe contemplar los efectos secundarios de la adaptación, que pueden ser positivos (beneficios colaterales), como son: la mejora en la biodiversidad, la calidad del aire, la gestión del agua, la reducción de las emisiones de gases de efecto invernadero, salud y bienestar, reducción de posibles riesgos futuros, mejora de la productividad de los recursos, impulso de la innovación mediante la búsqueda de soluciones ante nuevos desafíos; o también negativos, en caso de inadaptación, que también a su vez pudieran originar también algún tipo de beneficio, dada la diversidad de medidas.

En comparación con el costo de la inacción y el costo de la adaptación, los beneficios son relativamente más difíciles de estimar en términos monetarios, debiéndose esto a la aleatoriedad de los fenómenos meteorológicos extremos, lo que aumenta la incertidumbre en torno a la estimación de los beneficios. Una manera de estimar los beneficios de la adaptación consiste en hallar la diferencia entre las pérdidas producidas ante una situación de inacción y las perdidas residuales que siempre se pueden producir, tomando una serie de medidas a lo largo de un período. Es importante tener en cuenta que los beneficios de la adaptación también incluyen beneficios económicos adicionales, por ejemplo, en el caso de adaptación, la protección de los ecosistemas, cuyos beneficios suponen un importante beneficio colateral por la protección de la naturaleza.

ANÁLISIS COSTE-BENEFICIO DEL PROYECTO CLIMÁTICO

El análisis coste-beneficio es un proceso sistemático, utilizado en Economía, que los agentes, sean particulares, empresas o gobiernos, utilizan para analizar qué decisiones tomar y a cuáles renunciar. Es un tipo de análisis fundamental para evaluar y seleccionar medidas apropiadas y equitativas frente a posibles impactos del cambio climático. Se puede realizar de forma absoluta, sumando los beneficios o ganancias esperadas (tomándose la media de estos en el periodo considerado) de una situación o acción y restando los costos totales asociados con la realización de esa acción.

Si los beneficios de una política climática son mayores que los costos de esta, el riesgo en el que se incurre será aceptable, al ser la ganancia superior a los costes del proyecto. La norma estándar utilizada por los tomadores de decisiones públicas y privadas es que el riesgo será aceptable si el valor actual neto esperado de las diferencias entre los beneficios y los costes de futuros periodos, es positivo, es decir hay ganancia neta.

En principio, el análisis coste-beneficio es sencillo, desde el punto de vista de que cualquier proyecto de inversión se puede considerar como un cambio en la situación económica con respecto a lo que habría ocurrido si el proyecto no se hubiese llevado a cabo. Para evaluar si el proyecto debe llevarse a cabo, además del cálculo de la diferencia entre beneficios y costes, habría que examinar los niveles de consumo de todo tipo de individuos, de todo tipo de bienes, en cualquier momento del tiempo en las dos situaciones, tanto de acometerse el proyecto, como de no acometerse. Si en general los individuos están mejor con el proyecto, que sin él, entonces debe ser aceptado; Si los individuos están peor, que sin él, entonces debe ser rechazado. Si para algunos individuos o grupos está mejor y para otros peor, la decisión dependerá de la ponderación que se le dé a las ganancias y pérdidas de diferentes grupos o individuos. Aunque este último es obviamente el procedimiento correcto a seguir en la evaluación de proyectos, no es práctico por su complejidad, por tanto se deben buscar atajos aproximados pero razonables (Atkinson y Stiglitz, 2015).

El análisis coste-beneficio también se puede realizar de forma relativa, utilizándose para ello la relación coste-beneficio (Benefit-Cost Ratio o BCR):

BCR de un proyecto = Valor actual de beneficios/Valor actual de costes.

Con un resultado mayor que 1, el proyecto sería viable, siendo preciso tener en cuenta que para actualizar, tanto los beneficios estimados, como los costes estimados, será pertinente elegir una adecuada tasa de descuento, porque podría tener un gran impacto en la estimación de los costos de la adaptación y los beneficios de esta. En el caso de proyectos de infraestructuras, como pueden ser los sistemas de defensa contra inundaciones, la elección de un horizonte temporal que no tenga en cuenta los importantes costes de mantenimiento periódico, puede aumentar el BCR. También hay que tener en cuenta que los beneficios en el contexto de un escenario de mayores emisiones de gases de efecto invernadero, o un escenario en el que los desafíos socioeconómicos de la adaptación son mayores,
se pueden ir reduciendo a lo largo del tiempo.
Tomando como ejemplo los sistemas de alerta de olas de calor aplicados en ciudades europeas, se ha llegado a una relación BCR, que oscilaba entre 11 y 3.700, dependiendo del método de valoración utilizado, del período de tiempo y del escenario climático considerado. En cuanto a las inundaciones por crecidas de los ríos, se estima que los beneficios del Sistema Europeo de Alerta sobre Inundaciones a escala continental asciende a un BCR de 400 euros por cada euro invertido.
Es preciso decir que esta metodología ha sido criticada en su aplicación al clima porque las probabilidades en cuanto a beneficios y costes para afrontar el cambio climático son sumamente difíciles de calcular y algunos costes y beneficios, como los relativos a la salud y la biodiversidad, son difíciles de valorar; uniéndose a lo anterior, las dificultades para aplicar las políticas necesarias para asegurar o diversificar los riesgos de un cambio en el clima.
A pesar de las diversas incertidumbres o posibles críticas del análisis coste-beneficio, es indiscutible que tiene una serie de puntos fuertes como el ofrecer un análisis exhaustivo, coherente

y global de los impactos o que a medida que se va reduciendo la incertidumbre en base a la experiencia, los modelos utilizados pueden ser más realistas y útiles.

Además del análisis coste-beneficio, también se pueden utilizar como técnicas en la selección de proyectos: el análisis coste-efectividad y el análisis multicriterio, metodologías descritas en el libro: "Evaluación de los costes y beneficios de las opciones de adaptación: una visión general de los enfoques, las herramientas ECONADAPT y los criterios de evaluación de base para la adaptación climática", de la CMNUCC (Convención Marco de las Naciones Unidas sobre el Cambio Climático).

La principal contribución del nobel de Economía Nordhaus: el modelo DICE (Dynamic Integrated Climate-Economy), uno de los tres principales modelos de evaluación integrada utilizados por la Agencia de Protección Ambiental de Estados Unidos, modeliza las interrelaciones entre economía y cambio climático, determinando la senda óptima de reducción de emisiones que maximiza el valor actual de la suma de utilidades del consumo presente y futuro. Se aplica el análisis coste-beneficio para definir qué hay que hacer frente al cambio climático, recomendando como resultado, una actuación moderada que limite el calentamiento a 3,5º C, en fuerte contraste con las propuestas de organismos como el IPCC de Naciones Unidas.

Nordhaus opina que el impacto del cambio climático sobre el PIB sería asumible; que el mundo será mucho más rico en el año 2120 que en 2020; que habrá una clase media más grande a nivel global; que la pobreza seguirá bajando de forma significativa; que viviremos más años y que tendremos mejor salud. Hay estimaciones de que en 2075, por ejemplo, el ciudadano medio del mundo será tres veces más rico que hoy.

Según este mismo autor, suponiendo un aumento del nivel del mar por el deshielo, según previsiones, alrededor de 190 millones de personas podrían vivir en regiones que se podrían ver afectadas. Pero esta proyección es estática, al asumir que nadie construirá puentes, diques o infraestructuras de refuerzo que permitan contrarrestar el aumento del nivel del mar. Por tanto no tiene sentido fijarnos solamente en estimaciones, hay que tener en cuenta que tenemos la capacidad de adaptarnos a las circunstancias, como siempre a demostrado la humanidad y desde luego es necesario invertir en ello estableciendo cálculos sensatos.

Partiendo de la hipótesis, de que el cambio climático va a golpear el nivel de vida de los ciudadanos, Nordhaus y otros economistas han calculado cuál será el impacto que tendría en nuestro bienestar, pero al cruzar unos cálculos con otros, se comprueba que todas las estimaciones realizadas convergen en que solo seríamos un poco menos prósperos ante los supuestos más pesimistas. En el peor de los casos, nuestro nivel de vida se reducirá un 2%, por tanto no nos dirigimos a una distopía de película de Hollywood, en la que todos nos arruinamos, sino a un mundo más rico. Muchos investigadores, en base a estudios económicos rechazan las tesis que algunos alimentan sobre el decrecimiento y son escépticos respecto a las metas marcadas por la Agenda 2030, muy especialmente con las ambientales y tanto el impuesto al carbono como la descarbonización total de la economía, son poco eficaces o escasamente verosímiles, sobre todo desde la óptica de los países más pobres.

Por ejemplo, para la compra del coche eléctrico se ofrecen muchas ayudas, con subsidios de 5.000 euros o más en muchos países europeos, pero la caída de emisiones equivalente es muy pequeña, sobre todo con las subvenciones, como gasto público extraído a los contribuyentes. Por lo tanto, debemos ser eficientes y que destinar mucho dinero a financiar programas que nos hacen sentir bien psicológicamente, pero que no tienen un impacto notable, lo importante es hablar de soluciones.

INSTRUMENTOS EN LA LUCHA CONTRA EL CAMBIO CLIMÁTICO

IMPUESTOS AL CARBONO

La financiación de proyectos climáticos puede provenir de diferentes fuentes, sean públicas o privadas, nacionales o internacionales, bilaterales o multilaterales. El flujo de financiación climática total a nivel mundial, alcanzó los 640.000 millones de dólares en 2020 y puede presentarse a través de diferentes instrumentos: Fondos públicos, subvenciones y ayudas (teniendo como base la recaudación de impuestos), donaciones, bonos verdes, acciones, canjes de deuda, seguros y reaseguros, garantías y préstamos en condiciones favorables.

Fondos para proporcionar recursos a países en desarrollo como, el Fondo para el Medio Ambiente Mundial (FMAM), el mayor financiador público, con aportaciones de estados, ong internacionales, agencias de Naciones Unidas, Banco Mundial, Banco Africano de Desarrollo y otros; y el Fondo de Adaptación (FA) y el Fondo Verde para el Clima (FVC), constituidos estos últimos, por diversos países que se alternan en la financiación de proyectos y programas puntuales en países en desarrollo. Todos ellos se crearon durante años como financiación de la Convención Marco de las Naciones Unidas sobre el Cambio Climático (CMNUCC). La UE mantiene su compromiso de contribuir al objetivo de las economías desarrolladas de movilizar conjuntamente a partir de distintas fuentes 100.000 millones de dólares anuales hasta 2025 para apoyar a las economías en desarrollo.

También los gobiernos y el sector privado tienen acceso a préstamos en condiciones favorables de instituciones financieras como el Banco Mundial, el Banco Africano de Desarrollo o el Banco Interamericano de Desarrollo. Las subvenciones y los préstamos se pueden usar para invertir en proyectos para reducir, absorber o prevenir las emisiones de gases de efecto invernadero, como son: las centrales eléctricas de energía renovable, los autobuses eléctricos o la conservación de los bosques; o también en proyectos para aumentar la adaptabilidad ante el cambio Climático, como pueden ser: creando sistemas de alerta temprana, mejorando la protección costera, mejorando los sistemas alimentarios y agrícolas y construyendo infraestructuras resistentes a tormentas e inundaciones.

Además los gobiernos, a través de sus presupuestos, pueden asignar fondos a sus compromisos climáticos nacionales, es decir mediante las llamadas: "Contribuciones determinadas a nivel nacional", según el Acuerdo de París; o emitir bonos verdes soberanos para financiar dichos proyectos.

Los bonos soberanos son préstamos que piden los gobiernos a un grupo de inversores a cambio del pago periódico de intereses a lo largo de varios años. Al finalizar este periodo, cuando vence el bono, el gobierno devuelve la inversión inicial a los inversores.

Los impuestos sobre el carbono en general se aplican para desincentivar el uso de productos y servicios con una gran huella de carbono, imponiendo un precio a las externalidades negativas provocadas por el dióxido de carbono. Al fijarse un impuesto, se internaliza el coste de las emisiones como externalidad negativa o perjuicio externo, en las cuentas de resultados de las empresas, que al convertirse en un gasto más del agente emisor, influirá en sus decisiones, lo que resultará en un incentivo al mantenimiento de conductas de consumo o de inversión más sostenibles e innovadoras. De esta manera las empresas escogerán aquellas técnicas productivas que reduzcan las emisiones, incluyendo de manera muy destacada a las empresas eléctricas, las cuales pasarían a suministrarla preferentemente a través de fuentes renovables o nucleares.

El impuesto al carbono, aunque es una alternativa importante, no es ni mucho menos la panacea, solo un avance, siendo su impacto beneficioso en las temperaturas a finales del siglo XXI, muy moderado. Además, como obstáculos: Impone diferentes cargas en los países debido a las diferencias existentes en las estructuras de impuestos, dotación de recursos y su nivel de desarrollo; las diferencias en las emisiones históricas y la riqueza actual en algunos territorios, provoca que el impuesto deje de ser eficiente a menos que se realicen transferencias entre países; deben aplicarse de forma homogénea y como todos los impuestos, no deben tener un afán recaudatorio.

La recaudación de estos podría emplearse para abonar un dividendo a los ciudadanos a modo de compensación por soportar las emisiones ajenas, en lugar de cebar el gasto público.

En lo que respecta a la aplicación de aranceles vinculados a las emisiones de dióxido de carbono a los países más contaminantes, aunque pueda aparentar ser una buena medida, podría provocar sobretensiones proteccionistas en los mercados internacionales.

No obstante, en general existen opiniones en diversos sentidos, desde gobiernos intervencionistas, que están de acuerdo hasta gobiernos que deciden no establecer estos impuestos como por ejemplo el gobierno de Holanda.

Por otro lado, internalizar las externalidades positivas requiere bonificar de algún modo la investigación y el desarrollo de nuevas tecnologías que mejoren nuestra eficiencia energética. En principio, la bonificación podría efectuarse a través de subsidios de los gobiernos, pero ello concentraría demasiado poder y demasiada responsabilidad en las manos de nuestros políticos, que serían ellos quienes decidirían qué y cuánto subsidiar. De ahí que resulten preferibles las rebajas fiscales a todas aquellas tecnologías dirigidas a reducir o eliminar la contaminación (clean tax cuts), ya que gracias a ellas, el Estado no aportaría capital a proyectos no rentables (como sí podría suceder con los subsidios), sino que evitaría sustraerlo de proyectos internamente rentables para así acelerar su crecimiento. Ejemplos de estas rebajas impositivas que promuevan la transición energética podrían ser la exención del pago de impuestos por las ganancias sobre acciones o bonos verdes, así como la rebaja o eliminación del IVA sobre aquellos productos que sustituyan a otros contaminantes, que es lo se esta haciendo por ejemplo con el coche eléctrico o las subvenciones a la energía fotovoltaica.

MERCADO DE DERECHOS DE EMISIÓN

Un enfoque alternativo al impuesto contra las externalidades como el impuesto al dióxido de carbono, es el mercado de derechos emisión que es una herramienta político-administrativa usada para el control de esas externalidades (emisiones de gases nocivos), por parte de las empresas. En 2005, con la intención de alcanzar sus objetivos de reducción de emisiones acordados en el marco del Protocolo de Kioto, la Unión Europea creó el primer régimen internacional de comercio de derechos de emisión del mundo, que hoy es el principal mercado de carbono del mundo. El mecanismo es el siguiente: La Unión Europea impone una cantidad máxima a las emisiones, que con el tiempo se va reduciendo para cumplir los objetivos climáticos de la Agenda 2030. Las emisiones totales máximas se distribuyen entre los diversos estados, y los gobiernos u organismos autorizados exigen una cantidad máxima de emisión de gases nocivos a las empresas en cada país. Esta asignación de derechos de emisión, que actualmente se realiza mediante subastas, determinándose de esta manera el precio de estos derechos. Cada año se han ido reduciendo según el sector las entregas de derechos gratuitas, por lo que las empresas se ven obligadas a contaminar menos o a tener que acudir a subastas que, ante la mayor demanda y la menor oferta, cada vez son más caros.
Un derecho de emisión de dióxido de carbono (un bono), es un tipo de permiso expedido por la Unión Europea a las principales

empresas e industrias del continente, que con su actividad superan los límites de emisiones acordados como adecuados para la denominada "transición energética".

El mercado de emisiones tiene como objetivo incentivar la reducción de las emisiones de gases a través de un mecanismo de autoregulación. Las empresas por contrarrestar el efecto invernadero o corregir la externalidad negativa (al mitigar las emisiones), recibirán unos derecho de emisión que podrán vender libremente.

Supongamos que una empresa tiene unos derechos de emisión adquiridos con un limite establecido en 12 toneladas de CO_2/año (12 derechos). Si a final del año solo ha emitido 9 toneladas en total, podrá vender a otra empresa, la diferencia de 3 toneladas que no ha emitido, equivalente a 3 derechos de emisión. A final de cada año, las empresas deben de haber adquirido suficientes derechos para cubrir todas sus emisiones, de lo contrario, se les imponen fuertes sanciones. Las empresas que tengan derechos de sobra (por no usarlos por haber reducido las emisiones), podrán vender a otras empresas "contaminantes" que necesiten derechos de emisión para desarrollar su actividad, aunque el mayor precio pagado de suele repercutir a los consumidores, bien sea en la factura de la electricidad, en el caso de empresas eléctricas o el precio de los vuelos, en el caso de las compañías aéreas, por ejemplo.

La normativa que regula los mercados de emisiones, emana de una directiva del Parlamento y del Consejo de la Union Europea de 2003, clasificándose estos valores, desde 2014, como instrumentos financieros. Estos se asignaron de forma gratuita hasta 2012, realizándose la asignación a partir de este año por subasta y determinándose su cotización o precio como en cualquier mercado, por la interacción de su oferta y su demanda. Subirá su precio por repartirse gratuitamente menos derechos, viéndose las empresas en la necesidad de contaminar menos, producir menos o a demandar derechos pagando un precio más caro.

El precio ha ido subiendo continuamente provocado por el aumento de la inexorable actividad económica y en algunos momentos ante las buenas perspectivas y mejores precios en los mercados de combustibles fósiles. El precio podría bajar (por ejemplo durante el confinamiento por el COVID-19), cuando la economía este en una situación de gran estancamiento, decrecimiento o colapso como algunos anuncian. Aunque sería sospechoso creer que la culpa sería por inadaptación, sino por políticas energéticas tan urgentes como desacertadas. También podría bajar el precio por la conclusión de la transición energética, por disponer de un mundo con pocas emisiones de dióxido de carbono, cosa que tanto por los plazos, por la tecnología disponible o por la reducción drástica de las emisiones, habría que ser muy escéptico. En 2008 el precio del derecho alcanzó los 29 euros/tonelada de dióxido de carbono. A partir de finales de 2010, tras una subida momentánea, asociada al accidente de la central nuclear de Fukushima, se produjo una continua caída de los precios hasta 2012, relacionada con la recesión económica de Europa. Entre 2013 y 2020, se produjo una caída de los precios de alrededor de 3 euros/tonelada de dióxido de carbono, debido al exceso de oferta de derechos en el mercado, como consecuencia de la disminución de la demanda, provocada por la recesión económica; de la creciente penetración de las energías renovables en el sector eléctrico y del aumento de la inversión en materia de eficiencia energética, es decir por diversos ajustes en los mercados.

El mercado europeo de emisiones sigue siendo actualmente, el mercado de emisiones más grande del mundo, a pesar de que otros países han intentado poner sus propios protocolos en marcha. Su funcionamiento, no obstante, está marcado por multitud de normas y excepciones que hacen, por su complejidad, que muchas empresas se asesoren para gestionar cuándo comprar y cuándo vender.

El precio de la tonelada de dióxido de carbono se multiplicará para 2030 ya que para que las emisiones de la Union Europea se mantengan acordes con los objetivos internacionales de mitigar el cambio climático, el precio de las emisiones de dióxido de carbono tendrá que elevarse para redirigir la inversión pública y privada hacia modelos de producción que contribuyan a descarbonizar la economía.

La especulación financiera sobre el precio de los derechos de emisión, también ha elevado el precio de la tonelada de dióxido de carbono (desde los 25 euros de media en 2021 a los más de 84 euros de media en 2024), perjudicando tanto a la economía real, al incrementarse los costes; como, doblemente, a la economía y al medioambiente, porque ha dejado fuera del mercado a la producción cerámica europea en beneficio de la cerámica extracomunitaria, que tiene menores niveles de sostenibilidad. Esta situación, no solo no resuelve el problema medioambiental, sino que claramente abre uno social, como es la perdida de empleo de muchos trabajadores en el sector cerámico en España y en otros países europeos, como Italia. En España empresas como Porcelanosa o Pamesa en Castellón, han hecho grandes esfuerzos en la reducción de emisiones, pero el coste social se esta dejando notar y más de 1.000 despidos se han producido en este sector desde 2022.

Las siguientes empresas emitieron el 60,5% de las emisiones sujetas a los mercados de carbono y en torno al 20,5% de todas las emisiones en 2023, en España, por supuesto relacionadas con la energía, la construcción y el acero (en toneladas de dióxido de carbono): Repsol 12.427.286; Endesa 11.554.316; EDP 10.814.034; Naturgy 7.448.297; Arcelormittal 5.049.350; CEPSA 4.888.614; FCC 3.400.650; Iberdrola 2.954.190; Enagás 2.308.474 y CEMEX 2.049.148.

LOS SEGUROS ANTE EL CAMBIO CLIMÁTICO

Un seguro es un instrumento documentado mediante un contrato formal entre una compañía de seguros y un asegurado, en el que el primero, subrogándose a ciertos riesgos del segundo, se compromete a proporcionar un determinado servicio o pagar cierta cantidad de dinero a este último en el caso que experimente algún tipo de pérdida cubierta por el contrato.

Dado que los riesgos del cambio climático están en cierta medida, correlacionados, la cobertura puede ser más amplia por la posibilidad de agrupamiento de contingencias, y zonas afectadas por diversos riesgos, podrían tener una buena cobertura. Los países del Primer Mundo podrían proporcionar un seguro contra este tipo de riesgos, sin embargo por no existir un mercado internacional donde personas o países puedan asegurarse contra las pérdidas por el cambio climático o incluso por las políticas de este en cada región; sería inviable esta reducción del riesgo.

En el mundo se ha perdido más de 1 billón de euros en daños por varios cientos de fenómenos meteorológicos extremos, que han sido frecuentes y severos, como: inundaciones, sequías o incendios en los últimos años, aunque es preciso reconocer que las estadísticas no muestran aumentos respecto a años anteriores.

En 2022, el sector mundial de los seguros experimentó un incremento de las reclamaciones por siniestros debidos a catástrofes naturales, del 54% en comparación con la media de los últimos 10 años, y del 115% en comparación con la media de los últimos30 años, por lo que a las compañías, el miedo climático les viene fenomenal. No obstante el sector de los seguros se enfrenta a problemas como una crisis inminente de rentabilidad, escasez de capacidad de reaseguro (por el que las compañías comparten el riesgo con otras compañías), y la falta de asequibilidad para los clientes. Por lo que a medida que las tarifas sigan aumentando en zonas de alto riesgo, muchos clientes simplemente no podrán contratar pólizas. .

El aumento en los riesgos de catástrofes plantea desafíos para todos los niveles del sector de los seguros, situación que hace que las compañías aseguradoras vayan revisando las pólizas y desarrollen nuevos productos que respondan a las nuevas necesidades de los asegurados. Las herramientas de modelado climático avanzado, el Big Data y diversos algoritmos de inteligencia artificial (IA), se utilizan por las compañías para cuantificar los riesgos, mejorando la precisión, la evaluación de riesgos y la gestión de los siniestros. En España, muchas compañías aseguradoras están usando la IA para analizar datos sobre el clima, de cara a calcular las primas y las coberturas en cada caso con la debida precisión, con lo que se mejora el servicio, adaptándose a las necesidades de los clientes.

LA ECONOMÍA CIRCULAR

La idea de circularidad procede de la Historia y de la Filosofía, siendo conceptos como: "retroalimentación" y "ciclos" muy recurrentes en estas dos disciplinas. Este concepto resurgió a finales de la Segunda Guerra Mundial, cuando estudios computarizados de sistemas no lineales revelaron la naturaleza compleja, conectada y muchas veces imprevisible de nuestro mundo. El concepto economía circular comienza en la década de 1970, cuando el economista Kenneth Boulding habló sobre la importancia de pensar en sistemas cerrados y ciclos de vida en la economía. Este término se utilizó por primera vez en la literatura occidental en 1980 (Pearce y Turner 1990) para describir un sistema cerrado que se retroalimenta de las interacciones entre economía y medio ambiente.

La economía circular es una estrategia integral que tiene por objetivo reducir tanto la entrada de, materiales vírgenes, así como la producción de desechos, cerrando los ciclos o flujos económicos y ecológicos de los recursos. También podemos decir que es una modelo de producción y consumo, que implica compartir, arrendar, reutilizar, reparar, reacondicionar y reciclar materiales y productos cuya vida útil, sea la mayor posible, prolongándose de esta manera el ciclo de vida de los productos. Se trata de una modificación del modelo económico lineal tradicional, que se basa en tomar-fabricar-consumir-tirar, que utiliza grandes cantidades de materiales y energía baratos y de fácil acceso.

El desarrollo de la economía circular produce diversos beneficios:

> Económicos: Se crea riqueza equilibrada, se genera empleo; se reducen gastos e inversiones, se crea un mayor valor al reutilizarse una y otra vez los productos; se rediseñan de materiales y productos para su ulterior uso; se impulsa la innovación en diferentes sectores de la economía, reorientando la producción de los países y ahorro a largo plazo para los consumidores al obtener productos más duraderos e innovadores que aumentan la calidad de vida.
> Sociales: Permite el cambio de hábitos de consumo; crea conciencia; equilibra la sociedad con la economía y el medio ambiente.
> Ambientales: Disminuye el uso de los recursos; limita el consumo de energía; reduce la producción de residuos; maximiza los beneficios medioambientales, al reducirse las emisiones de los GEI.

Según la Agencia Europea de Medio Ambiente, los procesos industriales y el uso de productos son responsables del 9,10% de las emisiones de gases de efecto invernadero en la UE, mientras que la gestión de residuos representa el 3,32%. Crear productos más eficientes y sostenibles desde el principio ayudaría a reducir el consumo de energía y recursos, ya que se estima que más del 80% del impacto ambiental de un producto se produce durante la fase de diseño.

En la actualidad se cuentan por millares las empresas que utilizan el reciclaje en su actividad, en productos como son, entre otros: electrónica, ropa, vehículos o compostaje, produciéndose una transición hacia una economía circular a través de modelos y simulaciones computarizadas, por los avances tecnológicos recientes.

La Comisión Europea presentó en 2015 para 2020 el llamado "Plan de Acción para la Economía Circular" (CEAP o Circular Economy Action Plan), en el que se implementaban una serie de medidas para avanzar en la transición hacia la economía circular en la Unión Europea.

Los objetivos del plan fueron dirigidos a cambiar la manera de producir y también de consumir, desechando la economía lineal. Dado que según estimaciones el 80% del impacto medioambiental se refiere al diseño del producto, la normativa va dirigida en gran medida a la eficiencia en la producción en cuanto a la generación del mínimo de residuos (producción sostenible), aunque las medidas abarcan, además de la producción, el resto las fases de la actividad económica, como son la distribución, el consumo y la gestión de residuos. Los objetivos perseguidos son: reducir la huella ecológica, utilización de materiales reciclados en la producción, mayor duración del producto, promoción de la reparación, restringir la obsolescencia planeada, innovación, existencia de piezas de recambio, aumento de la participación del consumo responsable de aquello más económico y sostenible, etiqueta ecológica en productos financieros, contratación pública ecológica, impuestos sobre vertidos, información transparente sobre la procedencia, vida útil, ahorro con el producto e innovación y garantía por parte de las empresas.

Los primeros pasos en la economía circular van encaminados a ciertos productos considerados prioritarios por su impacto y por su necesidad circular como son: electrónica, plásticos, desperdicio alimentario, sector textil, mobiliario, productos químicos, acero y cemento. En el marco del "European Green Deal" o Pacto Verde Europeo de 2020, la Comisión reforzó su estrategia circular convirtiéndola en unos de los ejes claves de este Pacto. En febrero de 2021, el Parlamento aprobó una Resolución en el que salia a la luz un nuevo plan de acción para la economía circular, en el que se exigían medidas adicionales para lograr una economía sostenible, neutra en carbono, desde el punto de vista medioambiental, libre de tóxicos, normas de reciclado más estrictas y totalmente circular de aquí a 2050. En 2022, la Comisión publicó el primer paquete de medidas para acelerar la transición hacia una economía circular, como parte del Plan de Acción para la Economía Circular, entre estas: impulsar los productos sostenibles, capacitar a los consumidores para la transición ecológica, revisar la regulación de los productos de construcción y crear una estrategia sobre textiles sostenibles. Además también en 2022, la Comisión propuso una serie de normas nuevas para los envases, con la idea de reducir los residuos, mejorar el diseño de estos, etiquetado claro, reutilización y su reciclaje. En el caso de los plásticos, medidas para llegar a una base biológica y biodegradables.

Según el Informe sobre la Brecha de Circularidad de 2023, la cantidad de materiales secundarios que se reciclan de nuevo en la economía mundial se ha reducido del 9,1% del total de insumos materiales en 2018 al 7,2% en 2023, debiéndose no a que se recicle menos, sino al aumento de la extracciones de materiales vírgenes. La extracción total de materiales se ha más que triplicado desde 1970 y casi se ha duplicado desde el año 2000, situándose en 100.000 millones de toneladas al año, estimándose que una economía circular podría reducir la extracción global de materiales en un tercio.

El Informe de la Brecha de Circularidad en 2024, ofrece ideas muy valiosas sobre cómo pueden empresas y gobiernos avanzar hacia una economía más circular y sostenible, habiendo un número creciente de iniciativas y tecnologías de economía circular que ya se poniendo en marcha. Un ejemplo es el programa dirigido por la plataforma de crowdsourcing de innovación del Foro Económico Mundial : "Acelerador Circular", una iniciativa que impulsa la transición hacia una economía más circular, conectando a innovadores y diversas organizaciones, comprometidos con la economía circular.

Crear una economía circular es la oportunidad de negocio de nuestro tiempo, al fortalecer las economías locales, por ejemplo con hormigón ecológico en el sector de la construcción, creando muchos más puestos de trabajo que si se adoptara el enfoque lineal tradicional.

ECONOMÍA DEL ESTADO ESTACIONARIO Y DECRECENTISMO

La teoría económica del estado estacionario fue propuesta en el siglo XX por el economista ecológico y profesor estadounidense Herman Daly en la que se plantea la existencia de un estado sostenible óptimo de la economía, inspirándose en conceptos previos de los economistas neoclásicos del siglo XIX como John Stuart Mill.

El economista escoces Adam Smith, en el siglo XVIII, para quien el crecimiento económica era la base de la riqueza predecía que en el largo plazo, el crecimiento de la población tendría como resultado salarios bajos, los recursos naturales serían cada vez más escasos y la división del trabajo se aproximarían a los límites de su eficacia, situación aburrida parecida a la pobreza. Thomas Malthus también en el siglo XVIII veía la imposibilidad de que el ser humano pudiera lograr el estado estacionario, dada la imposibilidad de un crecimiento ilimitado y dado el crecimiento de la población, por lo que pensaba que la humanidad estaría condenada siempre a la miseria. El filosofo y economista escoces John Stuart Mill en el siglo XIX en su obra "Principios de economía política", llamaba estado estacionario a ese momento en el que la sociedad decide que hay que pararse por haber satisfecho sus necesidades esenciales, pudiendo centrar su atención en otras cuestiones, lejos de la afiebrada y tensa vida a la que llevan los fines comerciales y económicos, y posiblemente retroceder o decrecer.

El influyente y también equivocado "gran economista", John Maynard Keynes, que se centraba en el corto plazo olvidando el largo plazo, y que no admitía que la demanda de consumo futuro dependiese del ahorro presente, también consideró que en un futuro llegaría un día en que la humanidad pudiese centrarse más en los fines (felicidad y bienestar) que en los medios (crecimiento económico y acumulación de capital), describiendo una "comunidad cuasi estacionaria", caracterizada por una población estable viviendo sin guerras y en situación de pleno empleo.

Según el premio nobel de Economía (1987), Robert Solow, se debe combinar la acumulación de capital con un mayor progreso tecnológico, lográndose así un crecimiento indefinido de la economía y una convergencia entre países, de manera que una nación más pobre podría alcanzar un mayor ritmo de crecimiento que un país con más capital.

Si bien el crecimiento económico, según nos dicen, ha causado un aumento de la temperatura de aproximadamente un grado desde hace muchas décadas, y que además, esto lleva consigo que se desaten fenómenos naturales indeseables; se hace necesario cierto grado de escepticismo con el futuro, y una menor publicidad, sobre todo cuando no hay claridad en las predicciones climáticas, de hecho el escepticismo es lo que ha hecho progresar a la humanidad. La frase del premio nobel de Física (1965), Richard F. Feynman es contundente "There is no harm in doubt and skepticism for it is through these that new discoveries are made" que viene a decir : No hay nada malo en la duda y el escepticismo, porque a través de ellos se hacen nuevos descubrimientos.

Richard F. Feynman.
De Copyright Tamiko Thiel 1984 - communication from photographer, CC BY-SA 3.0, https://commons.wikimedia.org/w/index.php?curid=44950603

Desde luego las ventajas del crecimiento son indudables y de difícil renuncia. Estas son:
1. Aumento del empleo y la creación de nuevos puestos de trabajo.
2. Mejora del nivel de vida de la población.
3. Incremento de la inversión y la innovación.
4. Aumento de la producción y la productividad.
5. Mejora de las infraestructuras y los servicios públicos.
6. Reducción de la pobreza y la desigualdad (con la adecuada distribución).
7. Aumento de la recaudación fiscal y la capacidad del Estado para financiar políticas públicas.
8. Mejora de la competitividad y la posición internacional del país.
9. Aumento del consumo y la demanda interna.
10. Generación de oportunidades de negocio y emprendimiento.

El decrecimiento es una propuesta que plantea que la economía necesita reducirse o encogerse, que ha surgido como consecuencia de la descarbonización programada de la Agenda 2030, poniendo un limite al uso de los recursos del planeta, incluido el consumo de energía. Sus partidarios piensan que con el decrecimiento se prioriza el bienestar humano, el equilibrio ecológico y la justicia social frente al beneficio económico. Pero este pensamiento requiere de conocimientos de: economía, ecología, antropología, ciencias medioambientales, geografía y más.

El crecimiento es una macromagnitud cuya unidad de referencia es el Producto Interior Bruto (PIB), indicador que actualmente es universalmente utilizado en Macroeconomía para medir el aumento en la producción (y de la renta) de un país en un año. La estimación y posterior comparación de esta magnitud con el PIB realmente producido, por parte de: estados, FMI o el Banco de España entre otros organismos, es clave para medir si la economía crece, se desarrolla y prospera o por el contrario, se estanca o decrece, cuando algo no funciona en cuanto a la gestión y administración de un país.

El decrecentismo es un movimiento cuyo génesis arranca ante el primer gran golpe de pánico social que sucedió en el siglo XIX; después de que el ya mencionado Thomas Malthus, clérigo anglicano y economista, considerado padre de la Demografía, llamó la atención en su obra "Ensayo sobre el principio de la población" (1798) sobre el conflicto entre las poblaciones en expansión y la capacidad de la Tierra de proporcionar alimento. Consideraba que la población aumentaría en progresión geométrica y la cantidad de alimentos necesaria en progresión aritmética y que por tanto en un futuro no habría suficientes alimentos para tantísima población, lo que significa que todo se puede demostrar, si queremos demostrarlo de cualquier manera. Pero es preciso recordar que siempre ha habido una estrechísima vinculación entre la fe en el progreso general de la humanidad y la fe en la necesidad del crecimiento y el desarrollo económico, como generador de riqueza y para la mitigación de la pobreza. De hecho en la Atenas del siglo V a.C., había un profundísimo respeto por las bases económicas sobre las que se erigía la civilización griega, habiendo convicción en aquella época de la importancia del comercio y de la actividad económica, aunque también desde el principio hubo una idea negativa del progreso y el crecimiento económico. También surgieron diversas corrientes con el tiempo; por ejemplo, se creía que la edad de oro en las edades del hombre, no estaba en el futuro sino en el pasado, en los inicios de la existencia humana, en una etapa inicial en la que la humanidad, pura e inmortal, disfrutaba de un estado ideal (Hesíodo, siglo VIII a.C.).

Para las mentes que han ido pensando de esa manera, que aun hoy, incluso después de la caída del muro de Berlín, afloran, aunque con distintos argumentos; los adelantos tecnológicos y económicos han sido siempre símbolos de decadencia moral y social y el progreso es otra cosa, una forma de dirigismo, donde la libertad es inexistente y solo unos elegidos deciden que y como debe ser la vida.

A partir de la segunda mitad del siglo XX, concretamente en la última década del siglo, es cuando la corriente minoritaria del decrecentismo, que llevaba mucho tiempo en marcha, aunque con otros nombres, se vuelve omnipresente.

El mundo empieza a despegar con la primera Revolución industrial a mediados del siglo XVIII, con la popularización de la máquina de vapor, perfeccionada por James Watt (aunque hay que decir que fue un español, Jerónimo de Ayanz quién la patentó y puso en práctica), comenzando el mundo a transformarse, pasándose de una sociedad de pequeños comerciantes y artesanos a una sociedad industrial en la que el intercambio comercial va tendiendo a la globalización.

Pasado el tiempo después del miedo creado por Malthus y de la irracionalidad práctica de la economía marxista, el crecimiento de la población fue espectacular, debido a las mejoras en la calidad de vida, la sanidad, el transporte, la obra civil, la distribución de vacunas, de antibióticos y un sinfín de adelantos.

A finales de los años 60 del siglo XX, en un momento en el que el crecimiento de la población es espectacular, llega de nuevo ese pensamiento malthusiano desde un club de elegidos, el club Roma. Este en 1972, encarga al MIT un libro llamado "Los límites del crecimiento" a los hermanos Donella y Dennis Meadows, que modelaron las tendencias agregadas en la economía mundial, haciendo una proyección, no predicción, pensando que el mundo era una bomba demográfica de que para mediados y finales del siglo XXI, la producción industrial per cápita, el suministro de alimentos per cápita y la población mundial alcanzarían un máximo, y luego rápidamente declinarían en una trayectoria decreciente y se llegaría al colapso final, con hambrunas generalizadas en los años 70 y 80 en Occidente.

En 1966, el economista Kenneth E. Boulding argumentaba que la humanidad pronto tendría que adaptarse a principios económicos muy diferentes a un comportamiento explotador, desarrollando sobre la base del principio termodinámico de la conservación de la materia y la energía, la visión de que el flujo de recursos naturales a través de la economía es una medida aproximada del producto nacional y en consecuencia, esa sociedad debería comenzar a considerar la producción nacional como un costo que se debe minimizar, en lugar de un beneficio que debe maximizarse. Por lo tanto, la humanidad tendría que encontrar su lugar en un sistema ecológico cíclico sin contaminación ni extracción de recursos ilimitada.

En 1971 (un año antes de la publicación del informe del MIT encargado por el club de Roma, y dos años antes de la primera crisis del petróleo, el matemático y economista Nicholas Georgescu

Roegen, considerado por algunos como el padre del Decrecentismo publica la obra: "The Entropy Law and the Economic Process", estimando que el modelo económico neoclásico no tiene en cuenta el principio de degradación de la energía y la materia, es decir, el segundo principio de la Termodinámica, por el que la entropía en el universo sólo puede aumentar con el tiempo. Por lo tanto, introduce la "entropía" en sus análisis, asociando a cada flujo económico de materia y de energía, una entropía que al aumentar, implica la pérdida de recursos utilizables. Por ejemplo, las materias primas empleadas para construir un ordenador se diseminan por todo el planeta, siendo prácticamente imposible reconstituir los minerales originales y en cuanto a la energía empleada para fabricar los componentes, se ha perdido para siempre. Al parecer este señor quería unificar la Economía y la Física, aplicando a su antojo a la primera, las leyes de la segunda. Sin embargo estos estudios fueron desechados por su pesimismo por la mayoría de los economistas, y en concreto, los dos premios nobel de economía: Robert Solow y Joseph Stiglitz, en respuesta al desafío propuesto por la teoría de Georgescu Roegen, señalaron que el capital y el trabajo pueden sustituir a los recursos naturales, ya sea directa o indirectamente en la producción, asegurando un crecimiento sostenido o por lo menos un desarrollo sostenible.

El decrecentismo ha ido abriendo la ventana de Overton, así por ejemplo el rey de Bután como respuesta a la pobreza por la que atravesaba el país y como refuerzo espiritual en contra del "dogma de la productividad y el crecimiento ilimitado en un mundo finito, insostenible e injusto..", acuñó en 1972 el término de "Felicidad Nacional Bruta".

Otro ejemplo de la apertura gradual de la ventana de estas ideas, también antes del comienzo del movimiento decrecentista, se produjo en 1973, cuando E. Schumacher publicó la obra: "Lo pequeño es hermoso", obra que hacía referencia a una "economía budista" con prácticas tendentes a maximizar el bienestar y a reducir al mínimo el consumo, ideas que sin duda sirvieron como aporte inicial a las bases esta ideología.

En 2022 se conmemoró el 50º aniversario del documento elaborado por el MIR en 1972 por encargo del Club de Roma, lanzando este un nuevo informe titulado: "Limites y más allá, 50 años de los limites del crecimiento, que hemos aprendido y que viene después", en el que los autores vuelven a plantearse el devenir de la sociedad y del planeta que habitamos. El documento inicial de 1972 ha sido reeditado y rectificado varias veces en profundidad y se han realizado muchísimas correcciones menores, porque ninguna de sus predicciones se ha cumplido ni de lejos, es decir no es que se haya errado, es que no se ha acertado en nada.

Estamos en manos de incompetentes o quizás de individuos con un comportamiento lunático, que aspiran a predecir el futuro cuando eso es imposible, y toda esa letanía habría que mirarla con bastante escepticismo, por más que suene bien, y se le pongan nombres estupendos y prometedores. Este catastrófico, apocalíptico e inútil estudio esta plagado de ideas bastante peligrosas, que suponen un riesgo para el bienestar, la prosperidad y el futuro de cualquier persona, sobre todo en lugares donde hay una gran dependencia de los combustibles fósiles o incluso de la leña o el carbón para poder calentarse y no morir congelados.

Desde finales de los años 80 del siglo XX, comenzó a desarrollarse el comercio internacional con Asia y sobre todo con China, país este, que de alguna manera pasa de una fase en la que no se centraba en el crecimiento económico y en la que se daba prioridad a la autosatisfacción agraria e industrial; a abrirse al crecimiento y al comercio internacional. A partir de este momento comienza la segunda globalización (la primera la realizó España en el siglo XVI, conectando todos los continentes, en especial y casualmente China con América y Europa), que mucha gente, por ignorancia, la ve con malos ojos, y que sin embargo ha permitido unos parámetros de desarrollo humano que no cabía imaginar. Y no nos referimos exclusivamente al crecimiento económico como incremento del PIB total y per cápita, sino que estamos hablando de la mejora de múltiples indicadores como: el incremento de la esperanza de vida, disminución de la mortalidad infantil, disminución de la pobreza extrema y de la pobreza relativa y la disminución de la desigualdad, entre otros parámetros, siendo el mundo mucho menos desigual en el siglo XXI de lo que fue en el pasado.

A finales de los años 90 antes de la adopción del Protocolo de Kioto y de producirse la histeria climática, comenzó a desarrollarse el movimiento decrecentista sobre todo en Francia, con publicaciones en la revista "La Silence", el periódico "La Décroissance" y la creación del "Instituto por el Decrecimiento Sustentable", cuyo presidente, Serge Latouche, es el ideólogo más reconocido en la actualidad. El epicentro del movimiento ha sido Europa latina, es decir además de Francia, en Italia, España, Portugal en incluso Rumanía, se fue acogiendo la ideología inicialmente, y hoy en día tanto en Alemania, en el mundo anglosajón e Hispanoamérica, se manifiesta este movimiento. Se han escrito muchos libros y publicaciones en revistas académicas, conferencias, así como artículos en periódicos de renombre, como: Le Monde, Le Monde Diplomatique, El País, The Wall Street Journal y Financial Times.

El movimiento decrecentista empezó como un proyecto social voluntario y equitativo de la producción y el consumo, dirigido a la "sostenibilidad social y ecológica", convirtiéndose en poco tiempo en un lema contra el crecimiento económico (Bernard et al.), acabando en un movimiento social, que curiosamente adoptó como logo un caracol.

Una estrategia de este movimiento ha sido ponerle apellidos al término crecimiento, como: Crecimiento sostenible, crecimiento inclusivo o crecimiento justo, como sí el crecimiento per sé, fuera insostenible, injusto, o dejara fuera a la gente. Muchos por su ideología han deseado el decrecimiento, aunque no se han atrevido a hablar de este hasta hace 15 o 20 años, porque se les hubieran mirado con cuidado, pero ahora se habla de decrecimiento y queda estupendo.

Pero a diferencia del desarrollo sostenible, que si bien es un concepto basado en un falso consenso (Lomborg 2009), el decrecimiento no aspira a ser adoptado como objetivo por parte de Naciones Unidas, la OCDE o la Comisión Europea, razonablemente porque no supone ninguna alternativa al desarrollo. Y aún hay una evidente y sutil diferencia entre el decrecimiento y el desarrollo sostenible, mientras el primero supone un ataque frontal al capitalismo, el segundo es un ataque al capitalismo de forma selectiva y territorial desde Naciones Unidas y ciertas elites, incluidos muchos burócratas europeos, que parecen querer el suicidio de Europa y de eso muchos no se aperciben.

En 2023 la Unión Europea organizó una conferencia llamada "Beyond Growth", un sarao que se organizó con multitud de ponentes llegados de todo el mundo, sobre el postcrecimiento, ¿alguien sabe que es el postcrecimiento?. El objetivo de esta conferencia fue concluir con la persecución de un crecimiento económico sin limites, porque reduce o anula los resultados de las políticas medioambientales. No cabe duda de que el caos climático actual y el desmoronamiento de los estándares de vida de los que depende nuestra sociedad constituyen una amenaza existencial para la paz, la seguridad hídrica y alimentaria y la democracia; y si bien los lideres europeos se están replanteando el crecimiento, lo que no sabemos es a que van a renunciar en sus vidas.

El decrecimiento desafía también a ideas como "crecimiento verde", "economía verde" o "economía circular", en general al crecimiento como camino deseable en las agendas políticas, atacando los paradigmas dominantes de la ciencia económica, tales como la economía neoclásica o la economía keynesiana, pero la idea es tan inconsistente que no puede convertirse en un logro científico de la comunidad de investigadores. Incluso dentro del movimiento decrecentista, hay quienes ven el decrecimiento como una postura política demasiado simplista, como tantas otras o al menos prematura, para explicar la complejidad que conlleva, pero si alguien quiere viajar en burro como lo hizo el ecologista decrecentista francés, François Schneider en 2004, no hay motivo para impedírselo.

Los partidarios de estas ideas piensan que el crecimiento es irracional porque una economía que crece, por ejemplo en un determinado porcentaje acumulativo anual, usando el interés compuesto, según dicen: "en dos o tres siglos, obtendría cifras
de PIB infinitas, siendo esto imposible, no solo porque el planeta es finito, sino porque nada es infinito". Incluso muchos se permiten hacer cálculos, pero nada más lejos de la realidad, porque no es cierto que el cambio climático sea una amenaza existencial para el ser humano, ni que los recursos sean finitos, ni que la capacidad del ser humano y su imaginación lo sean, aunque el planeta si lo sea. El actual nivel de crecimiento económico no es un peligro y el objetivo debe ser que aquellos países que están ahora por debajo de la media, se acerquen a los niveles del Primer Mundo, y no al revés, empobreciendo a los países más avanzados, por rebajar su nivel económico a la media mundial.

En la siguiente tabla en dólares internacionales (para poder comparar, tanto en el tiempo como en el espacio, el poder adquisitivo), se puede observar que en algo más de 500 años, con guerras, crisis, hambrunas, enfermedades, desastres naturales y cambios climáticos, incluidos, desde el año 1500 hasta el año

2015, se ha pasado de una cifra cercana al medio billón de dólares de PIB a nivel mundial a algo más de 100 billones de dólares, es decir un aumento del 25.013,39% y la población se ha multiplicado, pero podemos observar que el PIB per cápita, es decir la renta media por habitante sobre el planeta (dividiendo el PIB mundial entre la población mundial), se ha multiplicado, incrementándose en un 1.382,57%.

Por lo tanto, no estamos hablando, ni mucho menos de cifras infinitas, y ni el estado actual de los recursos, como se menciona en un apartado anterior, ni el aumento de las temperaturas a nivel global desde la industrialización, de entre 0° y 1°, son nada alarmantes.

AÑO	PIB MUNDIAL	POBLACIÓN MUNDIAL	PIB PER CÁPITA
1500	430.527.281.153	438.428.000	981,97
1700	643.322.924.320	603.490.000	1.066,00
1820	1.202.360.833.070	1.041.708.000	1.154,22
1960	14.620.430.825.834	3.019.233.434	4.842,43
2000	63.100.900.000.000	6.148.898.975	10.262,14
2010	91.329.700.000.000	6.985.603.105	13.073,98
2015	108.120.000.000.000	7.426.597.537	14.558,48

PIB y población mundial en 500 años. Fuente: Elaboración propia a partir de la base de datos Maddison Historical Statistics. Wikimedia Commons.

Una suposición común entre los economistas es que solo el crecimiento económico puede mejorar las condiciones de vida de los pobres en el planeta, siendo la única estrategia para enfrentar la pobreza, asegurando que haya más posibilidades y riqueza para los más pobres. En este sentido hay quienes piensan que la desigualdad seguirá aumentando con el crecimiento, creando un mundo más injusto, pero la desigualdad, aunque siempre cabe reducirla, como ya se está haciendo desde los estados, (beneficiando a unos a costa de otros), se crezca como hasta ahora, o regresemos al pasado, siempre existirá, como ha existido siempre, debido a que los seres humanos, no son ni lineales ni simétricos, es decir son desiguales por naturaleza. La injusticia que es un argumento del decrecentismo, está relacionada con la comparación social y la envidia, y esto por ejemplo se pone de manifiesto en un articulo de Le Monde, (con influencias del sociólogo Thorstein Veblen 1899, a su vez influido por Marx), que dice: "la comparación social basada en la existencia y promoción de estilos de vida de las personas ricas ha sido responsable de las crisis social y ambiental". Desde luego, bajo esta forma de pensar, el decrecimiento puede hacer que la comparación social sea menos problemática, al reducirse las razones de la envidia y la competencia, entendiendo la pretendida igualdad como una uniformización de los estilos de vida occidentales.

"Establecer un ingreso máximo, o una riqueza máxima, para debilitar la envidia como motor del consumismo y abrir las fronteras para reducir los medios que mantienen las desigualdades entre países ricos y países pobres", fue una frase que se pudo oír en la Segunda Conferencia Internacional sobre el Decrecimiento de Barcelona en 2010.

Otros argumentos a favor del decrecimiento en favor de la igualdad son, entre otros: la deuda ecológica que el mundo occidental debe pagar por la explotación colonial en el pasado y en el presente en el Tercer mundo; la desigualdad histórica en las emisiones per cápita de dióxido de carbono. (Véase Climate Justice Now! movimientos del "post-extractivismo" en Hispanoamérica); la redistribución de la riqueza tanto dentro como entre las economías del Norte y del Sur, entendida como una distribución justa de bienes económicos, sociales y ambientales; asegurar el acceso básico a los servicios en el tercer mundo para los más pobres.

El activismo decrecentista se moviliza a través de: boicots, desobediencia civil, manifestaciones, propuesta de nuevas alternativas, como los bancos éticos, el veganismo, el ciclismo, cooperativas de consumo y "semireformas institucionales"(manteniendo la salud y enseñanza públicas), y en general, huyendo del capitalismo, pero manteniendo ciertas cuotas de participación en el sistema. Recientemente ecologistas en Alemania han protestado frente a la Gigafábrica de Tesla cerca de Berlín, argumentando que el proceso de fabricación contamina en exceso, pero lo cierto es que nunca jamás se manifestarán frente a la embajada de China, país que tiene barra libre para hacer lo que desee; por tanto se favorece a China y se ataca a Occidente, con la idea decrecentista.

Algunos dicen que el decrecentismo está en la línea de lo que aconseja el IPCC porque ante la gran escasez de tecnologías sin emisiones de efecto invernadero, la única manera posible de mantenerse en unas emisiones de carbono "seguras", es que los países desarrollados reduzcan su ritmo de producción y consumo, cosa que tiende a la idea del decrecimiento selectivo, como se comentó, por parte de Naciones Unidas. El IPCC, en su informe especial de 2018 indica: "aquellos caminos para limitar el aumento de temperatura a 1,5 °C que contemplan una baja demanda energética, bajo consumo de materiales y consumo de alimentos, que reducen las emisiones gases de efecto invernadero, son los que menos inconvenientes tienen para lograr el límite de temperatura y alcanzar los objetivos de desarrollo sostenible".

Esta ideología, pretende: "una reducción planificada de la producción de bienes, incluida la energía, con el objetivo de reducir el impacto ecológico de la actividad humana; una reducción de la desigualdad y una subsiguiente mejora del bienestar", aunque, en cuanto a la reducción del impacto ecológico, habría que verlo exactamente; en cuanto a la desigualdad, nunca ha habido, ni va a haber igualdad, porque no somos iguales, aunque lo que si puede haber es una mayor pobreza en los países que han liderado el crecimiento; y en lo que se refiere al mayor bienestar, es preciso ser escépticos, porque se están extrapolando acontecimientos futuros con bastante imprecisión.

El planteamiento de la Unión Europea es abogar por el decrecimiento como meta en el medio y largo plazo, ni más ni menos que el último lema de moda del socialismo, es decir la lucha

- contra el cambio climático, y esta situación, nos dicen, obliga a que cambiemos nuestros patrones de conducta. Según la teoría decrecentista, tenemos que crecer y consumir menos, incluso aunque haya que hacer renuncias muy dolorosas en nuestros hábitos de vida. Algunos sacrificios comunes para mitigar las peores consecuencias del cambio climático que se señalan son:

- Cambiar los patrones de consumo, específicamente consumir menos, sobre todo cuando se trate de bienes con una elevada huella de carbono.
- Cambiar la dieta: aumentando la cantidad de alimentos vegetales y limitando el consumo carne, especialmente vacuno.
- Cambiar los hábitos de viaje, sobre todo el transporte aéreo y el uso del vehículo privado.
- Adaptación a las energías renovables: los ciudadanos tendrán que asumir costes iniciales e inconvenientes asociados a la transición a las fuentes de energía renovables.
- Inversión en infraestructuras verdes, lo que hará subir los impuestos y los costes de los servicios públicos.
- Limitar el crecimiento demográfico, ya que la superpoblación puede ejercer presión sobre los recursos y contribuir a las emisiones de carbono y aunque es un tema delicado y complejo, tener menos hijos podría garantizar la sostenibilidad de nuestro planeta.

> Proteger y ampliar los bosques, lo que puede contribuir a cambios en el uso del suelo que afecten a la agricultura, la vivienda y otras actividades.
> Cambios en el comportamiento que la gente identifica como sostenibles, como reducir los residuos, hacer compost, reutilizar artículos, reparar en lugar de sustituir y, en general, ser más conscientes de nuestro impacto en el medio ambiente.

Ni el planeta ni el ser humano están en peligro, ni el crecimiento económico es malo, pero si estamos convencidos con todo esto (y los líderes europeos nos alertan día sí y día también a modo de bombardeo propagandístico), lo extraño no son las medidas ya aprobadas, sino que no sean todavía más radicales.

El verbo "decrecer" es muy claro, y no implica crecer más lento (Europa Occidental lo está logrando desde hace al menos tres décadas) o incluso estancarse, sino retroceder en términos de producción (PIB), es decir cada año producir menos que el anterior y consecuentemente que los ingresos y el consumo disminuyan, ya que al consumir y producir menos, habrá una menor demanda y detrás una menor oferta, sobre todo en lo que se refiere a la energía. Los defensores del decrecimiento aseguran que hay que comenzar a olvidarse del crecimiento del PIB y pensar más en términos de bienestar social; que el PIB no es un buen indicador para medir el nivel de bienestar; que podemos vivir mejor y más felices con menores cifras de PIB; que hemos crecido demasiado y que la humanidad no se puede permitir seguir en esa dirección, porque ya se consumen demasiados recursos y se hace un uso excesivo de la energía.

Por tanto la idea que subyace en esta ideología, es que todos los países tengan aproximadamente la misma producción, y en consecuencia los mismos ingresos y consuman lo mismo, es decir anteponer la igualdad a la libertad. Veamos mediante un ejemplo, donde acabaríamos con estas ideas: La cifra del PIB per cápita medio a nivel mundial en paridad de poder adquisitivo (cifras en dólares internacionales para homogeneizar entre países. Fuente: Banco Mundial), ascendía en 2022 a 12.687,7 dólares. Los casos de países que están aproximadamente en ese nivel en 2022, serían: Bulgaria 13.974,4, Bosnia (14.509), China (12.720,2); Mauricio 10.256,2; Turquía 10.674,5; Venezuela 15.975,7; República Dominicana 10.111,2.

Si no tenemos en cuenta a China, que es un caso muy particular, ya que en su costa este hay ciudades con nivel de vida e ingresos europeos, mientras que en el interior hay provincias que apenas superarían los ingresos per cápita de muchos países africanos, estas cifras nos dicen que si no queremos crecer más, todos los habitantes del planeta tendríamos que tener unos ingresos similares a los que actualmente tienen búlgaros, bosnios o venezolanos.

En 2022, el PIB per cápita de España, es de 29.674,5 dólares, de Alemania 48.718,0 y la media de la Unión Europea 37.433,3.

Por tanto, los partidarios del decrecimiento que piensan que nuestra economía ya ha superado su límite de sostenibilidad, creen que la clase media española debería renunciar al 57,25% de sus ingresos anuales (ya que 12.687,7 dólares, que es el PIB per cápita medio a nivel mundial, supone un 42,75% del PIB per cápita español, que fue de 29.674,5 dólares). En el caso del ciudadano medio de la UE, esta renuncia debería ser del 66,11% y para los alemanes, que están lejos de ser los europeos más ricos (los más ricos ricos son los luxemburgueses e irlandeses), la renuncia debería ser del 73,96% de sus ingresos. Por supuesto no hablamos del alemán o el español más rico, sino de la clase media. En cuanto al consumo de energía se puede decir aproximadamente lo mismo, debiendo los españoles renunciar a entre un 40% y un 50% del consumo energético, y habría que ver los viajes a los que renunciamos, los electrodomésticos que dejaríamos de usar y las empresas que tendríamos que cerrar. Y ni pensar que consumir un 40% menos de energía, lo conseguiríamos, con campañas de concienciación, comprando coches eléctricos, o con anuncios especiales disuasivos.

Si la humanidad no puede crecer más porque ya hemos llegado a nuestro límite de PIB y asumiendo que todos los países irán convergiendo poco a poco a la media mundial, lo que tenemos que hacer españoles o alemanes es aprender a vivir con los ingresos y consumo de un venezolano, renunciando a más de la mitad de nuestros ingresos y consumo anuales y abrazar a ese chamanismo económico, carente de cálculo, que caracteriza a los progresistas.

La paradoja de Jevons (siglo XIX), se produciría si la tecnología como puede ocurrir, mejora y se puede alcanzar una mayor eficiencia energética y por tanto una reducción de su coste, con lo que el aumento de los ingresos reales, consecuencia de la bajada en los precios, llevará a una demanda de energía superior a aquella en la que la energía era menos eficiente y más cara, acelerándose el crecimiento económico. Esto que comprobó Jevons en el siglo XIX con el carbón en Inglaterra, podría suceder con fuentes alternativas de una forma mucho más deseable.

Hay que decir que los recursos no son finitos, aunque el planeta lo sea, pero la capacidad del ser humano la existencia de energía exógena del Sol y su imaginación e innovación no lo son y el actual nivel de crecimiento económico no es un peligro, por lo que el objetivo a perseguir es que los países que ahora están por debajo de la media se acerquen al nivel económico del Primer mundo, no al contrario, como pretenden algunos.

No se hace más que hablar del cambio climático, no porque los políticos hayan llegado por sí mismos a la conclusión de que hay que hablar de este, sino porque no tienen agenda, no hay políticas racionales, porque son cada vez más necios, con menos ideas y con un asesoramiento peor, sin embargo se lanzan directivas que obligan a los países, y muchos periodistas de tercera, siguen con las frasecitas que les mandan decir.

Nadie ha pedido que se voten y se discutan en el Parlamento Europeo los objetivos de la Agenda 2030, sentenciados por los informes del IPCC y por el Foro de Davos y la inmensa mayoría no ha dicho a los políticos de Bruselas que conviertan las ciudades en espacios restringidos al tráfico rodado (ciudades de 15 minutos), que racionen los kilómetros que hacemos con el coche, que usemos el transporte público y un largo etcétera de imposiciones. La casta política firma una serie de acuerdos y asume una serie de compromisos que se obliga a cumplir, porque si no su credibilidad bajaría mucho, aprobándose normas a la ligera que nos comprometen, preocupándoles bien poco que nuestra aceptación sea muy baja.

Los datos demuestran una ralentización del crecimiento que en algunos casos son de recesión o decrecimiento como el caso de Alemania, con un crecimiento negativo, sin embargo China
está creciendo un 5%, Tailandia está creciendo a 3%, incluso Vietnam y Asia en general, está creciendo y quitando Japón que esta ya tiempo con una situación de estanflación, (inflación con contracción de la producción y desempleo), Estados Unidos está creciendo porque es un país con una economía muy competitiva donde según que estado, son diferentes las ideas sobre el decrecimiento, pero algunos estados se salvan de ellas por ahora, porque sigue siendo una economía muy potente.

Europa empieza a tener signos alarmantes de decadencia económica, según se va avanzando en la transición energética, debido al encarecimiento de la energía, que se ha hecho de forma
 artificial, cosechándose lo se que ha ido sembrando de una forma esquizofrénica, por lo que los ciudadanos se llevan las manos a la cabeza, ya que se trata de la primera generación que está viviendo peor que la de sus padres en términos de bienestar.

En general, Europa todavía crece pero en los últimos 20 años crece muchísimo menos que lo que ha hecho en años anteriores, y los jóvenes están profundamente decepcionados y enfadados con el sistema porque ven que sus vidas no mejoran, como si lo hicieron las de sus padres, porque la economía crece bastante menos. Si hubiera un mayor crecimiento económico, aumentaría la capacidad de los jóvenes para adquirir una vivienda, hacer cosas distintas y poder ahorrar, pero esto no es posible al haber un crecimiento económico muy débil, y podemos imaginar un escenario de estancamiento, o mucho peor, una contracción o decrecimiento, que si llega, será un auténtico drama. Se dedican recursos económicos a los objetivos diseñados por los políticos, para los que no existe límite de recursos, paradójicamente, aunque tengan un coste económico muy alto, frenen el crecimiento e impidan el desarrollo económico de la sociedad. No sería de extrañar que si a estos "administradores" les faltara dinero, que les faltará, se les ocurriese realizar expropiaciones, empezando por algunas fortunas como por ejemplo la de Amancio Ortega, de unos 80.000 millones de euros para financiar la sanidad durante a penas unos 10 meses, y al año siguiente la fortuna de otros, y así sucesivamente esquilmarían la riqueza en favor de políticas inútiles y discrecionales de unos tipos envidiosos que planean enriquecerse, disimulando una estafa al aprovechar la emergencia climática, el victimismo, la falta de igualdad o la gestión de la pandemia, y todo financiado con una deuda publica inmoral que dejan para nuestros nietos, instrumentada esta, con un gasto público desmedido, y lo más abyecto, sin consultar en absoluto a los ciudadanos.

El crecimiento económico es lo único moralmente bueno, no porque lo sea en sí mismo sino porque es lo que permite todo tipo de acciones moralmente buenas, y en este sentido, en la actualidad, están en auge organizaciones políticas alternativas, cosa que demuestra que hay un descontento enorme con el tipo de políticas que se están realizando en los últimos años, y más que con el tipo de políticas, con las consecuencias dramáticas de esas políticas.

Si hay algo que deberíamos haber aprendido a estas alturas es que la única forma de cuidar el medio ambiente y de ser más eficientes es respetar el círculo virtuoso: crecimiento-tecnología-eficiencia-productividad-calidad de vida, es decir cuanto más crecimiento económico más tecnología, cuanta más tecnología más eficiencia, cuanta más eficiencia mayor productividad (se hace mucho más con menos) y a mayor productividad, la calidad de vida de las personas aumentará.

ANARCO-PRIMITIVISMO O RESALVAJISMO

Nos referimos una especie de anarquismo con perspectiva ecológica, cuyo representante en la actualidad es John Zerzan, que aboga por el retorno a formas de vida no civilizadas, mediante la eliminación de la industria, la división del trabajo y la especialización, además del abandono de las tecnologías de la organización, es decir una especie de cultura woke de la cancelación, en la que en el pasado todo esta mal, y que hay que volver a la edad de oro, a la prehistoria, a través de una ideología dictatorial por parte de unos grupos que pretenden reescribir la historia.

Los anarco-primitivistas critican los orígenes y el progreso de la Revolución industrial y la sociedad industrial en general, que para estos grupos provoca genocidio, actos deliberados de destrucción del medio natural y colonialismo; argumentando además que el paso de una economía nómada arcaica, de caza y recolección a la subsistencia agrícola y ganadera, durante la revolución del Neolítico dio lugar a la coerción, la alienación social y a la estratificación social o sociedad de clases. Por tanto es evidente que esta ideología se refiere al comunismo más primitivo y cerrado, viendo en la domesticación de animales y el sedentarismo, no solamente cambios en la ecología desde un orden libre a uno totalitario, que esclaviza a las especies domesticadas.

Se refieren al "patriarcado" como una condición que exige la subyugación de lo femenino y la usurpación de la naturaleza tendente a una aniquilación total, dictando nuestra sexualidad, nuestras relaciones interpersonales y nuestra relación con la naturaleza.

Los primitivistas tienden a ver la división del trabajo y la especialización como problemas fundamentales e irreconciliables, como causa de inevitables injusticias, socavando las relaciones de igualdad. Es evidente que pretenden un mundo igualitario a costa de la libertad del individuo del merito y sobre todo un dirigismo centralizado de tipo marxista.

En cuanto a la ciencia es vista por los primitivistas como un aspecto parcial de la realidad, siendo para estos eminentemente reduccionista, puesto que la observabilidad, la deshumanización, la predictibilidad, la controlabilidad y la uniformidad, que son metas de la ciencia, dicen los primitivistas, llevan al mundo a pensar que todo debe ser cuantificado, controlado y uniforme. Los primitivistas, además, rechazan la tecnología por completo, viéndola como un sistema complejo que distorsiona la realidad y que implica la división del trabajo, la extracción de recursos y la explotación, para el beneficio de aquellos que implementan su proceso.

Apoyar al primitivismo, es apoyar una ideología política que tienen en sus programas la igualdad, la crítica a la noción del patriarcado y a la civilización, el ataque frontal a la iniciativa empresarial y al capitalismo.

COLAPSISMO

Siempre han existido los malos augurios, y hoy podemos escuchar en las redes y en los medios de divulgación, mensajes en forma de profecías o malos presagios. Es corriente encontrarse con afirmaciones sobre lo que nos deparará el futuro, si no se hace lo que el mal agorero piensa: "Si la industrialización, la contaminación ambiental, la producción de alimentos y el agotamiento de los recursos mantienen las tendencias actuales de crecimiento de la población mundial, este planeta alcanzará los límites de su crecimiento en el curso de los próximos cien años y colapsará". Esto puede sonar apocalíptico, pero no es una frase nueva, ya que está extraída del informe del MIT elaborado en 1972 para el Club de Roma, hace algo más de medio siglo. Los colapsistas, opinan que avanzamos con paso firme hacia ese horizonte y nos resultará muy difícil desviarnos de la senda, indefectiblemente relacionada con el capitalismo. Las expresiones: "Nos vamos al carajo"; "No se trata de hacer las cosas con mayor eficiencia, sino de hacer muchas menos";"La economía capitalista es muy buena cuando tiene recursos abundantes, porque tiene esa capacidad de explotarlos al máximo, pero cuando se encuentra con límites es incapaz de adaptarse", son soflamas que lanzan algunos de los colapsistas.

Los colapsistas, más allá del drama del decrecimiento, se acercan a la tragedia, no viendo la solución ni en la llamada "revolución verde", convencidos de que sustituir por completo los combustibles fósiles por energías renovables, resulta inviable por complejo, y por la escasa disponibilidad de minerales como el litio.

El colapsismo ve como solución para enderezar la trayectoria del planeta hacia el colapso, conectar con la teoría del decrecimiento (dejando sus ideas, solo en un drama), movimiento que como se ha visto más arriba, cuestiona la idea del crecimiento infinito, a base de una contracción del PIB y la reducción del consumo de energía y materiales. Sin embargo entre los que opinan de esta manera, existen fricciones, y entre ellos están los tecno-optimistas, que están convencidos de que la tecnología conseguiría ampliar las fronteras del crecimiento, consiguiendo evitar el colapso.

Ante una circunstancia futura potencialmente problemática, una persona inteligente y sensata verifica, incrementa y utiliza su conocimiento acerca de la realidad que tiene enfrente para poder prever con la mínima incertidumbre posible los acontecimientos futuros y actuar de forma efectiva y eficiente. Pero tal vez el presunto problema no exista, quizás no sea urgente ni importante, o incluso los cambios que se podrían producir, podrían resultar beneficiosos, y como puede suceder, ante una actuación precipitada y equivocada, el falso remedio sea peor que la enfermedad no demostrada.

La interferencia antropogénica con el sistema climático y sus efectos de calentamiento global no se conocen bien, por lo que no cabe predecir ninguna catástrofe, porque no se sabe cuál es el nivel adecuado o peligroso de los gases de efecto invernadero, y por lo tanto resulta absurdo intentar estabilizar o reducir un nivel dado de los mismos, ya que cualquier objetivo que se pretenda es arbitrario y no tiene base científica.

EL SECTOR PRIMARIO AFECTADO POR LA AGENDA 2030

La Política Ambiental de la Unión Europea se ha afianzado a lo largo de décadas, desde sus inicios en la Cumbre de París de 1972, hasta su consolidación actual, después de una larga trayectoria. Se dio un gran paso con la adopción por la Comisión Europea, a finales de 2019 del "Pacto Verde Europeo" (Green New Deal), después de una votación en el Parlamento, favorable la tramitación del proyecto de ley aunque con un estrecho margen y bastantes enmiendas.

En el sexto informe del IPCC de 2022, se destaca, en particular, que "Europa y el mundo cuentan con un breve margen, que se está acortando rápidamente, para garantizar un futuro habitable, habida cuenta de que el aumento de los fenómenos meteorológicos y climáticos extremos, ha provocado efectos irreversibles y que los sistemas naturales y humanos se ven apremiados más allá de su capacidad de adaptación". Este informe marca los tiempos a la UE, forzando a que en el primer trimestre de 2024 se aprobara el controvertido "Reglamento de restauración de la naturaleza" como culminación del "Pacto verde", convirtiéndose este Reglamento en un símbolo de tensión entre protección del medio ambiente y sector agrícola y ganadero, en medio de la llamada "Revuelta agrícola europea", una serie de protestas que han ido ocurriendo desde finales de 2023. Estas protestas se produjeron a causa de la política practicada durante años para beneficiar exclusivamente a las grandes explotaciones, sin apenas valorar el trabajo, aportación y dedicación de las pequeñas explotaciones agrícolas, favoreciendo la producción en masa y las importaciones desde países subdesarrollados o en vías de desarrollo, como son: Ucrania, zonas de Sudamérica y África, o la unión aduanera de libre comercio, Mercosur.

La Unión Europea cuenta con una de las legislaciones de medio ambiente más estrictas del mundo, la cual se introdujo después de varias décadas de estudio de los principales problemas medioambientales existentes en Europa, estando, las actividades prioritarias relacionadas con el medio ambiente centradas en los siguientes objetivos: la lucha contra el cambio climático, mantenimiento de la biodiversidad, la reducción de los problemas de salud derivados de la contaminación y el uso de los recursos naturales de manera más responsable.

El Parlamento europeo aprobó el Reglamento de Restauración de la Naturaleza por escaso margen, sin haber asistido, de forma irresponsable más del 10% de la Cámara, lo que significa que para muchos burócratas de Bruselas, no tiene ninguna importancia el futuro del mundo rural.

Este Reglamento, que es un ataque al sector primario (básicamente agricultura, ganadería y pesca), quiere convertir miles de hectáreas del territorio ahora mismo cultivable, en tierra infértil (bosques). En realidad, a este Reglamento debería llamársele y con motivo: reglamento de restauración de la pobreza, o quizás reglamento de destrucción de la democracia, puesto que el ciudadano no ha decidido nada. Sin lugar a dudas, se trata de un autodisparo para la economía española, al ser el ponente de estas medidas, un representante del socialismo español, y ser aprobado con el voto de los representantes de la coalición del gobierno de España, si bien no hay nadie en España que pueda entenderlo.

El principal problema de nuestros agricultores es la necesidad de mejorar la rentabilidad de sus explotaciones y competir contra la entrada masiva de productos importados de terceros países que no cumplen las mismas normas impuestas por la UE, como por ejemplo: Marruecos, Sudáfrica o Tanzania, desde donde llegan productos que inundan los mercados europeos, que además ponen en riesgo la salud alimentaria, por no cumplir con la normativa.

En realidad, España no necesita ninguna norma de restauración de la naturaleza porque durante siglos y a través de generaciones han sido los hombres y mujeres del campo, los agricultores, los ganaderos, los pescadores, los que han protegido, mantenido, conservado y enriquecido nuestra naturaleza, nuestras dehesas, nuestros bosques, nuestros ríos y nuestros mares, siendo ellos la principal y única garantía. Lo que si sería pertinente es restaurar ese Parlamento, con esos burócratas que trabajan de 9 a 5 con parada para comer, que les dicen a nuestros agricultores y ganaderos lo que tienen que hacer y como tienen que vivir y de paso a todos nosotros que vivimos gracias a ellos.

El sector primario en Europa y en España ha llegado al limite, a consecuencia del "Green New Deal", no aguanta más a la burocracia extractiva y confiscatoria que hunde a la agricultura para subvencionar con lo extraído a base de impuestos y sanciones, a otros países para que hagan lo mismo, como les apetezca y sin normativa regulatoria alguna. Se finge la protección del medio ambiente, cuando se está destruyendo nuestro tejido empresarial, haciéndonos creer que nos resuelven nuestros problemas, utilizando la agenda 2030, una letanía anodina repleta de deseos, más que de objetivos, cuya forma de cumplimiento o programación, es más que criticable. La destrucción de la agricultura en Europa no es una casualidad o resultado de la incompetencia, es una política diseñada por toda esta burocracia extractiva y teledirigida por Naciones Unidas, que jamás ha cultivado un pimiento, ni ha creado una empresa, pero algo que si saben, es imponer normas perjudiciales, enfrentando a la sociedad. La culpa no es de los agricultores de ningún país, la culpa es de políticos que decían que iban a facilitar las cosas al sector primario y a la industria, y lo que han hecho es todo lo contrario, es decir poner aun más trabas, subiendo los gastos de contratación por todo tipo de conceptos, subiendo impuestos (los impuestos por kg de verdura, están rondando el 50%), y obligando a la realización de múltiples trámites.

La Comisión europea, con un disfraz muy medioambiental, muy agenda 2030, con pines de colores y muy verde, busca destruir nuestra economía y subvencionar masivamente a los países que más contaminan, en lugar de desarrollar políticas que apoyen a los sectores que crean riqueza y que impulsan el desarrollo.

En Europa se esta practicando un estúpido proteccionismo inverso, lo que significa que en lugar de protegerse la agricultura europea, se protege la de países extracomunitarios, al imponerse normas estrictas, cuando en otros países no se aplican, y lo que es curioso, se importan productos de estos países que no cumplen con esta normativa; es decir agenda 2030 en estado puro. No cabe la menor duda que la Agenda 2030 y sus lacayos, pretende debilitar a Europa, para fortalecer a terceros países, en cumplimiento del ODS número 10: Reducir desigualdades, y que el resto de esa ambigua y perversa letanía va en esa dirección, enriqueciendo a muchos interesados en el botín.

Gobiernos como el español, que se comprometieron a echar una mano y apoyar al sector primario, diciendo solemnes estupideces como, que iban a "estudiar los márgenes de los supermercados", nos han engañado utilizando un infame relativismo moral.

Del aumento de los niveles de dióxido de carbono, con su efecto fertilizante, según recientes estudios, se obtienen unos beneficios en la agricultura, mayores de lo que los modelos climáticos predicen, y mayores que las posibles pérdidas por cualquier daño generado por el cambio climático.

Si bien poner números a los excelentes beneficios del aumento del dióxido de carbono en la atmósfera de la Tierra es una gran contribución, es desafortunado que se sopesen esos beneficios con los posibles resultados negativos de ese mismo aumento, porque no hay resultados negativos, ya que no hay absolutamente ningún dato observacional que vincule como causa el dióxido de carbono con la temperatura de la Tierra.

La tendencia de los poderes públicos a intervenir una y otra vez, por no funcionar las medidas aplicadas en asuntos que competen a la sociedad civil, especialmente en el ámbito económico, destruye, llevándonos esas sucesivas intervenciones hasta un socialismo real, un régimen, que será el que de verdad no funcione.

XVI. BIBLIOGRAFÍA

-- False Alarm: How Climate Change Panic Costs Us Trillions, Hurts the Poor, and Fails to Fix the Planet 2021. Bjorn Lomborg.
-- Conferencia en el "National Forum on BioDiversity", Estados Unidos, 1986, convocada por Walter G. Rosen.
-- A Perfect Moral Storm: The Ethical Tragedy of Climate Change. Stephen M. Gardiner. 2013.
-- Energy Policy Advancement: Climate Change Mitigation and International Environmental Justice Dmitry Kurochkin y M.J. Crawford. 2021.
-- Economia en el cambio climatico. Hoja de ruta hacia la sociedad frugal. Vila Simon, Joan.
-- El cambio climatico: la ciencia ante el calentamiento global. Lawrence M. Krauss.
-- Apocalypse Never: Why Environmental Alarmism Hurts Us All 2020. Michael Shellenberger.
-- Exposing the Great Climate Change Lie. Lynne Balzer. 2023
-- Global Climate Change and Human Health: From Science to Practice. 2015. George Luber y Jay Lemery.

-- Resolviendo el puzzle climático: El sorprendente papel del Sol. Javier Vinós. 2023.
-- Global Warming Skepticism for Busy People Roy Spencer
-- Centro europeo de postgrado y empresa CEUPE
-- Climatology Versus Pseudoscience: Exposing the Failed Predictions of Global Warming Skeptics. 2015. Dana Nuccitelli.
-- The Thinking Person's Guide to Climate Change Robert Henson.
-- The Science and Politics of Global Climate Change: A Guide to the Debate. 2019 Andrew E. Dessler.
-- A Brief History of the Earth's Climate. Everyone's Guide to the Science of Climate Change. Steven Earle. 2021.
-- Cooperación o extinción. 2020. Noam Chomsky
-- Global Climate Change: Turning Knowledge Into Action. 2013. David Kitchen.
-- Ground Truth: A Guide to Tracking Climate Change at Home. 2018. Mark L. Hineline.
-- Global Physical Climatology. 2015. Dennis L. Hartmann.
-- Trauma and the Discourse of Climate Change: Literature, Psychoanalysis and Denial. 2020. Lee Zimmerman.
-- Repensar la ciencia, la economía y la diplomacia del cambio climático. Simon Sharpe.
-- Verificación de la realidad del cambio climático. Hechos básicos y lógica que prueban que el asalto al dióxido de carbono es peligroso. Calvin Fray.
-- Hacking Planet Earth: How Geoengineering Can Help Us Reimagine the Future. 2020. Thomas M. Kostigen.
-- The Climate Book. The Facts and the Solutions. Greta Thunberg. 2023.
-- Climate Change. What They Rarely Teach In College. Stephen Einhorn 2023.
-- Climate Church, Climate World: How People of Faith Must Work for Change. 2018. Jim Antal y Bill McKibben.

-- The Skeptical Environmentalist: Measuring the Real State of the World 2001 Bjorn Lomborg.
-- La verdad sobre la energía, el calentamiento global y el cambio Climático. Exponiendo las mentiras climáticas en una era de desinformación. Jerome R. Corsi
-- Climate Change 2023 Azhar Ul Haque Sario
-- Climate Change isn't Everything. Liberating Climate Politics from Alarmism. Mike Hulme. 2023.
-- Heartland Institute. Illinois.
-- Basic Facts and Logic That Prove the Assault on CO2 is Both Wrong and Dangerous. Calvin Fray. 2023.
-- Climate Change in Human History. How a Changing Climate Drove Human Evolution and Rise of Civilization. Francis Chapelle. 2023.
-- Cambio climático. Lo que rara vez enseñan en la universidad. Stephen Einhorn
--Cambio climático. Gestión del riesgo financiero y financiación de la transición. Jing Zhang.
-- El Almanaque del Carbono. No es demasiado tarde. La Red del Almanaque del Carbono. Seth Godin.
-- Invertir en la era del cambio climático. Bruce Usher
-- La verdad sobre el cambio climático: ¿Realmente es provocado por el hombre? Alejandro Kaiser. 2022.
--The Mythology of Global Warming: Climate Change Fiction VS. Scientific Facts. 2018. Ph.D. Bruce Bunker
-- Scientific Satellite and Moon-Based Earth Observation for Global Change (Springer Remote Sensing/Photogrammetry). 2019. Huadong Guo, Wenxue Fu y Guang Liu.
-- Dangerous Earth: What We Wish We Knew about Volcanoes, Hurricanes, Climate Change, Earthquakes, and More. 2020. Ellen Prager.

-- Climate Change: The Facts. 2014. Dr John Abott. Dr Robert M. Carter ~ Rupert Darwall ~ James Delingpole, Dr Christofer Essex, Dr Stewart W. Franks, Dr Kesten C. Green, Donna Laframboise, Nigel Lawson ~ Bernard Lewin ~ Dr Richard S. Lindzen, Dr Jennifer Marohasy ~ Dr Ross McKitrick ~ Dr Patrick Michaels ~ Dr Alan Moran, Jo Nova,Dr Garth W. Paltridge Dr. Ian Plimer ~ Dr Willie Soon, Mark Steyn (Autor).
-- Climate Change. Azhar Ul Haque Sario. 2023.